ESTRUCTURA Y DINAMISMO
DEL MERCADO DE TECNOLOGIA INDUSTRIAL EN MEXICO

COLECCION

CENTRO DE ESTUDIOS ECONOMICOS Y DEMOGRAFICOS

IX

Estructura y dinamismo del mercado de tecnología industrial en México

Los casos del poliéster, los productos textiles y el vestido

Alfonso Mercado García

El Colegio de México

Primera edición (3 000 ejemplares) 1980

Camino al Ajusco 20, México 20, D.F.

Impreso y hecho en México
Printed and made in Mexico

ISBN 968-12-0046-2 (versión original) - 978-968-120-046-6 (versión facsimilar)

Indice general

Prólogo 1
Introducción 3

I. La dependencia tecnológica en los países de nueva industrialización sustitutiva de importaciones 10
Introducción 10
¿Hacia la perpetuación o hacia la reducción de la dependencia? 11
El aspecto de inadecuación 12
Los pagos por la importación de tecnología 14
La marginación de esfuerzos locales de IDE 15
Sobre las posibilidades de aprender haciendo 17
Algunos planteamientos de política 18

II. El marco tecnológico de la industria manufacturera mexicana 21
Generalidades 21
La producción de artículos de consumo 23
Los productos intermedios 25
Los bienes de capital 27
Conclusión 30

III. La industria del poliéster 31
El invento y desarrollo del producto 32
Importancia del producto en el ámbito de las materias primas industriales 34
El desarrollo del mercado nacional del poliéster y el surgimiento de las plantas locales 37
Estructura de las plantas según su tamaño 40
Estructura competitiva a nivel local 42
Los elementos tecnológicos ofrecidos y requeridos 43
La oferta internacional de tecnología 44
La oferta local de equipo y servicios de ingeniería 49

El caso de las firmas de ingeniería locales 50
La oferta interna de equipos 51
Características de la demanda de tecnología 53
Opciones tecnológicas 53
Algunas diferencias entre los demandantes de tecnología investigados 54
La selección de tecnología 55
Negociación y modalidad de adquisición de tecnología 60
Asimilación y desarrollo tecnológico propio 62

IV. La industria del poliéster y sus mezclas 64
Antecedentes de la evolución tecnológica textil 64
La evolución de la industria textil mexicana 70
Estructura industrial 72
Comportamiento empresarial 74
Utilización de la capacidad instalada de producción 77
Los elementos tecnológicos para la industria textil 78
La oferta internacional de maquinaria y equipo textil 79
La oferta de tecnología textil en México 83
La función de las empresas oferentes intermediarias: resultados de una encuesta 84
La producción local de maquinaria textil 88
La oferta de conocimientos técnicos textiles a través de proveedores de materias primas 93
La demanda de tecnología 95
La selección de maquinaria 96
La transferencia de tecnología a través de la compra de maquinaria textil 99
El desarrollo de la destreza técnica de mecánicos y operarios de máquinas 101

V. La industria del vestido 102
Antecedentes de la evolución tecnológica en la manufactura de prendas de vestir 103
La evolución reciente de la industria mexicana del vestido 105
Algunos elementos tecnológicos para la producción de ropa 107
La oferta internacional de tecnología 107
La oferta de tecnología para la manufactura de ropa en México 109
El papel de los intermediarios en la oferta local de tecnología 109
La producción nacional de máquinas industriales 111
La oferta de tecnología a través de empresas del ramo 113
Oferta local de tecnología a través de los servicios de capacitación 113
La demanda de tecnología: el caso de la producción de camisas 114
La selección de tecnología 114
La transferencia de tecnología por medio de la compra de maquinaria 117
El desarrollo de habilidades de operarios y mecánicos de máquinas 119

INDICE GENERAL

VI. Conclusiones e implicaciones de política 120
Caso del poliéster 120
La naturaleza del mercado local de tecnología 120
Algunos factores determinantes del mercado tecnológico 121
Algunos efectos 122
El caso de la industria textil 123
Características del mercado local de tecnología 123
Algunos factores determinantes de la naturaleza del mercado 124
Consecuencias 125
El caso de la ropa 126
La estructura del mercado tecnológico y sus causas 126
Consecuencias de la naturaleza del mercado de tecnología 127
Comparación de resultados 128
Algunas implicaciones de política 129

ANEXO I. Cuadros estadísticos 131

ANEXO II. Descripción de procesos 239
A. El proceso tecnológico del poliéster 239
B. El proceso textil para el caso del poliéster y sus mezclas con el algodón 243
C. El proceso de producción de ropa 267

ANEXO III. Glosario de términos 273

Términos utilizados en el capítulo IV 273
Términos empleados en el capítulo V 275

Bibliografía 278

Indice de cuadros 283

a mis padres
a mi esposa
a mi hija
a mis hermanos
a la memoria de Guillermo

Prólogo

[1] Éste estudio tiene su origen en discusiones sostenidas entre investigadores de varios países, auspiciadas por el Centro Internacional de Investigaciones para el Desarrollo (CIID) de Canadá, sobre la conveniencia de hacer estudios empíricos relativos al mercado de tecnología. En septiembre de 1974, el Dr. Gerard K. Boon, del Centro de Estudios Económicos y Demográficos (CEED) de El Colegio de México, presentó la propuesta inicial de la investigación,[1] la cual sirvió de base para definir el proyecto, con participación de representantes del CIID y economistas de centros de investigación de Colombia, Túnez e Indonesia. En abril de 1975 se efectuó otra reunión en El Colegio de México entre representantes de FEDESARROLLO (Colombia), CIID y el CEED para examinar detalles administrativos, financieros y de programación, con el objeto de llevar a cabo una investigación paralela sobre la naturaleza de la oferta y la demanda de tecnología a nivel nacional en dos países (México y Colombia) y otra sobre la oferta internacional de tecnología existente en los centros industriales avanzados del mundo occidental, referido todo ello a las ramas de producción de poliéster, hilados y tejidos de fibras mixtas de poliéster y algodón, acabados de tejidos mixtos y fabricación de camisas de dichos tejidos. Se eligieron estas ramas por constituir un sector importante de la industria, en manos de grandes y pequeñas empresas, que abarca desde una tecnología química avanzada hasta la producción de un bien de consumo popular y generalizado. El Dr. Boon se hizo cargo del estudio de la oferta internacional de tecnología, en tanto que yo comencé a participar como investigador principal en el grupo de trabajo de El Colegio de México y posteriormente asumí las funciones de coordinador de dicho grupo. En Colombia se integró un grupo de investigación dirigido por el Dr. Oscar Marulanda.

En el desarrollo de la metodología, el diseño de cuestionarios y la

[1] Boon, G.K., *Technology Markets in some Specific Fields,* El Colegio de México, 1974 (mimeo).

evaluación de resultados parciales hubo frecuentes consultas entre los investigadores del CEED y de FEDESARROLLO. Sin embargo, la responsabilidad final de este estudio corresponde al autor. Por otra parte, el trabajo debe mucho al apoyo, las críticas y el estímulo de Víctor L. Urquidi, Presidente de El Colegio de México, y también a las observaciones que hicieron los siguientes investigadores: Jaime Alvarez Soberanis, Gerard K. Boon, Héctor Botero, Charles M. Cooper, José Giral, Viviane Márquez, Manuel Martínez del Campo, Oscar Marulanda, Diego Roldán, Anthony Tillet, Luis Unikel y Miguel S. Wionczek. La colaboración de Jesús Aristy y Antonio Juárez fue constante y excelente, tanto en el trabajo de campo (levantamiento de encuestas) como en la tabulación y análisis de los datos. La asesoría de Anáhuac Pastor y la ayuda de Mariano González fueron también de gran utilidad. Ana Guadalupe Espejel desempeñó muy eficazmente sus tareas como secretaria. Agradezco igualmente la cooperación de innumerables fuentes de información oficiales, cámaras, empresas, etc.

Por último, El Colegio de México agradece al CIID el apoyo que permitió llevar a cabo esta investigación aunando su aportación a recursos del propio CEED. Dicho apoyo se extendió además a la parte de oferta internacional estudiada por el Dr. Boon, de la que se derivaron valiosos datos complementarios al caso del mercado de tecnología textil en México.

Alfonso Mercado García.

Introducción

Generalidades

El proceso de industrialización en México ha generado crecientes requerimientos de tecnología que fueron cubiertos en gran medida por la vía de la importación. A través del uso de tal tecnología se han tenido algunas oportunidades de aprender de ella y eventualmente ofrecer una tecnología local alternativa. Este dinamismo de oferta y demanda de tecnología tiene implicaciones económicas y tecnológicas importantes para México y por esa razón reclama un examen detallado.

La tecnología se comercializa en un mercado que evidentemente no es de competencia perfecta, puesto que lo que se compra y se vende es información. Aunque algunos estudios han examinado diversos aspectos del mercado de la tecnología en regiones subdesarrolladas [1] quedan aún varias preguntas por responder, particularmente con relación al dinamismo de una serie de factores que afectan la oferta y la demanda de la tecnología utilizada en la industria mexicana. La investigación en que se sustenta este estudio fue emprendida con el ánimo de lograr una contribución útil para la comprensión de las características cambiantes del mercado de tecnología industrial en un país de nueva industrialización como México.

[1] Por ejemplo, el estudio sobre los instrumentos de política científica y tecnológica (STPI), patrocinado por el Centro Internacional de Investigaciones para el Desarrollo (CIID), se concentró en analizar la naturaleza e influencia de las políticas gubernamentales en los países en vía de desarrollo que afectan las decisiones tecnológicas hechas por los empresarios. En el caso de México, véase Nadal, A., *Instrumentos de política científica y tecnológica en México,* México, D.F., El Colegio de México, 1977. Francisco Sercovich examina las características oligopólicas de las transacciones de licencias técnicas. Sercovich, F., *Tecnología y control extranjero en la industria argentina,* Buenos Aires, Siglo XXI, 1975. Constantine V. Vaitsos analiza las negociaciones entre oferentes y demandantes para determinar el costo de la tecnología. Vaitsos, C.V., *Comercialización de tecnología en el Pacto Andino,* Lima, Instituto de Estudios Peruanos, 1973.

Objetivos de la investigación

El objetivo principal del estudio que aquí se presenta es el de determinar y analizar la naturaleza de la oferta y la demanda de tecnología para la manufactura de bienes que integran una "columna" de producción que va desde la elaboración de fibras de poliéster —a partir de sus materias primas básicas tereftalato de dimetilo (o la opción de ácido tereftálico) y etileno— hasta la manufactura de camisas, pasando por la producción de hilos y telas. Se incluye un análisis de los factores que determinan la naturaleza del mercado de tecnología en cuestión, así como un examen de las implicaciones tecnológicas y socioeconómicas de la problemática detectada.

De este propósito se derivan varios objetivos específicos que pueden agruparse en aquellos relacionados con la parte de oferta del problema y los referentes a la parte de demanda.

Objetivos de oferta de tecnología

a) Explicar cómo se generó la oferta internacional de tecnología.

b) Establecer la estructura de competencia en la oferta internacional de tecnología y sus mecanismos de transferencia hacia México.

c) Determinar cuáles son los elementos locales de tecnología.

d) Definir el papel de los intermediarios locales de tecnología extranjera y el de los oferentes nacionales en la estructura de la oferta. También determinar sus características generales y sus canales de operación.

e) Determinar los tipos alternativos de tecnología ofrecidos a empresas localizadas en México.

f) Determinar y examinar el comportamiento micro de los oferentes de tecnología.

g) Examinar el impacto del comportamiento de los oferentes internacionales en las fuentes tecnológicas locales, tanto existentes como potenciales.

h) Determinar algunas capacidades tecnológicas internas y esfuerzos locales para generar tecnología propia. Examinar experiencias en la producción o adecuación de máquinas, partes componentes, diseños, procesos, servicios de ingeniería, solución de problemas técnicos específicos y otros aspectos tecnológicos. Establecer los factores que han desalentado o bien estimulado este tipo de actividades.

i) Determinar la orientación que toma el cambio tecnológico en el mundo y en México. Explicar qué factores determinan su dirección y su dinámica.

Objetivos de demanda de tecnología

a) Determinar cómo surgió la necesidad de tecnología en empresas localizadas en el país. También establecer cómo derivó tal necesidad en un proceso de demanda.

b) Examinar las experiencias de búsqueda o consideración de alternativas tecnológicas a nivel de empresa. Asimismo explorar aspectos de información sobre opciones.

c) Tipificar las diversas versiones de tecnología en uso y explicar la racionalidad de las empresas al seleccionar determinados tipos de tecnología. Analizar los factores que determinan estas decisiones, las cuales constituyen el comportamiento tecnológico *real*.

d) Explorar la sensibilidad de los tomadores de decisiones en cuanto a modificar su selección de tecnología bajo situaciones hipotéticas diferentes a las actuales. Tal sensibilidad correspondería al comportamiento tecnológico *potencial*[2] y serviría para complementar el cuadro de las preferencias de los demandantes y los factores que inciden en las mismas.

e) Examinar la actitud empresarial con respecto a sus preferencias entre versiones extranjeras y locales de tecnología.

f) Analizar el poder de negociación del demandante y determinar las causas e implicaciones de su posición frente al oferente y con respecto a otros demandantes, competidores en el mercado del producto.

g) Determinar los canales a través de los cuales se adquiere la tecnología, cuáles son los que se adoptan con mayor frecuencia y qué formas toman.

h) Averiguar el costo o las fórmulas de pago en la compra de tecnología y examinar evidencias sobre rentas extraordinarias cuasi monopólicas.

i) Examinar los canales de difusión interna del conocimiento tecnológico adquirido. Determinar qué obstáculos existen para una mayor y más rápida diseminación de innovaciones tecnológicas en el interior de la industria mexicana.

j) Analizar experiencias de asimilación de la tecnología adquirida a nivel de empresa. Explicar la circunstancia en que se acelera o bien se deprime un proceso de aprendizaje mediante la experiencia que permita dominar y eventualmente modificar la tecnología comprada.

k) Determinar el papel de los demandantes en las direcciones que toma el cambio tecnológico en el mundo y en México. Entender la dinámica de demanda que determina la orientación de las innovaciones, en particular a nivel de empresa.

Hipótesis central

La hipótesis central del estudio es de tipo comparativo. En los casos considerados se espera encontrar diferentes grados de dependencia tecnológica que producen distintos efectos para el desarrollo tecnológico y económico de México. Además de poder diferir la situación de dependencia de una rama industrial a otra, también puede modificarse en el

[2] Este concepto fue introducido por G. Boon. Véase Boon, G.K., *Some Methodological Notes*, Noordwijk aan Zee, Holanda, 1976 (mimeo).

transcurso del tiempo. Se espera encontrar que la rama de productos intermedios (textiles) y de consumo final (ropa) presenten problemas de dependencia menos agudos que los afrontados por la rama de materias primas (poliéster). Ello se puede deber en buena parte a diferencias en grados de monopolización de la tecnología disponible para la producción de cada rama, lo cual a su vez podría resultar de la acción de una serie de factores. Entre éstos destacan la política de innovación de las empresas dedicadas a la producción y comercialización de tecnología, el grado de influencia de los oferentes de tecnología en el mercado de productos y la estructura competitiva del mercado local de los mismos. A medida que transcurre el tiempo es posible generar condiciones favorables para una reducción de la dependencia tecnológica tales como un proceso de aprendizaje por parte de los usuarios locales y el surgimiento de nuevos oferentes que cambian la estructura competitiva del mercado de tecnología.

Definiciones

Hasta hora se han utilizado algunos conceptos claves que como seguirán mencionándose requieren ser explicados. Por tecnología[3] se entenderá un conjunto de elementos de conocimiento técnico y habilidades requeridos y utilizados para la erección, ampliación, operación y modificación de instalaciones de producción. Los componentes de la tecnología han sido ampliamente examinados por Cooper y Sercovich, Spreafico y otros autores. La tecnología, entonces, consta de los siguientes elementos de conocimiento y habilidades, según su uso:

1. Para estudios de factibilidad e investigación de mercado, previos a la inversión.
2. Para identificar distintas versiones disponibles de la tecnología del artículo en cuestión y para seleccionar la versión más adecuada.
3. Para el diseño ingenieril de nuevas instalaciones de producción. Esto involucra tanto el diseño de la planta como la selección de maquinaria y equipo.
4. Para la construcción de la planta y la instalación del equipo. En la instalación se incluye el montaje y el ajuste de los bienes de capital a usar.
5. Para el dominio del proceso tecnológico propio.
6. Para la administración y operación regular de las instalaciones de producción y ensayos previos.
7. Para la comercialización y, en general, la mercadotecnia.
8. Para conservar o bien mejorar la eficiencia del proceso, las instalaciones e incluso la ingeniería industrial a través de innovaciones menores (incluye el control de calidad, mantenimiento preventivo, cambios

[3] Véase, por ejemplo, la Parte I de Cooper, Ch. y F. Sercovich, "*The Channels and Mechanisms for the Transfer of Technology from Developed to Developing Countries,* United Nations Conference on Trade and Development, (UNCTAD), TD/B/AC.11/5, Ginebra, 1971. También el capítulo I de Spreafico, L., *La transferencia del conocimiento técnico en la industria textil y del vestuario,* CEPAL, Brasil, 1971.

de máquinas, adaptaciones, reestructuración de la planta, cambio de materias primas o de productos, modificación del *lay-out,* solución de problemas técnicos específicos, etc.).

Mercado de tecnología supondrá la situación en que se ofrecen y demandan los elementos mencionados. Estas transacciones se concretan después de que demandantes y oferentes entablan negociaciones y determinan los pagos a efectuar, así como las condiciones bajo las cuales se transfieren los elementos.

Por *dependencia tecnológica* se querrá decir un estado de subordinación y/o condicionamiento, en el que las decisiones tecnológicas clave de algunas unidades productivas estén condicionadas por las decisiones tomadas por otras empresas que controlan la disponibilidad y el uso de uno o más elementos tecnológicos. Tales decisiones tecnológicas clave son las relacionadas con la búsqueda, selección, asimilación e incluso generación de tecnología. Las empresas cuya situación tecnológica está subordinada a las reglas del juego establecidas por otras son dependientes, y la antítesis de ésas son las dominantes. La dependencia tecnológica a nivel de empresas corresponde a una situación de interdependencia desigual, toda vez que el poder fuerte de negociación, el dominio del mercado y la concentración de actividades de investigación y desarrollo así como de experiencias técnicas de una minoría de empresas dominantes, les permite ampliar su fortaleza tecnológica y comercial, autoimpulsarse e imponer condiciones de explotación de elementos técnicos a las empresas dependientes. Estas últimas sólo pueden progresar técnica y comercialmente como reflejo del desarrollo de las dominantes y parte de sus excedentes está destinada a ellas.

A nivel agregado, hay países que son tecnológicamente dependientes y en los cuales la dependencia descrita es una situación generalizada en el aparato productivo. Esta dependencia corresponde a un estado complementario de un sistema de relaciones internacionales en diversos campos (sociopolítico, tecnológico, de capital, etc.) que los países dependientes no pueden dominar.

Características y método de captación de la información utilizada[4]

La información en que se sustenta este trabajo es de dos tipos: la proveniente de los censos industriales, boletines, revistas y otras publicaciones, y la obtenida directamente a través de visitas efectuadas a las empresas. La información que permitió hacer las mayores aportaciones a

[4] Para un examen más amplio de la dependencia tecnológica, véase, por ejemplo, Jaguaribe, H., A. Ferrer, M.S. Wionczek y T. Dos Santos, *La dependencia político-económica de América Latina,* México, D.F., Siglo XXI, 1976, particularmente la exposición de T. Dos Santos. También Cooper, Ch. y F. Sercovich, *op. cit.;* la introducción de Cooper, Ch. a *Science, Technology and Development,* Londres Frank Cass, 1973; Merhav, M., *Dependencia tecnológica, monopolio y crecimiento.* Buenos Aires, 1972; Consejo Nacional de Ciencia y Tecnología, *Plan Nacional Indicativo de Ciencia y Tecnología,* Cap. I, México, 1977; y Stewart, F., *Technology and Underdevelopment,* Londres The MacMillan Press, 1977, Cap. 5.

este estudio corresponde a la del segundo tipo. Se estableció contacto con cerca de 200 demandantes y oferentes de tecnología localizados en el país. De este número, alrededor de 100 empresas accedieron a proporcionar datos para este trabajo y de ellas, 76 dieron información suficiente para completar la investigación. La distribución de estas empresas se presenta en el cuadro 1 (los cuadros aparecen en el anexo I), en el cual las firmas entrevistadas se ordenan según su especialidad industrial y su participación en el mercado de tecnología, ya sea como oferentes o como demandantes.

La encuesta de oferentes y demandantes siguió los cursos científicos normales. Después de determinar los objetivos específicos de la encuesta y de elaborar hipótesis concretas se elaboró un cuestionario cuyas preguntas se justificaron por su utilidad para la demostración de las hipótesis. El uso de cuestionarios permitió uniformar la información de las diferentes empresas encuestadas y tuvo la suficiente flexibilidad para destacar las diferencias entre las mismas de modo que ayudaran a explicar el comportamiento distinto al de otras compañías.

No se adoptó un muestreo rigurosamente aleatorio. Se llevó a cabo una encuesta de criterio dirigido hacia demandantes de tecnología que produjeran los artículos específicos bajo estudio y oferentes de procesos, máquinas, etc., orientados hacia dicho tipo de demandantes.

Las respuestas de funcionarios y técnicos de las empresas encuestadas pueden considerarse aceptables. Se incluyeron algunas preguntas cuya respuesta se podía obtener a través de otros medios, tales como anuarios, registros de empresas en cámaras industriales, informes de las empresas para la bolsa de valores, etc. La comparación de tal información con las respuestas a los cuestionarios de nuestra encuesta no arrojó contradicciones que pusieran en seria duda la veracidad de los datos proporcionados por los entrevistados.

El contenido del libro

Los capítulos que componen este libro tienen el siguiente orden: dos capítulos de carácter introductorio, tres capítulos correspondientes a los casos de poliéster, textiles y vestido, respectivamente, y un capítulo de conclusiones e implicaciones de política.

El primer capítulo aborda la argumentación contenida en la literatura reciente sobre la naturaleza y consecuencias del fenómeno tecnológico observado en países de nueva industrialización que han seguido una estrategia de sustitución de importaciones. En el segundo capítulo se explora la problemática tecnológica de la industria manufacturera mexicana, como un marco tecnológico general en el cual se ubica el mercado de tecnología de las especialidades industriales seleccionadas para esta investigación.

En el contexto de los estudios de casos se incluyen los antecedentes y las características estructurales de la rama correspondiente así como un análisis de ciertos factores determinantes del comportamiento de las empresas locales demandantes y oferentes de tecnología. También se incluye una sección dedicada a examinar el origen de la tecnología en cada caso y sus innovaciones en el transcurso del tiempo. Finalmente se presenta el examen de la oferta y la demanda de tecnología. El estudio de la oferta de tecnología se divide en una parte internacional y otra local. No hay duda de que la oferta local de tecnología debe examinarse con relación al sistema internacional, toda vez que el desarrollo tecnológico interno ha dado muestras de estar condicionado por la forma en que ha ocurrido el desarrollo tecnológico externo. Pero también han existido condiciones locales que contribuyeron al surgimiento de fuentes internas de tecnología. Por este motivo y por la conveniencia de prestar especial atención al desarrollo de la oferta local de tecnología, se hizo la separación. En el análisis de demanda se examinan las situaciones concretas bajo las cuales surgió la necesidad de una tecnología y cómo los demandantes correspondientes tomaron sus decisiones tecnológicas. Las evidencias han permitido explicar en buena medida tal comportamiento con respecto a la organización del sistema global de la oferta de tecnología en el mundo capitalista y a las características específicas de la estructura económica del país.

I

La dependencia tecnológica en los países de nueva industrialización sustitutiva de importaciones

Introducción

La literatura reciente[1] sobre la dependencia tecnológica en el proceso de industrialización de los países subdesarrollados contiene razonamientos y evidencias de que su problemática es compleja y trascendental para las sociedades de dichos países. El tema puede referirse a países con niveles y patrones de desarrollo muy diversos, lo cual limita la validez de las generalizaciones. Por tal razón autores como Katz[2] y Hirschman[3], tipifican a un conjunto de países "en desarrollo" como países deindustrialización "tardía", o "nueva" (PNI), entre los que se encuentran los de nivel "intermedio" de desarrollo —como Brasil, Argentina, México, España, Grecia, Yugoslavia, Polonia, Corea, Taiwán, Singapur y otros. El resto de los países subdesarrollados que no son PNI pudieran llamarse "países de industrialización rezagada" (PIR) y comprenden a gran número de países africanos, asiáticos y latinoamericanos. Dentro de los PNI es posible encontrar diferencias importantes en los patrones de

[1] No se incluyen los planteamientos clásicos (que como los de David Ricardo, Adam Smith y Carlos Marx se refieren al papel de la tecnología en el desarrollo de los países de industrialización actualmente avanzada) ni los neoclásicos optimistas (que, particularmente en los años sesenta, consideraban la tecnología como una variable exógena al sistema económico y el cambio tecnológico -concretamente el logrado mediante la importación desde países avanzados- como una causa directa de progreso económico). No obstante, cabe aclarar que algunas ideas que se vienen desarrollando en los últimos años tienen sus antecedentes en el pensamiento clásico. Por ejemplo, la idea de que la ciencia tiene una función social para el desarrollo de la producción fue considerada por Marx y Smith.

[2] Katz, J., *Cambio tecnológico, desarrollo económico y las relaciones intra y extra regionales de la América Latina.* Buenos Aires, Programa BID/CEPAL de Investigaciones en Temas de Ciencia y Tecnología, Monografía de trabajo No. 30, BID/CEPAL/BA/36, agosto de 1978, p. 7.

[3] Hirschman, A., "The Political Economy of Import Substitution", *Quarterly Journal of Economics*, Vol. 82, No. 1, Harvard University, Cambridge, Mass., febrero 1968.

desarrollo industrial.[4] Estas diferencias pueden incidir de manera distinta en la dependencia tecnológica de los respectivos países.[5] Además, dentro de la actividad industrial de los PNI y los PIR pueden observarse diferencias entre ramas manufactureras, o entre empresas que operan en una misma rama, que derivan en distintos problemas de tecnología.[6]

En este capítulo la atención se concentra en el examen de los planteamientos de algunos problemas tecnológicos de la industria manufacturera de los PNI que han adoptado una estrategia de sustitución de importaciones.

¿Hacia la perpetuación o hacia la reducción de la dependencia?

Por diversas razones la industrialización de los PNI ha dependido de la importación de tecnología. Por un lado, la necesidad de tecnología surgió en estos países cuando la misma ya existía en los países avanzados. Ello hizo conveniente que los PNI importaran tecnología en vez de que emprendiesen entonces (1950-1960) un proceso de desarrollo tecnológico largo, costoso e incierto.[7] Por otro lado, en esa etapa de industrialización sustitutiva de importaciones en los PNI, las empresas propietarias de tecnología —principalmente empresas transnacionales (ETN)— encontraron conveniente venderla cuando se establecían barreras a sus exportaciones hacia tales países y de acuerdo con la lógica de su política defensiva en mercados oligopólicos.[8] Además, estas firmas parecían tener una percepción "shumpeteriana", en el sentido de que en economías protegidas, un oferente de tecnología puede tener ventajas cuasi

[4] Katz, J., *op.cit.*, señala la diferencia entre el patrón proteccionista y sustitutivo de importaciones de Brasil, México y Argentina, y el modelo "no subsidiado" de Corea y Taiwán.

[5] Por ejemplo, Cooper sostiene que el problema de desvinculación (o "marginación") entre la actividad científica y tecnológica local y el aparato industrial se complica de manera "especial" en una economía sustitutiva de importaciones, en comparación con el caso de PNI exportadores exitosos. Cooper, Ch., *Science, Technology and Development*, Londres, Frank Cass, 1973, p. 6 y 17 (nota

En otro nivel de diferencias, J. Katz encuentra que algunos PNI de América Latina (Brasil y Argentina) tienen mayores capacidades de selección, negociación y, sobre todo, adaptación de tecnología que los PIR de la región. Katz, J., *op.cit.* pp. 8-9.

[6] F. Stewart examina un "dualismo tecnológico" creciente en la industria de los países subdesarrollados que da lugar a una brecha de actividades científicas y tecnológicas en favor del sector avanzado. Stewart, F., *Technology and Underdevelopment*, Londres, The MacMillan Press, 1977, pp. 71-73.

[7] *Ibid*, p. 122.

[8] Michalet, Ch. A., "La transferencia internacional de tecnología y la empresa transnacional", *Comercio Exterior*, Vol. 27, núm. 6, México, D.F., junio de 1977, p. 639: También Vaitsos, C.V., *Comercialización de tecnología en el Pacto Andino*, Lima, Instituto de Estudios Peruanos, 1973, pp. 31-32.

monopólicas mayores que en el mercado internacional y puede verse obligado a cubrir el mercado protegido antes de que otro competidor pueda hacerlo.[9]

El hecho de que el sistema productivo de la industria de los PNI se apoyara en la tecnología extranjera condujo a diversas situaciones de dependencia, lo cual ha dado lugar a dos hipótesis. La primera sostiene que se ha generado un proceso de reforzamiento de la dependencia y que ésta tiende a perpetuarse.[10] La otra hipótesis, implícita en algunas publicaciones, consiste en que el uso de la tecnología extranjera no ha impedido que se aprenda de ella y se generen capacidades tecnológicas en los PNI, lo cual puede reducir el estado dependiente de estos países.[11]

La dependencia tecnológica puede ocurrir en términos tales que el balance de los efectos resulte positivo si el uso de la tecnología permite el desarrollo de una capacidad técnica local (como en los casos del Japón y la Unión Soviética), o si la exportación de tecnología es de magnitud similar a la importación.[12] Pero la evidencia existente sobre algunos PNI, aunque aún no es concluyente, indica que su dependencia tecnológica parece ser excesiva.[13] Ello plantea algunos inconvenientes importantes, tales como:

a) efectos distorsionantes de la inadecuación de la tecnología;
b) elevados pagos directos por concepto de la importación de tecnología;
c) "marginación" de los institutos de investigación y desarrollo, y
d) pocas oportunidades de "aprender haciendo" (learning by doing).

El aspecto de inadecuación

Las características inadecuadas de la tecnología importada por los países en desarrollo resultan de las diferencias existentes entre estos países y los avanzados, creadores y oferentes de tecnología. La naturaleza de la tecnología industrial está asociada al medio ambiente económico, técnico, institucional y en algunos casos climático, de la región donde se diseñó y se desarrolló.

Puesto que en los centros más industrializados del mundo la

[9] Cooper, Ch., *op.cit.*, p. 10.

[10] *Ibid* y Stewart, F., *Op.cit.*, capítulo 5.

[11] Katz, J., *op.cit.*, pp. 24-30 y p. 33.

[12] Stewart, F., *op.cit.*, pp. 118-119.

[13] Sercovich encontró que en la industria argentina el oferente de la tecnología extranjera controla las decisiones sobre la línea de producción, el desarrollo de los productos, las fuentes de materias primas y la política de precios y promoción. Véase Sercovich, F., *Tecnología y control extranjero en la industria argentina*, Buenos Aires, Siglo XXI, 1975, p. 233. También véase Stewart, F., cit., p. 119.

disponibilidad de recursos para la producción y para la compra de maquinaria y equipo es relativamente elevada y los salarios son también altos, el acervo de actividades de innovación ahorradoras de mano de obra es grande y el grado de calificación del trabajo es mayor. En comparación con las zonas menos industrializadas, la tecnología producida en los países avanzados ha llegado a ser más eficiente cuanto menor uso intensivo de mano de obra requiera. Este es un rasgo de inadecuación para los países en desarrollo, usuarios de tecnología importada de los países más desarrollados, ya que en aquéllos, por causas demográficas, existe una fuerza de trabajo abundante y que crece a una tasa elevada.[14]

El proceso de innovación de los países desarrollados ha estado influido por un mercado de productos amplio, ingresos relativamente altos de los consumidores y creciente dominio competitivo de empresas grandes. En consecuencia, los desarrollos técnicos han tendido a expandir la escala de producción con el fin de elevar la cantidad de los productos a ofrecer, reducir los costos medios, y —por otro lado— diversificar más las características de los productos, introduciendo especificaciones de lujo adecuadas para los consumidores de altos ingresos. Estas peculiaridades no resultan necesariamente convenientes para los PIR ni los PNI. Por un lado, el tamaño reducido de su mercado interno hace que la escala óptima de producción no se logre, o determina que sólo haya lugar para una o pocas plantas con tendencia a condicionar una producción ineficiente, o un monopolio, o un oligopolio. Otra fuente de inadecuación es la introducción de nuevos productos que no son superiores a los existentes antes —en cuanto a sus funciones esenciales— pero que logran desplazarlos por el poder de la publicidad, la marca comercial y otros instrumentos de comercialización. Estos productos nuevos resultan impropios para los niveles de ingreso de los consumidores medios de los países subdesarrollados.[15]

Dadas las diferencias entre el ambiente económico, técnico e institucional de los PNI y PIR con los países avanzados, la tecnología importada por aquéllos (PNI y PIR) tiende a presentar modalidades de inadecuación. Claro que no toda la tecnología proveniente de las zonas desarrolladas es inadecuada en todos sentidos, pero si el avance tecnológico se ha gestado históricamente en un contexto diferente al del subdesarrollo, cabe suponer que la tecnología importada desde los países avanzados tendrá usualmente varios rasgos de inadecuación.[16]

Las modalidades de inadecuación tienden a generar efectos distorsionantes en la economía del país receptor. Los volúmenes de producción y su crecimiento no son suficientes para absorber la creciente fuerza de

[14] Cooper, Ch., *op.cit.*, pp. 12-13; y Stewart. F., *op.cit.*, pp. 60 y 67.

[15] *Ibid.*, pp. 63-65; y Cooper, Ch., *op.cit.*, pp. 13-14

[16] Stewart, F., *op.cit.*, pp. 60 y 85.

trabajo en los PNI debido al uso de las técnicas avanzadas. Esto contribuye a generar elevados niveles de desempleo. Stewart argumenta que la inadecuación ha estimulado cambios en el ambiente de los países usuarios y que dichas modificaciones han estado orientadas a reproducir el medio ambiente de las zonas avanzadas para el cual fue creada la tecnología. La reproducción de tal medio ha tenido repercusiones socioeconómicas desfavorables para el país receptor. La distribución del ingreso, el sistema educativo y las formas organizativas de la producción se han modificado a favor del desarrollo de un sector formal que concentra en sí recursos y poder político cada vez mayores, en detrimento de un sector informal o de subsistencia, descuidado. Los efectos distorsionantes en los países subdesarrollados tienden a ser cada vez mayores.[17]

Si bien Stewart plantea que la tecnología importada por los países en desarrollo ha tendido a reproducir el ambiente de los países avanzados, hay otros autores que sostienen por lo contrario que la inadecuación genera una demanda de "ajustes" en la propia tecnología, lo que se traduce en oportunidades para la acumulación de experiencias técnicas mediante innovaciones menores.[18]

Los pagos por la importación de tecnología

La estimación de los gastos en que incurren las empresas de los PNI al importar tecnología (éstas son con frecuencia filiales o subsidiarias de las ETN) está sujeta a imprecisiones. Los pagos no sólo incluyen desembolsos relacionados con regalías, cuotas por licencias técnicas y otros gastos involucrados en la adquisición "clara" de tecnología.[19] También comprenden los pagos que el usuario hace al oferente de tecnología mediante manipulaciones contables tales como la sobrefacturación del costo de materias primas, equipo y servicios de personal técnico proporcionados por el proveedor. Algunos estudiosos del costo de la tecnología sostienen que la práctica de este sobreprecio es considerable y equivale por lo menos al monto total de los pagos que se hacen por regalías, cuotas por uso de licencias, etc.[20]

Aunque son grandes las dificultades para estimar el costo de la compra de tecnología, es posible tener una idea aproximada de la magnitud de

17 *Ibid.*, capítulo 3.

18 Katz, J., *op. cit.*, pp. 10-11.

19 Este término es utilizado por F. Stewart para destacar los pagos que se hacen conforme a lo que estipulan explícitamente los contratos de compra-venta de tecnología. Stewart, F., *op. cit.*, pp. 123-124.

20 Véase *ibid.*, p. 123; Vaitsos, C.V., *op. cit.*, pp. 61-70 y Vaitsos, C.V., *Distribución del ingreso y empresas transnacionales*, México, Fondo de Cultura Económica, 1977, pp. 57-69 y 110-119.

éste. Las evidencias indican que los pagos que hacen los países en desarrollo por la importación de tecnología son elevados. Stewart estima que en 1968 fueron del orden de 30,000 millones de dólares.[21] Esta cifra abarca los pagos por la transferencia "clara" de tecnología y una corrección que incorpora el sobreprecio (10% de la importación de maquinaria, equipo y productos químicos). Tales pagos representaron el 10% de las exportaciones de los países en desarrollo en 1968 y posiblemente la proporción será de 30% en 1980.[22]

Los pagos elevados son consecuencia de la posición negociadora débil de los PNI dependientes ante los oferentes de tecnología. Este punto es de gran importancia para fijar los pagos "claros" y el uso de sobrefacturaciones.[23] Debido a deficiencias de capacidad tecnológica y por falta de información, las empresas de los PNI que compran tecnología suelen ser débiles e inseguras con respecto a la valoración de la tecnología demandada. Esta situación se agrava en la medida que se es más dependiente. Cuanto más débil sea la situación negociadora del demandante, más propenso estará a las influencias del proveedor.[24]

Lo anterior cobra importancia para los PNI en un mercado de tecnología que se caracteriza por la existencia de una gran brecha entre los costos mínimos esperados por el demandante y los ingresos máximos a que aspira el oferente. La fijación del costo directo de la tecnología depende en gran medida de las negociaciones. En los casos de mayor dependencia se tiende a establecer costos más elevados que en otros de menor dependencia.[25]

El costo elevado de la tecnología importada permite al proveedor maximizar el ingreso generado por el uso de tal activo. Esto no implica que la empresa receptora no pueda obtener utilidades. Los altos costos de importar la tecnología se transfieren, a través del precio del producto, al consumidor. En consecuencia, las debilidades de negociación de las empresas en los PNI quedan inmersas en la economía nacional.

La marginación de esfuerzos locales de IDE

A medida que el desarrollo del aparato industrial de los PNI dependa de la tecnología extranjera, se generará un comportamiento empresarial que "margina" el sistema local de ciencia y tecnología. Este problema al

21 Stewart, F., *op. cit.*, p. 124.

22 *Ibid.*

23 Vaitsos, C.V., *Comercialización de tecnología en el Pacto Andino, op. cit.*, pp. 38-43. Stewart, F., *op. cit.*, p. 125. Cooper, Ch., *op. cit.*, p. 11.

24 Stewart, F., *op. cit.*, p. 125.

25 *Ibid.*

parecer se agudiza más en los casos de circulación de la tecnología dentro de un sistema transnacional.

Por el lado de la oferta, las empresas proveedoras de tecnología pueden tener interés en controlar la venta de equipo, materiales y servicios técnicos para obtener mayores ingresos. También por razones de prestigio (la calidad del producto) dichas empresas pueden insistir en que el usuario utilice al oferente extranjero de maquinaria y/o de otro insumo preferido por ellas. Igualmente es probable que las ETN sigan la política de "difusión interna" para evitar filtraciones acerca del proceso tecnológico, diseños, etc.[26]

Por lo que respecta a la demanda, las empresas con una dependencia tecnológica relativamente elevada suelen preferir la tecnología extranjera, aun cuando existan versiones desarrolladas localmente por laboratorios científicos o firmas de ingeniería.[27] La lógica de este comportamiento está relacionada con la experiencia y la destreza técnica disponible así como con cuestiones de mercado y de competencia. Los ingenieros y los técnicos de los institutos de investigación y desarrollo experimental (IDE) en los PNI no cuentan con la experiencia en el desarrollo tecnológico para la producción que tienen las empresas extranjeras proveedoras de la tecnología. El riesgo de incurrir en costos por errores de inexperiencia parece ser considerablemente mayor en el caso de personal científico y tecnolígico local que en el extranjero. Por otro lado, a nivel local, los vínculos entre las empresas manufactureras (particularmente las de mayor dependencia) y el sistema de ciencia y tecnología son débiles. Además, en los casos en que los laboratorios o las firmas de ingeniería de los PNI han desarrollado tecnología propia para su explotación comercial, las empresas tienden a no usarla porque las versiones ofrecidas por las empresas extranjeras están comercialmente probadas y ofrecen mayores ventajas en el mercado.[28]

Dado que los institutos de IDE suelen quedar "marginados" de la dinámica industrial, la orientación de sus actividades no está determinada principalmente por las demandas del sistema productivo nacional, sino por las tendencias de las esferas científicas internacionales,[29] que no corresponden a las necesidades económicas y sociales de la realidad de los PNI, por lo cual la desvinculación entre los sistemas productivo y científico-tecnológico aumenta.

[26]Para el caso de empresas transnacionales, véase Michalet, Ch. A., *op. cit.*, p. 640.

[27]Cooper, Ch., *op. cit.*, p. 5 y Stewart, F., *op. cit.*, p. 132.

[28]Cooper, Ch., *op. cit.*, y Stewart, F., *op. cit.*

[29]Cooper, Ch., *op. cit.*

Sobre las posibilidades de aprender haciendo

De lo anterior se puede derivar que a mayor grado de dependencia tecnológica corresponderá una menor probabilidad de que los laboratorios científicos y las firmas de ingeniería aprendan mediante su experiencia. Un planteamiento similar corresponde en lo que se refiere a los departamentos técnico, de mantenimiento, de ingeniería, mecánico, etc., de las empresas usuarias de tecnología importada.

La literatura especializada sugiere que las mayores posibilidades de mejorar la capacidad técnica local a través de la experiencia se presentan dentro de las empresas manufactureras.[30] Los resultados recientes en la industria de los PNI latinoamericanos pueden conducir al replanteamiento de argumentos escépticos sobre la perpetuación de la dependencia, ya que según tales casos ocurre un proceso de modernización e innovación "menor" (consistente, por lo general, en adecuaciones) que puede propagarse dentro de la industria local con posibilidad de reducir la dependencia a largo plazo y, por lo tanto, modificar el balance de los efectos en favor de estos países.[31] No existe, sin embargo, una base empírica en que apoyarse para contradecir o afirmar que tal sea la situación general en los PNI.

Ha sido común que se planteen las ventajas de estimular una liberación tecnológica mediante el aumento de la capacidad tecnológica local que, a su vez, podría lograrse por medio del incremento de la experiencia en el uso y adaptación de la tecnología. Pero la naturaleza de la situación dependiente observada en algunos casos parece prevenir contra un proceso de aprendizaje por la experiencia. En estos casos, se plantea que es usual la adquisición de tecnología en paquete. El "paquete" tecnológico comprende la conjunción de varios elementos técnicos controlados por un sólo oferente. A través del control de este paquete, el proveedor puede evitar el empleo de los servicios de técnicos, mecánicos, ingenieros, etc., locales y faltos de experiencia. Por otro lado, la empresa receptora del paquete tecnológico tiende a no utilizar personal inexperto por las razones apuntadas en la sección anterior.[32] Hay casos, como el de las filiales de ETN, en que no sólo se adquiere un paquete tecnológico proveniente del propio sistema multinacional, sino que además las actividades técnicas de la filial son controladas por la matriz, lo cual tiende a impedir el desarrollo de la capacidad tecnológica local.[33]

[30] Katz, J., *op. cit.*
[31] *Ibid.*
[32] Cooper, Ch. y P. Maxwell, *Machinery Suppliers and the Transfer of Technology to Latin America*, Universidad de Sussex, Brighton, 1975 (mimeo); Cooper, Ch., *op. cit.*, p. 7.
[33] Sercovich, F., *op. cit.*, p. 234; y Michalet, Ch. A., *op. cit.*

Algunos planteamientos de política

Los efectos desfavorables de la dependencia tecnológica sobre el desarrollo de los PNI reclaman un esfuerzo de política tecnológica por parte de los gobiernos de estos países. Las posibilidades de que tal política sea la más efectiva y conveniente para los PNI quedan limitadas por las influencias de otras políticas de desarrollo (como la de industrialización, la educativa, la fiscal, etc.) y por la influencia de los principales oferentes de tecnología (sobre todo ETN) en la formulación y manejo de las políticas educativa, científica, tecnológica y económica. La formulación y el control de la política tecnológica también depende del carácter del sistema sociopolítico del país en cuestión, así como de la disponibilidad de información, capacidad administrativa y poder de negociación que haya en el aparato gubernamental.[34] El margen de acción para la política tecnológica local podría reducirse considerablemente por los conflictos directos que puedan provocar sus lineamientos con los intereses de las empresas extranjeras y de las élites de la sociedad del PNI, en cuyo caso tan sólo cabría esperar que tales grupos tengan en cuenta las tensiones sociales y hagan ciertas concesiones a favor de dicha política.[3]

La influencia de las ETN sobre las decisiones en política tecnológica de los gobiernos parece ser particularmente grande. Helleiner menciona que las ETN pueden cambiar la orientación completa de la estrategia de desarrollo de los PNI y los PIR y/o su implementación detallada, mediante el uso de sobornos, misiones, presiones diplomáticas, subversión y otros instrumentos de control más sutiles e indirectos.[36]

Es difícil, con tan poco margen de acción política, el intento de acelerar la reducción de la dependencia tecnológica o de sus efectos adversos. Al respecto, Frances Stewart agrupa en dos categorías las diversas propuestas de política tecnológica que apuntan a tal tipo de objetivos:[37] una es la relativa al control de la importación de tecnología y la otra se refiere a la reducción de tal importación.

El primer tipo de política se caracteriza por fundamentar el desarrollo industrial en la importación de tecnología y utilizarla como base del desarrollo tecnológico local. Los medios que se recomiendan para llevar a cabo tal interés son un control riguroso de la importación de tecnología y

[34] Helleiner, G.K., "The role of multinational corporations in the less developed countries trade in technology", *World Development,* Vol. 3, No. 4, abril 1975, p. 176.

[35] Cooper, Ch., "Choice of techniques and technological change as problems in political economy", *International Social Science Journal,* Vol. XXV, No. 3, 1973, pp. 300-301· citado por Helleiner, G.K., *op. cit.*, p. 177.

[36] Helleiner, *op. cit.*, p. 178.

[37] Stewart, F., *op. cit.*, pp. 133-138.

un gran esfuerzo para la adaptación de la tecnología recibida (sólo excepcionalmente se usaría sin modificación). Si la tecnología se importa sin control no sería posible sacar provecho de ser un país con desarrollo tardío (no se podría aprender de la tecnología de los países avanzados), se generarían efectos desfavorables al modificarse el ambiente y la política económica local, provocando intereses que llevarían a una situación en donde la tecnología no podría ser controlada o el deseo de controlarla se reduciría.[38] Y no sólo se deben controlar las condiciones de importación, sino también la naturaleza de la tecnología adquirida, evaluando su conveniencia de acuerdo con los requerimientos locales.[39] En este conjunto de lineamientos podrían incluirse las propuestas de selectividad y diversificación o desagregación de los paquetes tecnológicos.[40]

Pero la efectividad de este grupo de políticas puede ser reducida, ya que se pueden afrontar grandes dificultades para disminuir la dependencia tecnológica o sus efectos desfavorables. Por ejemplo, puede ser complejo —casi imposible— el control ideal para que la innovación "menor" conduzca a una menor dependencia. Además, la política tecnológica misma podría conducir a que los cuadros técnicos locales fueran, durante largo plazo, "seguidores" de los desarrollos alcanzados en el exterior y dependieran de una importación de tecnología constante o creciente.[41]

El otro conjunto de lineamientos orientado a la reducción de la dependencia mediante la disminución del insumo de tecnología extranjera, se inclina más por el desarrollo de una tecnología local como alternativa a la tecnología de origen externo. Esta política recomienda prohibir la importación de tecnología cuando exista una versión local y, a diferencia de la "política de control", sugiere dedicar más recursos a la creación de tecnología que a la adecuación.[42] Pero dado el margen tan estrecho de acción política que al parecer existe en los PNI, este tipo de lineamientos no resulta realista, por lo menos en algunas ramas manufactureras, donde se percibe una fuerte influencia en contra de esta orientación.[43]

Estos y otros planteamientos de política, así como el análisis teórico o hipotético en el que se fundamentan, demandan un examen empírico sobre los PNI. En el resto de este estudio no se pretende resolver las

[38] *Ibid.*

[39] Helleiner, G.K., *op. cit.*, p. 178.

[40] Cooper, Ch., y F. Sercovich, *op. cit.*

[41] Stewart, F., *op. cit.*

[42] *Ibid.*

[43] Helleiner, G.K., *op. cit.*, concluye que hay más posibilidades de éxito para la política reductora de la dependencia en el sector manufacturero de exportación que en el orientado al consumo interno.

enormes dificultades relativas a la interpretación teórica y a la determinación de la política a seguir en los PNI, sino analizar, en el caso de México las experiencias de ramas industriales y empresas específicas con vistas a la formulación de algunos elementos de política que puedan contribuir a la disminución de la dependencia tecnológica.

II

El marco tecnológico de la industria manufacturera mexicana

Generalidades

El desarrollo y la diversificación acelerada de la industria manufacturera mexicana durante los últimos treinta años se fundamentó en la protección arancelaria y el control de importaciones, así como en el impulso a la acumulación de capital físico. Este se canalizó hacia las ramas de actividad manufacturera que constituyeron la base de una estrategia global de sustitución de importaciones en frentes cada vez más amplios. El crecimiento de la producción manufacturera generó una demanda constante de tecnología (disponible principalmente en países de industrialización avanzada) y de pequeñas adaptaciones técnicas a nivel de planta. La existencia de esta demanda estimuló la formación de cuadros técnicos —tanto dentro de las empresas como en instituciones autónomas— así como la acumulación de experiencias en el ajuste de la tecnología importada a las circunstancias locales (de tipo ingenieril y económico) y la producción de equipo y de algunas máquinas.

Si bien la experiencia parece indicar que la demanda de tecnología estimuló el surgimiento y la evolución de una oferta interna de conocimientos científicos y tecnológicos, así como de bienes de capital, la industria manufacturera mexicana afrontó y sigue afrontando, una serie de obstáculos que restan dinamismo al proceso local de desarrollo tecnológico. Además de algunos defectos que ha tenido la política económica mexicana (como prohibir la importación de maquinaria textil de segunda mano, cuya reconstrucción local hubiera desarrollado habilidades para la manufactura de equipo textil tal y como lo sugiere la experiencia colombiana[1] , existen condiciones de competencia oligopólica en los mercados de productos y de tecnología que dificultan la inserción de centros de investigación locales en la dinámica del aparato industrial. Asimismo, se observan lazos estrechos de oferta y demanda entre fuentes externas de

[1] Fundación para la Educación Superior y el Desarrollo, *Mercados de tecnología en sectores específicos: sector textil del poliéster*, Bogotá, 1978 (mimeo).

tecnología y usuarios nacionales que refuerzan la orientación de la demanda de tecnología hacia el exterior e impiden acelerar un proceso complementario de aprendizaje técnico.

Mientras no se logren avances en la capacidad tecnológica local y en su uso —particularmente en el ámbito manufacturero— los pagos por tecnología extranjera serán aún más elevados de lo que han sido hasta ahora.

Lo anterior tiene importancia, porque al sector de manufacturas corresponde el 80% de los pagos por regalías y por uso de asistencia técnica que se realizaron en 1973 en la economía mexicana. Casi el 100% de dichos desembolsos correspondió a transacciones tecnológicas con empresas extranjeras. (Véase el cuadro 2.)

En 1973, los pagos por concepto de regalías y asistencia técnica extranjera hechos por la industria manufacturera fueron de 1,800 millones de pesos, lo cual representó la mitad de la inversión extranjera directa total.[2] En ese año, dichos pagos por tecnología fueron el doble del gasto total en investigación y desarrollo experimental (IDE) y alrededor de siete veces el equivalente al gasto en IDE efectuado en el ramo manufacturero.[3]

Además de que los costos directos de la importación de tecnología podrían ser menores si se lograra un mayor desarrollo de la capacidad tecnológica local, hay otros, de tipo indirecto, que probablemente también disminuirían. Son los que se derivan de las condiciones en que se adquiere la tecnología y estan relacionados con el condicionamiento de las decisiones tecnológicas de las empresas mexicanas usuarias, particularmente las que afectan sus posibilidades de asimilación y adaptación técnica, así como su progreso general. Sobre estos aspectos hay diferentes puntos de vista (hipotéticos, la mayoría de las veces) y faltan evidencias. Algunas se exploran en el resto del capítulo y otras, de carácter más detallado, se analizan en los capítulos III, IV y V.

La capacidad nacional de generar tecnología para la industria manufacturera es muy escasa y se enfrenta a fuertes obstáculos de estructura y de factibilidad económica. Aunque las actividades de IDE no garantizan por sí solas la generación de oferta de tecnología, las cifras al respecto dan idea de los esfuerzos que en el país se vienen realizando a fin de estructurar una base de investigación que sería uno de los diversos puntos de apoyo de una estrategia para desarrollar la oferta interna de tecnología.

[2] Véase la cifra del pago de tecnología en el cuadro 2. Véase la cifra de la inversión extranjera en Fajnsylber, F. y T. Martínez, *Las empresas transnacionales: expansión a nivel mundial y proyección en la industria mexicana*, Fondo de Cultura Económica, México, D.F., 1976, p. 351.

[3] Véanse las cifras correspondientes a los gastos en IDE, en Consejo Nacional de Ciencia y Tecnología (CONACYT), *Plan nacional indicativo de ciencia y tecnología*, CONACYT, México, D.F., 1976, p. 293. Estas cifras se presentan de manera resumida en el cuadro 3.

Parece ser poca la actividad de IDE en las manufacturas. Se estima que en 1974 la industria manufacturera gastó 178.1 millones de pesos en IDE, lo cual representa el 10.2% del gasto nacional en estas actividades. El gasto de investigación tecnológica en las manufacturas mexicanas representa el 0.1% del producto de tal actividad industrial, cifra muy por debajo del 0.22% que representa el gasto total de IDE respecto al producto interno bruto. El gasto de IDE, con respecto a la producción en la industria manufacturera de Estados Unidos, Francia e Italia representó 6%, 2% y 0.9%, respectivamente.[4] La participación de las empresas públicas en los gastos de IDE en 1973 fue de 36.4%; las empresas privadas nacionales figuran con 52% y la industria privada de capital extranjero con 11.6%. La mayoría de la IDE (70%) parece concentrarse en la rama de bienes intermedios. (Véase el cuadro 4.)

Una parte significativa de estos esfuerzos locales se efectúa en centros de investigación que afrontan dificultades de vinculación con el aparato productivo; en consecuencia sus posibilidades de desarrollo son reducidas.[5] Es muy probable que las tareas que suponen un desarrollo mayor de la oferta interna de tecnología sean aquellas que se efectúan en los departamentos de producción y mantenimiento dentro de las empresas, aunque no se emprendan como proyectos explícitos de IDE.[6]

Existen indicios de que las características de ramas industriales como la expansión del mercado y los canales de competencia, influyen de manera importante sobre la selección de la tecnología. En las manufacturas mexicanas parece que estas características condicionan las decisiones empresariales y tecnológicas más que las variables tradicionales de precios relativos e instrumentos de política.[7] Por tales razones es de gran utilidad analizar la situación tecnológica que se observa en distintos tipos de ramas manufactureras.

La producción de artículos de consumo[8]

Las empresas medianas y pequeñas, en particular las productoras de bienes no duraderos, tienen poca capacidad técnica para detectar sus

[4] *Ibid.*

[5] Una característica de la IDE local es la de presentar gran concentración en pocas instituciones grandes y gran dispersión en unidades pequeñas. Véase *Ibid.*

[6] *Ibid.*

[7] Nadal, A., *Instrumentos de política científica y tecnológica en México,* El Colegio de México, México, D.F., 1977.

[8] Este tipo de productos son tales como alimentos, bebidas, tabaco, textiles, prendas de vestir, calzado, madera, muebles, corcho, cuero y piel; así como automóviles, equipo y otros bienes duraderos para uso casero o no productivo.

necesidades tecnológicas y transformarlas en demanda. El nivel tecnológicamente avanzado se compone de un reducido número de empresas grandes.

La tecnología utilizada por los productores de bienes no duraderos de consumo queda finalmente incorporada en los bienes de capital. La tecnología que no se incorpora es por lo general de libre disponibilidad. En cambio, los grandes productores de bienes duraderos de consumo utilizan tecnologías más complejas, dependen fuertemente de la inversión extranjera y, en lo particular, de diseños, maquinaria y tecnología de producción, de origen extranjero.[9]

Hay poca demanda de tecnología de procesos y productos en la rama de bienes no duraderos. Pero existe un número considerable de contratos de licencias y marcas. La adquisición de tecnología a través del uso de patentes, conocimientos y asistencia técnica para la producción de este tipo de bienes se concentra en la rama de los alimentos[10]. Por el contrario los contratos de marcas no son predominantes cuando se trata de los bienes duraderos. Según el análisis de un muestreo de contratos de tecnología efectuado por el CONACYT corresponde la prioridad en este caso al suministro de conocimientos técnicos y de asistencia. La dependencia del diseño del "último modelo" ha sido notable en la industria de bienes duraderos.[11]

La demanda de tecnología en el ramo de bienes no duraderos se orienta generalmente al exterior. La falta de demanda en fuentes tecnológicas internas ha limitado los logros de las actividades locales de IDE. El Instituto Mexicano de Investigaciones Tecnológicas, por ejemplo, estuvo trabajando en algunas operaciones para la producción de textiles de fibras duras, pero interrumpió su investigación ante la falta de interés de los usuarios potenciales.[12]

El cambio tecnológico que se observa en la producción de bienes de consumo no duradero es lento. Las innovaciones han consistido principalmente en adaptaciones a nivel de planta. En 1973 se habían producido localmente 569 patentes pero sólo se registró el 15%, del que un 2.3% tenía relación con la manufactura de bienes no duraderos (casi la totalidad de este porciento se generó en centros de investigación públicos).[13]

[9] CONACYT, *op. cit.*

[10] Nadal A., *op. cit.*, cuadro IV-5, pp. 130-131.

[11] CONACYT, *op. cit.*

[12] *Ibid.*

[13] *Ibid.*

Los productos intermedios[14]

La mayor parte de los productores de bienes intermedios son medianos o grandes. En este ramo de manufactura se detecta una mayor capacidad técnica para identificar las necesidades tecnológicas que derivan en demanda. Esta solicitud de tecnología se ha orientado hacia el extranjero. También se observa con frecuencia la transferencia de "paquetes" tecnológicos, controlados en unos casos por el proveedor del equipo y en otros por el proveedor del proceso generalmente patentado.[15]

A diferencia de la industria de bienes de consumo, en algunas industrias de bienes intermedios existen más evidencias de que la adquisición de tecnologías extranjeras ha estado acompañada por la mayor actividad tecnológica interna. En los últimos veinte años se han observado importantes desarrollos tecnológicos locales en algunas especialidades de este ramo, que han sido utilizados por el propio sistema de producción. El Instituto Mexicano del Petróleo, de propiedad estatal, ha desarrollado modificaciones a procesos petroquímicos; se han efectuado innovaciones en la industria siderúrgica y en la papelera, donde también interviene el estado. Asimismo, las firmas de ingeniería nacionales han acusado un rápido crecimiento. La siderurgia, la petroquímica y la industria del papel son las actividades manufactureras donde se ha logrado mayor nivel de experiencia tecnológica.[16]

Este desarrollo ha sido posible por el interés de los demandantes en las capacidades tecnológicas de origen nacional; por la intervención del gobierno mexicano; por el gran acervo de experiencias que han acumulado firmas de ingeniería, lo mismo que algunas empresas de este ramo manufacturero, en materia de búsqueda, selección y negociación de tecnología, así como para asimilarla y adaptarla a las condiciones locales; por falta de control de los paquetes tecnológicos ofrecidos por los extranjeros, y por la alta preparación de los técnicos mexicanos.

No obstante la existencia de algunos casos en los que se han alcanzado altos niveles de experiencia tecnológica propia en la industria de bienes intermedios, el número de casos en que la importación de tecnología no

[14] Bienes intermedios son productos tales como los petroquímicos, productos intermedios hechos de acero, pulpa, papel, productos químicos (incluyendo farmacéuticos) y fertilizantes.

[15] Ello se puede deducir de la información que proporcionan los estudios de Wionczek, M., G. Bueno y J.A. Navarrete, *La transferencia internacional de tecnología: el caso de México,* Fondo de Cultura Económica, México, D.F., 1974 (casos de las industrias petroquímica secundaria y farmacéutica) y Nadal, A., *op. cit.* (caso de la petroquímica, particularmente fibras sintéticas y fertilizantes).

[16] CONACYT, *op. cit.* y Pérez, L.A. y J.J. Pérez, *Decisiones tecnológicas a nivel de empresa: Altos Hornos de México, S.A.* Programa BID/CEPAL sobre investigación en temas de ciencia y tecnología en América Latina, monografía No. 24, Buenos Aires, 1978.

estuvo acompañado de avances tecnológicos internos significativos parece ser relativamente elevado. Tal situación se observa, particularmente, en la industria químico-farmacéutica, en buena parte de las industrias químicas, en la del hule y en la de productos no metálicos.[17]

En la industria de bienes intermedios hay gran demanda de tecnología de procesos. La mitad de los pagos por regalías y asistencia técnica de la industria manufacturera la realizan las empresas de este ramo (véase el cuadro 5). En esta especialidad se concentra la importación de conocimientos técnicos, asistencia técnica e ingeniería básica.[18]

La industria química fue la rama que más utilizaba, hasta 1975, la tecnología no incorporada proveniente del exterior. Se estima que esta rama y la de bienes de capital, absorbían poco más de la mitad de los contratos de conocimientos técnicos para la industria manufacturera.[19]

Las especialidades de la industria química que más han usado conocimientos técnicos del exterior son los productos farmacéuticos (incluyendo medicamentos), los jabones, perfumes y cosméticos, y la fabricación de productos plásticos.[20]

En el caso de la industria petroquímica se observa un fenómeno de sustitución de servicios tecnológicos, usualmente ofrecidos por empresas extranjeras. Este proceso no ha llegado a la ingeniería básica pero comprende la construcción e instalación de plantas así como el 50% de la ingeniería de detalle. En los casos de procesos particularmente complejos en que hay financiamiento atado, o cuando se trata de operaciones entre una filial y su matriz del extranjero, no hay diseño local de las plantas. Una situación semejante ocurre en la industria de la pulpa y el papel, aunque viene afrontando problemas de productividad.[21]

Los procesos tecnológicos de la industria de fertilizantes son, en su mayoría de procedencia exterior. Esto no ha sido obstáculo para el desarrollo de cierta capacidad de ingeniería, en cuanto al diseño, montaje y puesta en marcha de las plantas, tal y como se ha logrado en los años recientes.[22]

En general, se puede afirmar que el desarrollo de la industria de bienes intermedios, acompañado de una mayor participación de la ingeniería mexicana, ha partido de la oferta externa de tecnología, pero esta oferta tiende a perder su dominio en ramas de evolución tecnológica relati-

[17] CONACYT, *op. cit.*

[18] Nadal, A., *op. cit.*, cuadro IV-5, pp. 130-131.

[19] *Ibid.*

[20] *Ibid.*, cuadro IV-6, pp. 132-133.

[21] CONACYT, *op. cit.*

[22] *Ibid.*

vamente lenta (como el caso de la pulpa y el papel) y en aquellas en que el Estado tiene participación activa (como el caso de insumos derivados del petróleo). En otras ramas, sin embargo, las relaciones de propiedad han preservado el dominio de la oferta externa de tecnología y, aunque se efectúen grandes esfuerzos locales por parte de IDE, resultan limitadas las posibilidades de generar innovaciones de importancia.

En las ramas manufactureras de bienes intermedios, la IDE participa en la tecnología de proceso en gran medida. Esto no significa que si se incrementaran los recursos y el personal nacional en tal actividad se lograría automáticamente una mayor participación local en la oferta de tecnología. Pero es una prelación técnica (entre otras) que se debe considerar para un mayor control local de la oferta de tecnología en determinadas ramas.

El esfuerzo local de investigación tecnológica para aplicarse en la producción de manufacturas se concentraba en 1973 en el ramo de bienes intermedios. Alrededor del 70% del gasto y de las unidades dedicadas a la investigación y desarrollo experimental en la industria manufacturera se localizó en este rubro. El mayor esfuerzo de investigación al respecto lo realizaron las empresas privadas nacionales (véase el cuadro 4). Sin embargo, las mayores unidades promedio corresponden a organismos descentralizados como el Instituto Mexicano del Petróleo. Las empresas privadas nacionales que realizan actividades de investigación y desarrollo predominan en la industria química, en la siderúrgica y en la del papel. Cabe mencionar que tan sólo dos empresas privadas nacionales, (Hojalata y Lámina, S.A., y Celulosa y Derivados, S.A.) cubren el 38% de lo que gastan en IDE las empresas privadas que tienen una participación mayoritaria de capital nacional. Dos empresas privadas de capital mayoritario extranjero ejercieron el 48% del gasto privado en la industria manufacturera de bienes intermedios.[23] Los esfuerzos internos por proveer de tecnología a esta industria, por lo tanto, se presentan muy concentrados en pocas unidades de investigación que son relativamente grandes.

Los bienes de capital[24]

A pesar de que el patrón de desarrollo industrial asignó la mayor prioridad al fortalecimiento de las ramas manufactureras estrechamente vinculadas con el consumo final y aunque las medidas en que se fundamentó tal patrón tendieron a favorecer la importación de maquinaria y equipo, la producción nacional de estos bienes ha mostrado un creci-

[23] *Ibid.*

[24] Bienes de capital son tales como herramientas, pailerías, máquinas herramientas, filtros, bombas y en general maquinaria y equipo para la producción de bienes y servicios.

miento considerable.[25] Esto se debió a que algunas empresas privadas detectaron posibilidades de mejorar (o, en su caso, defender) su posición competitiva en una situación oligopólica. También se debe a la participación del sector público en diversos proyectos para producir maquinaria y equipo con capital extranjero, o con capital privado nacional, o con ambos.[26] En estos casos, el Estado se ha comportado de manera congruente con su línea de acción en el esquema del desarrollo mexicano, respondiendo a la necesidad de impulsar actividades económicas estratégicas pero con dificultades tecnológicas, financieras y de rentabilidad que inhiben a la iniciativa privada.

La producción de bienes de capital se realiza en establecimientos de tamaños muy diversos que van de talleres y pequeñas unidades de ensamblado a ciertos complejos industriales. Hasta 1974 se producían bienes relativamente sencillos y en la mayoría de los casos se usaban piezas y partes importadas.[27]

El desarrollo de la industria de bienes de capital, a nivel local, resultó dinámico pero desordenado y descuidado. En los años recientes, la competencia entre empresas se concentró en determinadas especialidades (productos intermedios como tubos, válvulas, bombas) y se descuidó la producción de otras líneas. Las posibilidades de lograr altos grados de eficiencia productiva se han visto reducidas por tal fraccionamiento. Además, la producción local de estos bienes carece de ingeniería propia, particularmente de ingeniería básica.[28]

La falta de una capacidad ingenieril restringe el alcance innovador de la industria local de maquinaria y equipo. Considerando que la industria de bienes de capital se caracteriza internacionalmente por constantes innovaciones —sobre todo en la ingeniería de diseño y de proceso—, la relativa debilidad ingenieril refuerza la orientación de la demanda interna de este tipo de productos hacia fuentes externas de oferta donde los demandantes locales pueden encontrar mejores especificaciones y garantías de funcionamiento.

Por esta falta de capacidad, los productores locales de bienes de capital importan con frecuencia diseños básicos y servicios de asesoría para decidir cuestiones como la selección de materiales y de métodos de producción. La ingeniería nacional que se dedica al diseño y al desarrollo se orienta sobre todo a la adaptación y puesta en práctica de la tecnología

[25] Esto se refleja en cierta forma en que la industria metalmecánica representó el 10% de la producción manufacturera en 1950, en tanto que arrojó un porcentaje de 20% en 1974. Véase Nacional Financiera, *México: una estrategia para desarrollar la industria de bienes de capital,* NAFINSA, México, D.F., 1977.

[26] *Ibid.*

[27] CONACYT, *op. cit.*

[28] Nacional Financiera, *op. cit.*, pp. 47-48 y p. 68.

importada.[29] La aportación tecnológica extranjera en este ramo es elevada y básica. El 65% de la producción de bienes de capital se genera en empresas que utilizan tecnología importada. La proporción de empresas que tienen vínculos tecnológicos con el extranjero, en diez de once ramas productoras de bienes de capital, pasa del 50%.[30]

La industria de bienes de capital es uno de los subsectores que utiliza más elementos tecnológicos provenientes del exterior. Esta industria y la química absorben poco más de la mitad de los contratos de conocimientos técnicos registrados hasta 1975.[31] Las ramas que demandan mayor número de elementos tecnológicos son la de maquinaria eléctrica para uso industrial y la de maquinaria no eléctrica especial para la industria.[32]

Los mayores pagos por la importación de tecnología corresponden a la rama de equipo de transporte. La cantidad que ésta pagó por concepto de regalías y asistencia técnica a empresas extranjeras superó a la correspondiente a las ramas de maquinaria eléctrica y de máquinas y equipo no eléctricos. (Véase el cuadro 5.)

En esta industria la tecnología importada presenta algunos rasgos de inadecuación. Ello se observa con frecuencia en las áreas de piezas para calderería pesada y de partes fundidas de gran tamaño. Los diseños de estos productos no corresponden a las condiciones de producción mecánica que suelen darse en el país. Además se advierte una tendencia a proliferar en la tecnología extranjera de algunos tipos de maquinaria y equipo de producción nacional, lo cual dificulta una regularización, pues ésta implica la demanda de insumos y refacciones a escalas factibles y convenientes para originar de manera eficiente una mayor integración nacional.[33]

Los esfuerzos por generar en los centros de IDE una mayor oferta local de tecnología en este ramo hasta 1974 fueron limitados. Se estima que en ese año, el 3.6% de la investigación del subsector manufacturero se relacionaba con la industria de bienes de capital y de consumo duradero. Estas actividades las emprendían pequeños grupos de investigadores y tecnólogos entusiastas pero que estaban desvinculados de las empresas productoras de bienes de capital.[34]

Los mayores intentos innovadoras a nivel local, observados en este ramo, han ocurrido dentro de las propias empresas fabricantes de bienes

[29] La proporción de personal técnico en actividades de IDE es pequeña: 18% de los ingenieros ocupados. *Ibid.* p. 64.

[30] *Ibid.* p. 67.

[31] Nadal, A., *op. cit.*, cuadro IV. 5.

[32] *Ibid.*, cuadro IV. 6.

[33] Nacional Financiera, *op. cit.*, p. 68.

[34] CONACYT, *op. cit.*

de capital. En efecto, el 18% de los ingenieros que trabajan en esta rama se dedica al desarrollo y al diseño de productos.[35] No obstante ser tareas menores y en cierta forma rutinarias, parecen ser las actividades locales con mayores posibilidades de lograr desarrollos tecnológicos propios, puesto que están orientadas a la adaptación y utilización de la tecnología extranjera recibida (puede acumular experiencias de utilidad técnica local).

Conclusión

Las evidencias sobre la problemática tecnológica que viene afrontando la industria manufacturera mexicana indican que la inexistencia de una política tecnológica, los vínculos estrechos entre la demanda local y la oferta externa de tecnología y las características competitivas de los productos y de la tecnología, han planteado dificultades para un desarrollo tecnológico propio. Estos factores pueden reforzar y justificar una situación generalizada de dependencia (porque estimulan la "marginación" de la IDE local y reducen las oportunidades de "aprender haciendo"). Tales problemas presentan diferentes matices en las diversas ramas manufactureras, pero parecen acentuarse en la producción de artículos de consumo duradero, así como de algunos productos químicos, maquinaria y equipo.

Las anteriores consideraciones se antojan todavía generales y deben ser examinadas en detalle ya que en el interior de cada rama manufacturera existen diferencias importantes entre las empresas con relación a la estructura de su capital social, su tamaño, su experiencia técnica acumulada y su grado de integración productiva que pueden determinar una problemática diferenciada. En los siguientes capítulos se intentará analizar con mayor profundidad estos aspectos en las ramas de fibras sintéticas poliéster, productos textiles y vestido con distintas características de estructura, tecnología y mercado, pero que están interrelacionadas en lo referente a insumos y productos.

[35] Un 56% está dedicado a tareas de producción (en lo que se incluye ingeniería industrial) y el restante 26% se dedica a ventas, dirección, compras y presupuestos. Véase Nacional Financiera, *op. cit.*

III

La industria del poliéster

La naturaleza del comportamiento tecnológico de las empresas locales que producen fibras de poliéster y las pocas posibilidades que se observan de un desarrollo tecnológico propio en esta especialidad, es parte de una situación concreta de dependencia determinada por la propiedad y el control de la tecnología que practican las grandes empresas químicas, y por las estrategias de éstas para mantener o mejorar su posición en el mercado mundial de productos químicos diversos, así como por otros factores, particularmente de carácter estructural, de la economía mexicana.

La importancia de grandes empresas privadas en el mercado de la tecnología para la producción de poliéster es consecuencia del valor económico de la tecnología de un producto industrial comercialmente exitoso. Sin embargo, esta situación ha venido modificándose: cuando el ciclo del producto entró en una etapa de madurez, el mercado tecnológico se hizo más competitivo, se redujo la importancia de las empresas transnacionales en la oferta de tecnología y surgieron nuevos oferentes de *know-how* —algunas firmas de ingeniería por ejemplo— que han brindado oportunidades para que los solicitantes de tecnología disminuyan su estado de dependencia.

Para entender mejor los problemas del mercado tecnológico de la industria local del poliéster, resulta conveniente analizar la historia del desarrollo del producto, su importancia en el transcurso del tiempo, el desarrollo del mercado de la fibra poliéster en México, el surgimiento de las plantas productoras de esta fibra en el país, la distribución de tamaños de las plantas y las características de la competencia entre empresas que producen la fibra en México. Este marco histórico y económico concreto proporcionará elementos empíricos de utilidad para el análisis de las decisiones fundamentales de entidades que ofrecen y demandan elementos de conocimiento científico y tecnológico para elaborar y comercializar la fibra a nivel local.

El invento y el desarrollo del producto

La fibra de poliéster se inventó en 1940 en Inglaterra, con el nombre de *"terylene"*[1] El invento ocurrió en los pequeños laboratorios de investigación y desarrollo de una firma textil de tamaño mediano llamada Calico Printers Association. Las investigaciones sobre moléculas de cadena larga se constituyeron en una base teórica clave para los descubrimientos del poliéster y otros materiales sintéticos. La labor de llevar el invento de su estado de curiosidad de laboratorio al de proceso industrial, comercialmente factible, exigió más de diez años de trabajos intensivos de investigación aplicada y en plantas piloto. Puesto que la empresa Calico Printers no se encontraba en condiciones de efectuar por sí misma tales esfuerzos, entró en tratos con grandes empresas y concedió licencias a Du Pont en Estados Unidos y a ICI en Gran Bretaña, las cuales pudieron afrontar los enormes costos que precisaban tanto la innovación del poliéster hacia un producto razonablemente homogéneo y estable, como las tareas de investigación aplicada y desarrollo experimental para explorar y determinar sus diversas utilizaciones potenciales modificando los insumos en función de sus usos finales específicos. Los recursos financieros que ICI destinó al desarrollo del poliéster se estimaron en unos 10 millones de libras esterlinas y Du Pont invirtió una suma similar. En el decenio de 1950 el poliéster o "terylene" estuvo ya en condiciones de comercializarse.[2] La producción industrial comenzó en 1953.

Como casi todos los artículos sintéticos importantes (alrededor de 60 productos, entre plásticos, hules y fibras), la fibra de poliéster no fue obra de las grandes empresas químicas.[3] Pero la importancia de su invento atrajo la atención de algunas de estas firmas. La escasez de recursos de los inventores por una parte y las ventajas que representaba el control de un monopolio temporal correspondiente a un producto nuevo, por otra parte, fueron factores determinantes para que dos empresas dominantes en el mercado mundial de fibras químicas cubrieran los costos de desarrollo del producto, abordaran los problemas de comercialización y, en fin, se encargaran del lanzamiento de la novedad. Du Pont e ICI se hallaban entre los primeros "imitadores" o "adoptadores" de las innovaciones del producto realizadas por otros y jugaron un papel notable en el desarrollo de la nueva maquinaria y de una gran diversidad de nuevas aplicaciones. Hasta cierto punto, estas empresas venían reforzando su posición dominante entre los laboratorios industriales más poderosos a

[1] Hoy es conocida en Estados Unidos como "dacrón", en Alemania como "trevira", en Holanda como "terlenka", en la URSS como "lawesan", en Francia como "tergal" y en Italia como "terital" y "texitel".

[2] Freeman, Ch., *La teoría económica de la innovación industrial,* Alianza Universidad, Madrid, 1975, p. 87.

[3] Hay casos excepcionales como el nylon, el CPV y el polietileno, cuyos inventos y desarrollos se dieron en los laboratorios de las grandes empresas químicas. Véase *ibid.*, p. 87 y pp. 103-110.

través de las ventajas acumulativas que sus trabajos de investigación les permitían.[4]

La innovación industrial del poliéster requirió un amplio esfuerzo de ingeniería de las grandes empresas químicas, a veces en colaboración con otras empresas, para el diseño y la construcción de partes concretas de los equipos de proceso. Esto contribuyó a la generación de tareas profesionales en la ingeniería química, mecánica y física. Con la ingeniería innovadora de procesos para la obtención de materiales como el poliéster, sus componentes intermedios, equipos, instrumentos y maquinaria, se dio más impulso a un nuevo tipo de unidades colaboradoras de las grandes empresas químicas: las firmas de ingeniería.[5]

El dominio de los conocimientos tecnológicos de fibras sintéticas como el poliéster, en conjunción con los atractivos económicos de una producción integrada a grandes escalas, originó que las firmas químicas participaran cada vez más en la industria textil. La integración vertical de la empresa química también se debió a su necesidad de abrir nuevos mercados para sus productos cuando el sector textil daba muestras de un escepticismo general.

Las fibras de poliéster se diferencian de las fibras artificiales y naturales por su origen orgánico. Las sustancias sintéticas como el poliéster son unidades químicas compuestas (polímeros) que se sintetizan a partir de unidades químicas simples (monómeros). En condiciones adecuadas de calor y presión estos polímeros pueden convertirse en fluidos con forma de filamentos los cuales se conservan al eliminarse el calor y la presión. Los filamentos pueden ser continuos —hilos— o cortados —fibras cortas— formándose madejas como las de fibra de algodón cardado. El desarrollo de los procesos de poliéster se desplazó de la repetición de *batches* (lotes) o procesos de producción intermitentes, a técnicas productivas de flujo continuo. Los procesos continuos permiten mayores volúmenes de producción y ahorran trabajo de supervisión, mantenimiento y operación de los equipos, así como energía.[6]

En general, el proceso tecnológico para la producción de poliéster cubre dos fases: policondensación y extrusión o filamentación. En la primera fase, los componentes intermedios, ácido tereftálico (TPA) o tereftalato de dimetilo (DMT), se mezclan con la materia etilenglicol (EG), de lo cual se obtiene un polímero llamado politereftalato de etilenglicol o tereftalato de polietilenglicol. Este es un polímero en forma de gránulos llamados *chips* o *pelets*. En el proceso de filamentación se obtienen los filamentos, ya sea en forma de hilos (filamento continuo) o en

[4] *Ibid*, Cap. 3.

[5] *Ibid.*

[6] *Ibid.*

forma de fibras cortas. El primero termina enrollado en conos y las segundas se ordenan en pacas.[7]

Importancia del producto en el ámbito de las materias primas industriales

El desarrollo de la industria local de fibras de poliéster ocurre en un contexto de innovación industrial de materiales sintéticos a nivel internacional, en el que los grupos industriales multinacionales juegan un papel importante para definir el patrón de transferencia de la tecnología. Los primeros y principales productores de poliéster en el mundo, tales como ICI, Du Pont, Akzo International, Celanese Co. y otros, constituyen el núcleo central del comercio internacional de tecnología del poliéster y vienen siendo los principales productores de otros materiales sintéticos, así como de la tecnología necesaria para producirlos.[8]

Productos sintéticos tales como los plásticos, el hule y las fibras, constituyen hoy en día uno de los principales grupos industriales de materias primas a nivel mundial. Las fibras sintéticas (excluyendo las celulósicas) son los productos de este tipo de mayor dinamismo en la industria mundial. De 1960 a 1970, la tasa de crecimiento anual de la producción de fibras sintéticas fue superior a 20%, superando a las de otras materias primas industriales sintéticas y naturales, tales como los plásticos, el acero, el hule sintético y el aluminio.[9]

El dinamismo del mercado de fibras sintéticas es mayor que el de otras materias primas textiles. La producción mundial de fibras sintéticas representaba el 1% de las fibras blandas naturales en 1951, en tanto que 18 años más tarde ya alcanzaba el 30% de la producción de algodón y lana, y el 50% en 1975. La participación de las fibras sintéticas en la producción mundial de fibras blandas ha sido siempre creciente de 1951 a 1975 y ha mostrado mayor dinamismo que otras fibras (véanse los cuadros 6 y 7).

La principal fibra sintética que se produce en el mundo es precisamente el poliéster. Su producción equivalió a un tercio de la producción mundial de fibras sintéticas en 1969 y casi a la mitad en 1975. En el período de 1969 a 1975, la producción mundial de fibras de poliéster sostuvo un ritmo de crecimiento anual superior al de las demás fibras sintéticas. (Véanse los cuadros 8 y 9.)

La magnitud y ritmo de crecimiento de la producción de fibras sintéticas, en particular de poliéster, también tiene su importancia en

[7] Para mayores detalles sobre el proceso tecnológico, consúltese el Anexo II.

[8] Véanse, por ejemplo, Boon, G.K., *International Technology Transfer Dynamics: The Market of Poliester, Textile and Apparel Technology,* Noordwijk aan Zee, Holanda, 1978 (mimeo); y Freeman, Ch., *op. cit.*

[9] Véase Freeman, Ch., *op. cit.*, pp. 81-82.

México. De varias materias primas industriales que se producen en el país, las fibras químicas (sintéticas y artificiales) fueron los materiales con mayor incremento en el período 1960-1976. El aumento de su producción fue mayor que el de algodón, productos químicos básicos, cobre, hierro, acero, resinas sintéticas, elastómeros, plásticos y hule sintético (véase el cuadro 10). El principal destino de las fibras químicas es su uso textil (cuadro 13). La importancia de estas fibras en la producción local de fibras textiles blandas ha aumentado de manera considerable. En 1960, las fibras químicas producidas en el país representaron el 4% de la producción nacional de fibras blandas; en 1968 la proporción fue de 9% y en 1976 casi la mitad (48%). En 1976, la producción de fibras químicas fue casi igual a la de algodón, en toneladas métricas (véase el cuadro 11).[10]

Las fibras sintéticas han contribuido definitivamente a la expansión de las fibras químicas textiles. Las primeras imprimieron el ritmo de crecimiento observado en las últimas y en años recientes han alcanzado niveles de producción que equivalen al 80% de la producción nacional de fibras químicas textiles (véanse los cuadros 12 y 13). Entre 1969 y 1976, las tasas de crecimiento de las fibras sintéticas hechas en México han sido superiores a las de la producción mundial (véase el cuadro 14).

Si bien las fibras sintéticas son las fibras químicas de mayor producción en México, el poliéster es la principal sintética que se produce en el país. El nylon fue el principal producto sintético hecho en México hasta 1970. Después de ese año, la fibra de poliéster lo desplazó en importancia. En 1975, el poliéster alcanzó niveles de producción que representaron el 63% de la producción nacional de fibras sintéticas. (Véase el cuadro 15.) Cabe destacar que la producción de fibra corta de poliéster superaba a la de filamento textil de poliéster antes de 1970; después de tal año se produjo más filamento textil en tanto que la producción de fibra corta declinó en importancia. En 1975, la producción de poliéster textil se compuso de 80% de filamento textil y 20% de fibra corta (véanse los cuadros 15 y 16). La disminución de la importancia relativa de la fibra corta de poliéster es congruente con el patrón que ha seguido la producción mundial. En efecto, la producción mundial de fibra corta fue el 70% del total de fibras de poliéster en 1968, y alcanzó apenas el 50% en 1975 (véase el cuadro 17).

La producción del poliéster, de manera similar a la de las fibras sintéticas en su conjunto, ha crecido en México a mayor ritmo que en el mundo, por lo que la participación de la fibra local en la producción mundial ha ido en aumento. (Véase el cuadro 18.) No debe asombrar que la participación de la producción mexicana de poliéster en el total esté aumentando, pues la fibra se empezó a producir comercialmente en

[10] Mientras las fibras químicas han sostenido su crecimiento anual desde el año 1962, el algodón mexicano ha observado notables disminuciones en su producción. Se estima que en 1976 se obtuvo la producción más baja de algodón observada desde 1950. (Véase el cuadro 11.)

el mundo en los años cincuenta, mientras que en México su producción se inició a mediados de los sesenta. La producción de poliéster en México es "nueva", en tanto que en los países industrializados es relativamente "vieja". La participación de Estados Unidos, Japón y Europa Occidental en la producción mundial de esta fibra viene decreciendo (de 97% en 1970 a 83% en 1975) porque "nuevos" países productores se han incorporado a la producción mundial (entre éstos la U.R.S.S.). Aunque no resulte extraño, es útil, sin embargo, subrayar el hecho de que la expansión de la oferta local de poliéster ha sido considerable y que las empresas poseedoras de la tecnología decidieron no sólo comercializar y exportar el producto, sino también los elementos técnicos requeridos para obtenerlo.

Si bien las fibras sintéticas y en particular las fibras de poliéster se han destacado por su expansión y auge tanto a nivel mundial como nacional, las cifras de los últimos años indican una tendencia a ritmos moderados de crecimiento. En otras palabras, la penetración del nuevo producto en los mercados local e internacional parece haberse consumado y tan sólo cabría esperar que la producción de la fibra se adecue a la dinámica de la población, a las situaciones cíclicas de la economía occidental, a las posibilidades de ampliar las extensiones de tierra para el cultivo del algodón en vez de para alimentos o productos diversos y a otros factores similares.

El éxito del poliéster no parece deberse tanto a su precio como a las ventajas técnicas y económicas que se derivan de sus propiedades. En 1965, un kilogramo de poliéster de 3 denier se ofrecía en Estados Unidos a $23.48 (pesos mexicanos).[11] Por razones de pequeñas escalas de producción y otras causas, el precio promedio del poliéster mexicano en 1965-1969 era superior a los 30 pesos. El precio de un kilogramo de algodón en el territorio nacional era de 6.99 pesos mexicanos en 1965.[12] En 1972, el precio del algodón nacional fue $9.20, todavía por debajo del precio del poliéster que en el mismo año se ofrecía a $16.81 en Estados Unidos y a $28.90 en México. Los precios internacionales del poliéster venían descendiendo. Se estima que los precios de la fibra de poliéster mexicana bajaron en 15% de 1965 a 1972 y volvieron a subir. (Cuadro 19.) A pesar de que el precio del algodón ha sido menor que el del poliéster —sobre todo en México— las cualidades de esta fibra le han permitido competir con el algodón. Si bien el algodón tiene cualidades de transpiración y tacto agradable, el poliéster presenta otras virtudes de gran impacto entre los industriales textiles y de confección. El poliéster presenta la ventaja técnica de que es una fibra limpia, uniforme, que no requiere las máquinas textiles de preparación usadas en el manejo del algodón y permite evitar pérdidas de desperdicios en el proceso del hilado

[11] Una libra de poliéster costaba 85.2 centavos de dólar estadounidense, lo que equivale a 23.48 pesos mexicanos por kilogramo (conversión de 12.50 pesos por dólar).

[12] Véanse los precios del algodón y el poliéster mexicanos, así como los del poliéster norteamericano en el cuadro 19.

de la fibra corta. Esta fibra, además, puede fabricarse bajo programación, sin depender de factores externos como el clima y agentes destructores. Tiene propiedades de fortaleza y durabilidad. Todas estas cualidades superan o complementan a las del algodón. Como suplemento y complemento del algodón, la fibra de poliéster vino a multiplicar las posibilidades de producción para la industria textil.[13]

El desarrollo del mercado nacional del poliéster y el surgimiento de las plantas locales

Las necesidades, gustos y preferencias de los consumidores de artículos confeccionados (ropa, muebles tapizados, etc.) determinan en última instancia la demanda de fibras textiles a través de la relación "hacia atrás" entre las industrias de la confección y la textil. Las decisiones de los consumidores pueden ser influidas por la implantación de modas en las que intervengan determinados tipos de fibras, por la promoción de las cualidades de las fibras y por el precio de los productos de consumo final. En México hubo la moda de tejidos de punto de fibras sintéticas en los años de 1960 a 1967. Asimismo, las cualidades de las fibras sintéticas fueron teniendo un impacto cada vez mayor tanto entre los industriales textiles y confeccionistas como entre los usuarios de los productos finales.

Las importaciones de fibras sintéticas cobran importancia a partir de los inicios del decenio de 1950. Entre 1952 y 1962, crece la importación de filamentos sintéticos (véase el cuadro 20), entre ellos el nylon que en ocasiones casi cubre la totalidad de las importaciones.[14] Con la expansión del mercado interno de nylon, el Gobierno Federal, de común acuerdo con empresas productoras de fibras químicas, facilitó la instalación de una planta de nylon en 1957, otra en 1960 y ampliaciones en las capacidades de las mismas en 1963. En este año se redujeron las importaciones de filamentos sintéticos puesto que aumentó la oferta interna de nylon. En consecuencia las importaciones de filamentos sintéticos fueron en su mayoría de filamentos continuos de poliéster en 1963.

En 1961, empezó a adquirir importancia la importación de fibras cortas sintéticas, dentro de las cuales se destacó el poliéster. A partir de tal año, se observó un fenómeno de importaciones crecientes de fibras cortas no experimentado antes por el filamento continuo. En 1963, la expansión del mercado interno de poliéster atrajo la atención del Gobierno y de los

[13] Algunas de las ventajas técnicas argumentadas en el texto son mencionadas por Freeman, Ch., *op. cit.* Freeman hace notar una paradoja de virtudes-defectos de las fibras sintéticas que consiste en que los procesos químicos que hacen posible lograr las propiedades de fortaleza, durabilidad y resistencia a agentes destructores, han incurrido en problemas de desecho y contaminación. Estos problemas, sin embargo, y tal como lo apunta Freeman, no son insolubles.

[14] Véase, por ejemplo, Forte, A., *Situación general de la industria de fibras químicas en México*, 1967 (mimeo).

inversionistas privados (véase la participación del poliéster en la importación de fibras sintéticas en el cuadro 21). En el lapso de 1961 a 1964, la expansión de la fibra corta de poliéster pareció ser más dinámica que la del filamento.[15]

En 1962 se presentaron varias solicitudes para instalar plantas productoras de *chips* y fibra de poliéster ante las autoridades gubernamentales del país.[16] A mediados del año, el Gobierno autorizó la instalación de una planta de fibra corta y en 1964 concedió otro permiso para una segunda planta cuya producción sería de fibra corta (80%) y de filamento (20%). Según se aprecia en el texto de los acuerdos respectivos publicados en el *Diario Oficial*, una razón de peso en la decisión del Gobierno para otorgar tales permisos petroquímicos fue la posibilidad de sustituir las importaciones de productos que mostraban una demanda interna creciente.[17]

La política de importaciones de los años sesenta se orientaba a proteger la producción nacional de fibras químicas, autorizaba la importación de cierta cantidad de fibras cuya demanda interna excedía a la oferta nacional y permitía importar en proporciones elevadas las fibras que no se producían localmente. En particular, las concesiones de importación de fibras no producidas en el país se facilitaban con el objeto de propiciar el desarrollo de un mercado interno amplio que justificara la posterior producción local sustitutiva de la oferta externa. Esta política se aplicó al caso de las fibras de poliéster, sobre todo para las fibras cortas. La protección se ejercía por medio de permisos de importación y de cuotas arancelarias. Las tasas arancelarias oscilaban entre 3% y 50% *ad-valorem*.[18]

Las primeras fibras de poliéster producidas en el país se obtuvieron a mediados del año 1965. De 1966 a 1971, el mercado interno creció a tasas cada vez más elevadas. En 1966 se consumieron poco más de 2,500 toneladas de poliéster y en 1971 la demanda fue de 30,000 toneladas (véanse los cuadros 22, 23 y 24). El desarrollo del mercado nacional del poliéster, sobre todo del filamento continuo, con ritmos de crecimiento superiores al 40% anual de 1966 a 1973, derivó en la instalación de nuevas plantas y ampliaciones en las existentes. Así, en 1970 el Gobierno mexicano autorizó el montaje de dos nuevas plantas (una de Du Pont y otra de Akzo International) y ampliaciones de hasta 300% en otra planta de Du Pont ya establecida. En 1971 se concedieron permisos petroquímicos

[15] *Ibid.*

[16] La producción de la fibra a partir de *chips* no requería en rigor de permiso petroquímico, pero la elaboración del polímero o *chips* a partir de DMT o TPA y etilenglicol requería tales permisos.

[17] *Diario Oficial* del 28 de junio 1962 y del 29 de julio 1964.

[18] Forte, A., *op. cit.*.

para la instalación de tres plantas y extensiones para dos plantas existentes. En 1972, 1973, 1974 y hasta mediados de 1975, se autorizó la instalación de dos plantas nuevas y se permitieron diez ampliaciones. Las primeras plantas fueron relativamente pequeñas, pero a medida que se incrementó el mercado nacional de las fibras de poliéster, el tamaño máximo autorizado de las plantas fue aumentando. Así, hasta junio de 1975, el Gobierno había autorizado la operación de nueve plantas con capacidades máximas de alrededor de 21,000 toneladas anuales. Seis de estas plantas se orientaban a la producción de filamento textil, dos a la elaboración de fibra corta y una a la fabricación de ambos tipos. (Véanse los cuadros 25, 26 y 27).

Según los proyectos de los inversionistas, la capacidad máxima total autorizada en 1975 se dedicaría en 65% a la producción de filamento continuo y 35% a la fabricación de fibra corta. (Cuadro 26.) Si las primeras dos plantas fueron productoras de fibras cortas, posteriormente las nuevas instalaciones concedieron mayor importancia a la producción de filamento por razones de mercado. A partir de 1965, cuando Celanese Mexicana y Nylon de México comenzaron a producir la fibra corta, las importaciones de filamentos de poliéster superaron a las de fibra corta. En 1966, 1967 y 1968, el volumen de importaciones de filamentos fue ocho veces mayor que el de fibra corta, y en 1973 y 1974, 20 veces más. (Véase el cuadro 28.)

Las tendencias del mercado nacional de poliéster que a principios del decenio de 1960 eran favorables a la fibra corta, cambiaron en sentido inverso alrededor del año 1970. Estos vaivenes posiblemente provocados por los cambios en la moda, los precios relativos de las fibras y las innovaciones textiles con mezclas de fibras químicas y naturales, se traducían en una demanda de tecnología flexible que hiciera ágil la adecuación de las instalaciones para producir las fibras de mayor demanda. Así, por ejemplo, la planta de fibra corta de Celanese Mexicana en Toluca utilizó su disponibilidad de polimerización en el primer semestre de 1976 para surtir de *chips* a la planta de filamento continuo de Celanese en Ocotlán, porque el filamento estaba más solicitado. En el segundo semestre de 1976 la demanda a que se enfrentó Celanese cambió a favor de las fibras cortas, lo cual trajo como consecuencia un giro radical en el énfasis de la producción.[19] Parece que una situación similar se presentó en las plantas de Fibras Sintéticas, S.A. (FISISA), y Nylon de México, S.A.

Las plantas instaladas en el país están integradas por lo que respecta al procesado de *chips* y a la fabricación de fibra. Sin embargo, aunque tal integración presente algunas deficiencias por el tamaño mediano de las plantas, ello no implica una rigidez tecnológica que impida recibir *chips* de otra planta. Las flexibilidades técnicas de las instalaciones permiten, por lo menos en algunos casos, abastecerse de *chips* internamente o de

[19] Celanese Mexicana, S.A., *Informe Anual 1976*, Celanese Mexicana, México, 1977.

otra planta, así como realizar algunas modificaciones en los equipos de extrusión y en la composición química de los insumos para producir fibras de diferentes tonos, apariencias o *denier*, según lo requiera el mercado interno.

Si bien el desarrollo de una demanda de poliéster en México y las condiciones ambientales de la política nacional de industrialización fueron factores importantes para la introducción de la tecnología del poliéster, tal adopción pudo haber ocurrido antes de 1965. De hecho, el Gobierno mexicano había autorizado a Du Pont en 1962 y a Celanese Corp. en 1964 para montar una planta en el país, pero por razones que no están claras los trabajos de construcción y puesta en marcha de la planta de Du Pont duraron unos cuatro años, y la de Celanese inició su producción mientras tanto. Antes de que las autoridades gubernamentales acordaran que Du Pont instalara su planta, se presentaron varias solicitudes de otras empresas para obtener permiso petroquímico. Las deliberaciones del Gobierno y la rivalidad entre las empresas interesadas (particularmente entre Celanese Corp. y Du Pont) dilataron la fecha de incorporación de la tecnología del poliéster en el país. Sin embargo, la innovación que representaba la tecnología del poliéster no fue tan tardía como la correspondiente al nylon, por ejemplo. El poliéster se inventó en 1940, se empezó a producir industrialmente en el mundo con fines comerciales en 1953 y su producción industrial en México comenzó en 1965. La fibra poliamida 6 o nylon se inventó en 1935, su producción industrial en el mundo arrancó en 1940 y su producción en México se inició en 1957.

Estructura de las plantas según su tamaño

Como los proyectos de inversión en nuevas plantas y en la ampliación de las ya existentes se concibieron con la perspectiva de cubrir un mercado interno protegido y contemplaban posibilidades limitadas de incursionar en los mercados internacionales, la realización de tales proyectos dio como resultado plantas de tamaño relativamente pequeño.

En 1974, la capacidad instalada por planta fue de 10,600 toneladas anuales, en promedio. En la producción de fibras cortas la planta más grande tenía una capacidad anual de 10,500 toneladas y la más pequeña una tercera parte de la misma. Por lo que concierne a la producción de filamento textil, la planta mayor podía producir hasta 22,000 tons./año, en tanto que la más pequeña no pasaba de 5,800 toneladas anuales.[20] (Véase el cuadro 26.) En 1976, el tamaño medio de las plantas productoras de fibras cortas de poliéster fue de 9,470 tons./año, mientras que el de las plantas de filamento era de 14,800 toneladas anuales. El promedio

[20] La planta de Fibras Sintéticas, S.A. tenía una capacidad de 3 600 [illegible] mento, pero por lo menos en 1975 y 1976 utilizó sus instalaciones [illegible] producir filamento.

general de la capacidad instalada de fibras de poliéster fue de 14,700 tons./año por planta en 1976.[21]

El tamaño promedio de las plantas mexicanas productoras de poliéster es mayor que el del resto de América Latina y Canadá según las cifras publicadas por *Textile Organon*,[22] pero está por debajo de la capacidad promedio de las plantas productoras de poliéster en el mundo que es de 20,600 tons./año.[23] La dimensión media de las plantas de poliéster mexicana arroja indicios de ineficiencia relativa, lo que a su vez provoca altos costos medios de producción por las dificultades para realizar economías de escala como lo hacen otras plantas mayores y esto constituye una limitación importante para la fortaleza competitiva de las empresas mexicanas en el mercado mundial.

En 1974 una fábrica local (de filamento) tenía capacidad instalada superior a 20,000 tons./año. En 1975 otra planta de filamento de poliéster solicitó al Gobierno permiso para ampliar su tamaño lo que permite suponer que para 1976 ya eran dos las plantas mexicanas de magnitudes potencialmente eficientes, mientras que las siete plantas restantes resultarían de tamaño ineficiente.

En la producción de fibras de poliéster es complicado hablar de eficiencia. La comparación de los tamaños es un recurso muy simplificado porque las diferencias productivas y de calidad parecen provenir también de los niveles tecnológicos incorporados en las plantas. A nivel de declaraciones de empresarios, se puede mencionar que las tecnologías adquiridas no son las más nuevas, que el diferencial de precios entre las fibras mexicanas y las extranjeras es superior al 15% y que la calidad del poliéster mexicano es inferior a la de Estados Unidos, Europa y Japón. También se puede mencionar que el incremento de 40% en la capacidad nacional instalada de fibras de poliéster consistió tanto en extensiones de las instalaciones como en reemplazos de capacidades instaladas por otras de niveles tecnológicos superiores y más eficientes. La incorporación de innovaciones tecnológicas en los cambios de capacidad ocurrió por lo menos en dos casos: el de una empresa que tiene corto tiempo de operar en el mercado y poca participación en el mismo, en 1976, y el caso de otra empresa que domina la competencia local, en 1975 o 1976. En el primer caso se modificaron las instalaciones y se construyeron otras para cambiar el proceso que la empresa había usado y con ello resolver importantes problemas de eficiencia. En el otro caso, se introdujeron mejoras a los procesos de extrusión para aumentar la velocidad de producción del

[21] Véanse los datos de la capacidad instalada total de fibras cortas y de filamento textil en Asociación Nacional de la Industria Química (ANIQ) *Anuario de la Industria Química Mexicana*, ANIQ, número correspondiente a 1977, México, 1977.

[22] El tamaño medio de las plantas de poliéster latinoamericanas y canadienses fue de 7 900 tons./año en 1976. Para mayores detalles, véase Boon, G.K., *op. cit.*

[23] *Ibid.*

equipo y la calidad de la fibra. Con la modernización del equipo de la planta se obtuvo mayor eficiencia en cuanto a calidad de la fibra y a la reducción de costos de la materia prima y de la energía.

En conclusión, existen en México por lo menos tres plantas de filamento de poliéster eficientes, flexibles y que por lo tanto pueden competir en los mercados latinoamericanos.

Estructura competitiva a nivel local

Las empresas productoras de poliéster en México son firmas grandes. Las más pequeñas, relativamente, venden anualmente más de 150 millones de pesos. De los seis productores locales de poliéster, tres —Celanese Mexicana, Fibras Químicas y Nylon de México— forman parte del grupo de las 100 empresas más grandes de México.[24] Las ventas de estas tres firmas sumaron en 1976 6,000 millones de pesos mexicanos (véase el cuadro 29). Aunque la fibra de poliéster no es el único producto que estas empresas producen y venden, sí es su principal artículo de venta (véase el cuadro 30) y por lo tanto es un producto clave para el poder de expansión de las empresas mencionadas, para su capacidad competitiva y para su prosperidad.

La estructura competitiva en la industria mexicana del poliéster es oligopólica. Tres empresas ofrecen el 73% de la producción de tales fibras; otras tres cubren el 27% restante. Las empresas mayores son las más prósperas, lo que justifica la tendencia creciente a la concentración. (Véanse los cuadros 31, 32 y 33.) Esta alta concentración resulta de:

i) la magnitud del mercado mexicano que no es lo suficientemente amplio como para que operen más empresas;

ii) la tecnología del poliéster que para ser eficiente debe operar, por lo general, en plantas grandes de unas 20,000 tons./año de capacidad;

iii) las estrategias de expansión de las empresas dominantes que no permiten la entrada de nuevos competidores y que buscan una mayor penetración en el mercado local; y

iv) la falta de orientación hacia el mercado externo, lo cual limita la escala productiva.

La estructura competitiva de los productores de poliéster, oligopólica y concentrada en tres firmas, ha venido a ser un condicionante de importancia en las decisiones de las compañías sobre sus políticas de defensa. Así por ejemplo, dos de las empresas más fuertes han decidido una mayor integración "hacia atrás" participando en proyectos de inversión para producir DMT y TPA en el país. La integración hacia las materias primas constituye una estrategia encaminada a reforzar las posiciones competitivas y eventualmente defenderse de alguna crisis que pueda ocasionar la moda, la entrega tardía (o incompleta) de materias primas y la elevación de precios de los derivados del petróleo, por ejemplo. Una

[24] Véase la revista *Expansión*, México, agosto de 1977.

situación similar se da con el nylon y la caprolactama. Otro recurso competitivo ha sido la ingerencia de las empresas químicas en los sectores textil y del vestuario. Los vínculos verticales no se limitan al contacto necesario que surge del mecanismo entre la oferta y la demanda de fibras de poliéster, sino que se facilitan asesorías técnicas sobre el manejo de materiales, maquinaria y equipo para la producción textil y se organizan exposiciones de prendas de vestir de moda. Los productores locales de poliéster se han mostrado muy activos para ampliar y estrechar los lazos de mercadeo y tecnológicos con las empresas textiles y de la confección.

La competencia parece ser menor en el ramo de las fibras cortas de poliéster. De las tres empresas que las producen, dos surten casi todo el mercado interno y como la demanda es relativamente limitada, las dos firmas dominantes han tendido a especializarse en tipos diferentes. Una se dedica a producir fibras cortas adecuadas para su mezcla con lana y acrílico, o para la elaboración de géneros gruesos y la otra se orienta más hacia mercado algodonero tratando de complementar y sustituir a la fibra de algodón.

El ramo del filamento de poliéster es más competitivo que el de la fibra corta. La magnitud de la cantidad demandada permite la operación de varias empresas. Después de un período de guerra de precios (de origen extranjero), las estrategias competitivas de las empresas han tendido a mejorar la calidad de los filamentos texturizados y los acabados así como a reducir los costos del uso de materiales, agua y energía en la planta, además de las armas de integración "hacia atrás" y hacia los sectores textil y de la confección que ya se mencionaron.

Los elementos tecnológicos ofrecidos y requeridos

El desarrollo de la tecnología para producir poliéster partió del invento del producto y constó de innovaciones de procesos, de la exploración de aplicaciones potenciales, de diseño de máquinas y equipos y, en pocas palabras, de la conjunción de conocimientos ingenieriles sobre todo que permitieron la obtención de una fibra estable, homogénea y factible de ser comercializada. Hoy, la tecnología del poliéster es fundamentalmente el conocimiento técnico requerido para establecer y operar nuevas instalaciones de producción o ampliaciones de las ya existentes. También parte de la tecnología del poliéster está incorporada a las máquinas, equipos e instrumentos específicos que intervienen en el proceso de producción. Pero el diseño y la construcción de tales bienes de capital fueron determinados por trabajos de investigación que giraban en torno a la innovación del proceso tecnológico. Las principales fuentes de oferta de tecnología para la producción del poliéster radican, por lo tanto, en las empresas que poseen y controlan el proceso tecnológico mediante el cual se obtiene la fibra.

Los principales elementos que se transfieren en el mercado de tecnología para la producción del poliéster son:

A. conocimientos para el diseño de la planta y para la selección de la maquinaria y el equipo;
B. conocimientos para la construcción de la planta y la instalación del equipo;
C. conocimientos del proceso tecnológico propiamente dicho;
D. conocimientos para el manejo y operación de las nuevas instalaciones de producción, y
E. conocimientos para mejorar la eficiencia del proceso a través de innovaciones menores.

El elemento C, referente al proceso tecnológico, es el núcleo central de la tecnología del poliéster. Es claro que además de los elementos técnicos mencionados hay otros, tales como los estudios de factibilidad y mercado, la determinación de tecnologías alternativas disponibles y la habilidad para seleccionar la más adecuada antes de la inversión, y el conocimiento de mercadotecnia posterior a la inversión. Estos elementos no son tecnológicamente tan críticos como los conocimientos enlistados antes.

La oferta internacional de tecnología

De 1950 a la fecha se sumaron a las empresas lanzadoras del producto nuevos fabricantes de fibra de poliéster que desarrollaron su propia tecnología. En la actualidad existen más de 15 firmas propietarias de tecnología para el poliéster en el mundo. Por lo menos nueve de estas empresas son transnacionales y un número posiblemente menor son firmas de ingeniería.[25]

La estructura competitiva de este mercado de tecnología es oligopólica, compuesta de pocos oferentes dominantes y con características que pasaron de la guerra de precios (a mediados de los sesenta; véase el cuadro 19) a una competencia "cualitativa", orientada a la diferenciación del producto y a la reducción de consumo de materiales y energía. Las empresas dominantes en el mercado son transnacionales por excelencia.[26] Se estima que nueve empresas transnacionales participan en la propiedad de 79 empresas usuarias de su tecnología en diversos países (véase el cuadro 34). Las empresas transnacionales parecen ser las que destinan más recursos a las actividades de investigación y desarrollo experimental sobre las cuales se sustenta el cambio de especificaciones del producto y la economía de insumos.

Con el transcurso del tiempo, la competencia entre oferentes de tecnología se fue perfeccionando. Este proceso tuvo que afrontar varios obstáculos y podía haber sido mas rápido. La constante disminución del precio de la fibra de 1960 a 1968 dificultó la entrada de nuevos oferentes. Asimismo, las inversiones directas en el extranjero, los canales de trans-

[25] Para mayores detalles, véase Boon, G.K., *op. cit.*
[26] *Ibid.*

ferencia de tecnología de matriz a filial o con participación en la propiedad de la empresa receptora y las medidas protectoras del proceso tecnológico —tales como la patente y el secreto sobre la información ingenieril y la mercadotecnia del poliéster— fueron obstáculos para la participación de nuevos competidores. En este caso, como en el de otros productos químicos, las políticas de los grandes grupos industriales de propiedad privada fueron los determinantes de la naturaleza del mercado de tecnología.

El grupo AKZO, por ejemplo, de indudable importancia en la industria europea y de tipo transnacional,[27] se vio obligado a ampliarse en varios países constantemente como forma de expansión[28] y en respuesta a la competencia creciente que amenazaba con disminuir su posición en el mercado mundial de fibras químicas.[29] Además de esta "transnacionalización" creciente, AKZO puso gran énfasis en sus actividades de investigación para diferenciar sus productos de los competidores, incluso buscando productos nuevos, con el fin de sostener su estrategia de expansión.[30] El marco de competencia creciente provocó que AKZO decidiera transferir tecnología para producir poliéster y otras fibras sólo a las subsidiarias y afiliadas del grupo industrial.

Por razones similares, AKZO amplió su cobertura geográfica a países en desarrollo. Esta historia[31] es interesante porque las operaciones de dicho grupo en países subdesarrollados se iniciaron en México. En 1959 el grupo mexicano CYDSA buscaba en el extranjero tecnología para producir fibras sintéticas. AKZO respondió positivamente a la demanda de tecnología planteada por CYDSA. El crecimiento del mercado mexicano (y del latinoamericano) así como la protección del mercado interno por aranceles y cuotas de importación favorables a la producción local, hicieron posible que la subsidiaria mexicana de capital mixto (40% de AKZO y 60% de CYDSA) arrojara buenos resultados económicos. Este

[27] Este grupo se constituyó en Holanda en 1969, ocupó más de 100 000 empleados en diciembre de 1976 y se estima que vendió 11 mil millones de florines en dicho año. Es transnacional puesto que sólo el 12% de sus ventas se generaron en el país de la matriz (Holanda) y de 150 subsidiarias, una centena se localiza en otros países europeos, América y Africa. Véase Industrie et Development, S.A. (INDEVSA), *Deux exemples d'implantation au Mexique de societes multinationales*, Ginebra, 1978 (mimeo).

[28] El mercado holandés absorbía el 30% de la producción de Akzo y el resto lo exportaba. Las principales áreas de destino de las exportaciones llegaron a ser los lugares en que se instalaron subsidiarias. *Ibid.*

[29] Las fibras químicas conforman un grupo de productos de gran importancia para AKZO. En 1976, las ventas de fibras sintéticas fueron el 35.4% de las ventas totales de AKZO, los productos químicos representaron el 34.6% y los artículos farmacéuticos y otros arrojaron el 30% de tales ventas. *Ibid.*

[30] *Ibid.*

[31] Véase *Ibid.*

hecho y las disponibilidades técnicas y financieras de AKZO para su expansión territorial, condujeron a la casa matriz a invertir en otros países en desarrollo. Así, la matriz decidió establecer subsidiarias en Colombia (en 1964), Argentina (en 1967), Brasil (en 1968), India (en 1968), Ecuador (en 1973) y Nigeria (en 1975). Si bien la importancia relativa de las ventas de las filiales de AKZO en países subdesarrollados con respecto a las ventas del grupo es débil frente a las resultantes de las subsidiarias europeas, la proporción de aquéllas viene aumentando y en 1976 fue de 8.4% (correspondientes a un millón de florines holandeses).[32]

Este ejemplo ilustra el papel de las empresas transnacionales en la oferta de tecnología, pero no ofrece evidencias concluyentes sobre la función de otros oferentes no multinacionales que vienen cobrando importancia en el mercado de la tecnología de fibras sintéticas. La existencia de éstos implica una mejoría en la posición negociadora de los demandantes potenciales y la entrada relativamente más fácil al mercado internacional del poliéster. No obstante tales implicaciones, su impacto más bien parece ser leve, puesto que los mercados de la fibra y de su tecnología ya están ampliamente cubiertos y controlados por los oferentes multinacionales más poderosos.[33]

Los oferentes multinacionales adoptaron decisiones estratégicas que han consistido en dividir el mercado mundial de la tecnología para el poliéster. En efecto, las empresas americanas como Celanese Corp. surten principalmente a la región latinoamericana. Las empresas europeas como ICI, Courtaulds y R. Poulec, cubren principalmente el mercado tecnológico de Europa. Las compañías japonesas como Toray y Teijin orientan su tecnología principalmente a los países asiáticos.[34] Este acomodo geográfico de los oferentes de tecnología implica que su posición en el mercado se viene fortaleciendo en determinadas regiones, pero presenta debilidades relativas en otros lugares del mundo.

En el período 1952-1970 hubo amplias expansiones en la producción mundial de fibras de poliéster con ganancias atractivas para las empresas usuarias de la tecnología. Esta circunstancia, en un mercado tecnológico de competencia oligopólica, pareció ser de gran peso en la conducta de las grandes empresas en lo referente a proporcionar los elementos técnicos condicionándolo a su participación financiera en las compañías.[35] En los años posteriores a 1970, el mercado de la fibra ya no ha mostrado su dinámica previa; las expectativas de ganancias para los nuevos productores de fibra no son tan optimistas como antes y los riesgos de la inver-

[32] *Ibid.*

[33] Tan solo cada una de las empresas Akzo International, Du Pont e ICI surten de tecnología para el poliéster a más de ocho países. Véase Boon, G.K., *op. cit.*

[34] *Ibid.*

[35] *Ibid.*

sión son mayores. Por estas razones las empresas transnacionales ya no muestran interés en transferir su tecnología con participación financiera en las nuevas empresas demandantes. Las firmas de ingeniería poseedoras de tecnología para poliéster ofrecen su tecnología generalmente sin participar en la propiedad de la empresa usuaria.[36] Las posiciones competitivas entre diferentes tipos de oferentes y los poderes de negociación de oferentes y demandantes están modificándose con el transcurso del tiempo a favor de las empresas menos poderosas, pero en circunstancias en que los atractivos de producir más poliéster o de transferir su tecnología parecen ser muy inferiores a lo que eran años atrás.

Tanto las grandes empresas químicas transnacionales como las firmas de ingeniería que ofrecen tecnología, poseen elementos de conocimiento técnico crítico. Ambos tipos de oferentes tienen los conocimientos técnicos del proceso, los relativos al diseño y a la construcción de la planta, los referentes a la selección e instalación de bienes de capital y los de manejo de las instalaciones. También emprenden actividades sistemáticas de investigación y desarrollo experimental para mejorar la eficiencia del proceso. Hay firmas de ingeniería como Investa y Zimmer que han vendido nuevas versiones del proceso tecnológico del poliéster a empresas transnacionales y a productores de poliéster independientes. Pero los grupos multinacionales compradores de tales innovaciones modifican la tecnología adquirida, la explotan produciendo fibras y la revenden a sus afiliados.[37]

La principal función de las firmas de ingeniería es el diseño y la venta de tecnología. La gran empresa química tiene como principal actividad la producción de fibras y otros productos químicos, y ofrece tecnología en función de su estrategia global. Las empresas químicas que dominan el mercado mundial por lo general demandan maquinaria y equipo a las firmas de ingeniería, a fabricantes de máquinas textiles o a otro oferente de tecnología. Las órdenes de equipo son en ocasiones bajo riguroso diseño mientras que otras veces no se adjuntan especificaciones detalladas. El equipo adquirido por las empresas multinacionales se utiliza en algunos casos sin modificación, pero parece más común que sea objeto de investigación y de modificaciones.[38]

Los principales oferentes de tecnología para el poliéster han dedicado atención especial a las actividades de investigación y desarrollo experimental. Si bien el paso del invento de la fibra a su innovación para ser comercialmente factible requirió de grandes esfuerzos de IDE, el surgimiento de nuevos "imitadores" también exigió de ésta amplias actividades por la política de las empresas orientada tanto al fortalecimiento de las posiciones competitivas en el mercado como a la generación de

36 *Ibid.*

37 *Ibid.*

38 *Ibid.*

barreras contra la competencia. Los recursos financieros dedicados a la IDE para fibras sintéticas llegan a sumar 100 millones de dólares anuales en algunas empresas químicas. Se vienen modificando diversas fases de los procesos productivos del poliéster con los objetivos principales de mejorar la calidad de la fibra y disminuir los costos de su producción. Las actividades de IDE constituyen un arma de las empresas rivales tan importante como los esfuerzos de mercadotecnia en que se sustentan las estrategias de expansión de mercados.[39]

El valor económico y estratégico de los conocimientos tecnológicos sobre la fabricación de poliéster condujo a que las empresas químicas poseedoras de tales elementos los difundieran con cautela, particularmente de 1953 a 1970. Las empresas oferentes de tecnología han tomado sus decisiones de invertir en el extranjero y/o transferir la tecnología a otras empresas considerando no tan sólo aspectos técnicos, sino teniendo en cuenta, evidentemente las metas a largo plazo del grupo multinacional. En el decenio de 1960, la transferencia de tecnología permitía a los oferentes la posibilidad de fortalecer su posición frente a los competidores que podrían tomar igual decisión, pero tendrían que ser determinados los mercados a incursionar selectivamente de tal manera que las inversiones pudieran tener éxito. Además había que considerar las relaciones que se sostendrían entre el usuario y el oferente a largo plazo, así como definir reglas del juego congruentes con las estrategias del grupo de empresas en cuestión. En estas circunstancias, fue común que la tecnología se transfiriera a través de contratos de conducta entre empresas, contratos de administración y contratos de asistencia técnica. Por lo general, la tecnología se difundía en el marco de un sólo grupo de empresas y con cláusulas de afiliación, secrecía, pagos y algunas otras cláusulas restrictivas como el empaquetamiento tecnológico y la limitación del acceso a los mercados internacionales. En los setentas ya no fue así. La expansión del mercado de la fibra tendió a deprimirse y surgieron empresas, como las firmas de ingeniería internacionales, que ofrecían gran flexibilidad en la negociación de la tecnología.[40]

La capacidad instalada en plantas productoras de poliéster de cierto número de países resultó excesiva para la demanda del mercado. Los precios de la fibra tendieron a la baja (cuadros 19 y 35) y en los momentos actuales se detectan expectativas de crisis en la industria del poliéster. Las grandes empresas buscan sostenerse en sus posiciones competitivas actuales y las decisiones sobre transferencia de tecnología e innovación quedan subordinadas a planes globales de defensa. Una línea estratégica seguida por varias empresas es la de buscar la integración vertical y la producción de DMT y/o TPA. En otros casos, la rentabilidad creciente ha conducido a los productores internacionales a ofrecer *chips* en el mer-

39 *Ibid.*
40 *Ibid.*

cado mundial a precios muy bajos. Hoy, las posibilidades de que las plantas adquieran mayor integración hacia las materias primas y hacia la industria textil coexisten con las probabilidades de que algunas plantas sigan sin integrarse o que surjan nuevas fábricas que no se integren (o sea, sólo producción de *chips* o de fibra a partir de los *chips*).[41]

La oferta local de equipo y servicios de ingeniería[42]

Hasta ahora es claro que los elementos tecnológicos críticos para la producción de fibras de poliéster los ofrecen empresas de otros países. Lo que se pudiera llamar oferta local de tecnología se refiere a servicios técnicos ingenieriles secundarios, rutinarios, de poca complejidad y que bien se pueden ofrecer a las plantas productoras de poliéster como a cualquier otra planta productora de fibras sintéticas, de productos petroquímicos y hasta de alimentos y cemento. No hay una oferta de servicios de ingeniería especializados en complementar el manejo de tecnología para fibras químicas y menos todavía para un producto concreto como el poliéster. También por oferta local de tecnología se entendería el abastecimiento de equipo de proceso proporcionado por empresas establecidas en el país. A semejanza de los servicios de ingeniería, la fabricación, ensamble y venta local de equipos cubre una amplia gama de destinos y en el caso del poliéster son equipos secundarios y de manufactura relativamente sencilla (como tanques de almacenamiento, tubería de metal, recipientes, válvulas, bombas y torres de destilación).

Otra fuente interna de oferta de tecnología la constituyen las actividades de investigación y desarrollo experimental que se efectúan dentro de la empresa local. Comúnmente se espera que de este tipo de actividades surjan los desarrollos tecnológicos más concretos en la industria manufacturera. En el caso del poliéster, sin embargo, hay poca IDE realizada en el interior de la empresa local y los esfuerzos que existen afrontan grandes dificultades para aspirar a innovaciones tecnológicas propias. Las actividades de investigación y desarrollo dedicadas a la tecnología del poliéster se efectúan únicamente en una filial local. Estas actividades son supervisadas por el oferente de la tecnología a través de asistencia técnica. Algunos resultados de las investigaciones tecnológicas han sido aprovechados industrialmente pero la empresa no los ha patentado. Esto posiblemente se ha debido a las condiciones contractuales que rigen las actividades tecnológicas de grandes grupos industriales, aunque ello no se puede afirmar categóricamente.

Puesto que la transferencia de ingeniería básica y asesoría técnica de

41 *Ibid.*

42 [illegible] se analizan observac[illegible]nación [illegible] [illegible]ravés de visit[illegible] [illegible]geniería y a 11 fabricac[illegible] para [illegible] de procesos [illegible]

los oferentes internacionales es controlada con cuidado por éstos, las tareas ingenieriles y de fabricación de equipos son de tipo rutinario y con pocas perspectivas de evolución. Además, la falta de especilialización e integración de los servicios de ingeniería y de la manufactura de equipos de proceso es consecuencia evidente de la falta del *know-how* de productos específicos como la fibra de poliéster y la escasa participación de tales oferentes locales en la concepción y realización de los proyectos de inversión para poliéster.

En el presente la problemática de la oferta local no parece deberse simplemente a la existencia de barreras a la entrada de técnicos mexicanos impuestas por el oferente extranjero, sino a circunstancias más dinámicas. Por falta de experiencia no hay capacidad ingenieril a nivel local para intervenir en los aspectos tecnológicos más complejos de un proyecto industrial específico. La falta de experiencia es el resultado de una virtual desvinculación de proyectos concretos más grandes, lo que a su vez obedece en parte a que las empresas involucradas evitan costos de aprendizaje.

El caso de las firmas de ingeniería locales

En México hay por lo menos dos firmas de ingeniería, "*X*" e "*Y*",[43] que han intervenido en la instalación y ampliación de algunas plantas productoras de poliéster pertenecientes a una sola empresa, y una firma, "*Z*", que declara poder intervenir pero que no ha tenido oportunidad. En los proyectos de inversión de plantas elaboradoras de poliéster, las firmas de ingeniería *X* e *Y* han efectuado pocas tareas de ingeniería de detalle, supervisión de abastecimiento de equipo y materiales, así como de arranque y puesta en marcha. Los servicios que no fueron ofrecidos y que usualmente ofrecen tales firmas en otros proyectos son estudios de factibilidad, asesoría en búsqueda, selección, adquisición y negociación de tecnología y montaje de la planta.

La firma *X* participó en el diseño de algunos equipos de proceso a partir de especificaciones precisas tan sólo en dos casos de filamento contínuo y otro de recuperación de glicol. Los equipos que esta firma diseñó son torres de destilación, cambiadores de calor, fusión de tereftalato de dimetilo (DMT), cabezales de extrusión, bobinadoras, secador y sistemas de apresto. Los tres primeros se utilizan en el proceso de policondensación y los demás en el de filamentación. La firma *X* seleccionó a los fabricantes del equipo por ella diseñado (eligió once fabricantes distintos para estos equipos).

Con respecto a la compra de equipo, dicha firma escogió a los proveedores conjuntamente con el fabricante local de poliéster. El equipo en cuestión está compuesto por cambiadores de calor, torres de destilación, filtros, reactores, cabezales de extrusión y secador. Los primeros cuatro

[43] Por razones de confidencialidad, no se proporcionan los nombres de las empresas.

intervienen en el proceso de policondensación, el penúltimo se utiliza en el proceso de filamento contínuo y el último en el proceso de fibra corta. Estos equipos fueron seleccionados después de consultar el catálogo de proveedores y de determinar la calidad de los equipos fabricados por los proveedores potenciales. Asimismo se consideró la capacidad productiva de éstos, el tiempo de entrega del equipo en cuestión y el costo. Para tal efecto, se coordinaron especialistas con ingenieros de proceso, diseñadores y contratistas para asegurar la compra, la inspección de la fabricación y la entrega de equipos. Cabe mencionar que el oferente extranjero de tecnología y su filial local han contribuido al desarrollo de esta firma. La filial ejerce un control sutil —"fidelidad al cliente"— sobre la firma *X*, que no ofrece sus servicios a competidores en el ramo de los productos químicos (ni en México ni en el exterior). Si la firma de ingeniería *X* no ha proporcionado más servicios es porque no se requieren y posiblemente no podría ofrecer ingeniería básica toda vez que no cuenta con la concepción del proceso mismo.

El servicio principal que ha suministrado la firma de ingeniería *Y* en proyectos de poliéster se reduce a la construcción civil y al montaje electromecánico.

La oferta interna de equipos

La racionalización económica de los oferentes internacionales de tecnología para el poliéster trajo consigo situaciones que han obstaculizado la entrada y el desarrollo de la manufactura local de equipos. Al igual que las firmas de ingeniería locales, los productores mexicanos de equipos no han tenido acceso a la concepción de los proyectos y su intervención en la realización de los mismos ha sido mínima. Esto no ocurre únicamente en la industria de fibras de poliéster sino también en un buen número de ramas manufactureras en las que la ingeniería básica y la de diseño son importantes. Las observaciones que se obtuvieron de once fabricantes locales de equipo de proceso y la información existente sobre la manufactura nacional de equipo[44] son concluyentes: en México, la oferta local de equipo es reducida y se orienta a la manufactura relativamente simple y carente de ingeniería básica. Esta situación se observa entre los fabricantes mexicanos de pailería, algunos equipos especializados (como intercambiadores de calor y torres de destilación) y sistemas de proceso.

Los principales equipos producidos por once fabricantes encuestados en México son intercambiadores de calor, recipientes a presión, torres y columnas de destilación, evaporadores y sistemas de secado (véase el cuadro 36). La encuesta cubrió cinco empresas grandes, tres medianas y tres pequeñas. El tiempo de haberse establecido es por lo general menor de 20 años (así ocurre en 10 de los 11 casos considerados) y casi la mitad

[44] Nacional Financiera, *México: una estrategia para desarrollar la industria de bienes de capital*, NAFINSA-ONUDI, México, 1977, capítulos V y VI.

de las empresas encuestadas es de propiedad privada nacional (sobre la estructura de la propiedad véase el cuadro 37). Las diferentes características de las empresas fabricantes de equipo no se traducen, sin embargo, en diferencias significativas en la organización de su producción, en su desarrollo ingenieril y en el grado de vinculación con fabricantes de fibras.

El 90% de los productores de equipo encuestados producen sobre pedido y de nueve, siete ofrecen servicios de ingeniería de detalle. A pesar de estar en condiciones de proporcionar servicios de ingeniería, los fabricantes de equipo no son requeridos para ello, sino sólo para la mera construcción de equipo bajo especificaciones dadas. En este sentido, 10 de 11 fabricantes toman la ingeniería básica y de detalle como punto de partida para la construcción de diversos tipos de equipo. Estos son elementos de maquila técnica que presentan la desventaja de impedir el análisis, revisión y asimilación del aprendizaje que se derivaría de una producción más integrada y basada en una mayor actividad de la ingeniería local. El papel de empresas locales como las productoras de poliéster o, en su lugar, las firmas de ingeniería, podría ser determinante en el desarrollo de este tipo de industria.

Debido a la falta de pedidos de equipo para la elaboración de fibras químicas, los fabricantes locales no pueden especializarse en este tipo concreto de bienes. Algo similar ocurre con otras especialidades y por ello dichos fabricantes cubren una amplia gama de destinos industriales.

Casi la totalidad de los productores de equipo trabajan bajo licencias contractuales debido a la falta de tecnología propia y por razones de mercado, tales como prestigio, confiabilidad, marca y nombre del proveedor de las licencias. El origen extranjero de la tecnología para la construcción de equipo predomina entre los fabricantes que fueron encuestados. (Véanse los cuadros 38 y 39.) Es decir, no tan sólo la tecnología para procesar el poliéster y otros bienes es de origen extranjero, sino también la tecnología para la fabricación de algunos equipos que se utilizan en el proceso productivo de tales artículos, lo cual significa una virtual desintegración tecnológica hacia atrás. Esta característica permite sobrevivir a los productores locales de equipo, pero los términos de la concesión de las licencias pueden restringir el desarrollo técnico de dichos fabricantes. Esto parece ser consecuencia de una negociación inadecuada de las licencias, o de una posición claramente desventajosa en las negociaciones del fabricante local de equipos: los contratos a través de los cuales tres productores de equipo adquirieron tecnología contienen cláusulas sobre la exclusividad del uso de la tecnología, confidencialidad sobre los conocimientos e información técnica adquiridos, y delimitación del ámbito territorial a cubrir. (Véase el cuadro 40.)

Ocho de diez fabricantes efectúan trabajos de investigación y desarrollo. Estos trabajos son diseño y dibujo ingenieril, solución de problemas técnicos específicos, control de calidad y desarrollo experimental. Las actividades más frecuentes son las dos primeras. Virtualmente no hay ingeniería básica. (Véase el cuadro 41.)

Casi todas las empresas productoras de equipo han tenido contactos con firmas de ingeniería, pero tales relaciones no parecen ser el principal canal por el que se concreten las órdenes de equipo. De ocho empresas, sólo una no ha tenido vínculos con firmas de ingeniería (véase el cuadro 42) pero apenas dos han obtenido pedidos a través de éstas. Los principales mecanismos por medio de los cuales se dan a conocer los equipos en el mercado son la comunicación directa con (o visitas a) los clientes y el uso publicitario de revistas y catálogos. (Véase el cuadro 43.) Los elementos promocionales de mayor impacto en los pedidos de aquéllos son la garantía del diseño, la garantía de funcionamiento del equipo, ofrecer servicios de ingeniería de detalle, flexibilidad para satisfacer el diseño del cliente y la instalación de los equipos. (Véase el cuadro 44.)

Características de la demanda de tecnología

La expansión del comercio internacional del poliéster, exitosamente promovida por las grandes empresas químicas, atrajo la atención de empresarios y gobiernos de algunos países en desarrollo en épocas de implementación de políticas nacionales sustitutivas de importaciones. La creciente importación de fibras químicas generó atractivos mercados internos y condujo a los formuladores de políticas de industrialización a promover la producción local de fibras. Las principales empresas exportadoras de fibras químicas quedaron en circunstancias de invertir en algunos países que adoptaban políticas sustitutivas de importaciones, transferir su tecnología, o dejar que otros competidores lo hicieran antes. Las políticas de sustitución de importacitnes presentaban la ventaja, para el propietario de tecnología, de establecerse en un mercado cautivo, lo cual obstaculizaba la entrada de otros rivales. En tales condiciones surgió la posibilidad de que algunas empresas mexicanas buscaran versiones alternativas de tecnología para seleccionar y decidir las condiciones de adquisición de la tecnología requerida.

A continuación se examinan brevemente las opciones tecnológicas existentes en el mundo actual. Posteriormente se analizan las decisiones de tres empresas que llamaremos *A*, *B* y *C*, con respecto a la selección, negociación y adquisición de tecnología para producir el poliéster, y con relación a los esfuerzos por adecuar a las condiciones locales la tecnología adquirida. No se menciona el nombre real de las empresas *A*, *B* y *C* por el carácter confidencial del tipo de información que se presenta en este estudio. Estas empresas cubren cerca del 55% del mercado mexicano de poliéster.

Opciones tecnológicas

En cuanto a los principios básicos del proceso tecnológico para producir fibras de poliéster, no hay tecnologías alternativas. Se aplican diversas versiones tecnológicas pero virtualmente no hay diferencias notables en la calidad y características físicas de las fibras. Las opciones tecnológicas existen más bien en términos de eficiencia productiva (en cuanto a los costos unitarios de producción), escalas de producción, acabado del filamento y flexibilidad tecnológica para la producción de una línea diversificada de filamentos. La selección de tecnología del poliéster existe sólo con respecto a este tipo de alternativas técnicas.

Los desarrollos que se han operado en la tecnología del poliéster han permitido eliminar subprocesos, aumentar la productividad de los equipos (principalmente en la extrusión), economizar el consumo de agua y energía, reducir costos de personal, aire acondicionado, espacio de la fábrica y equipos, etc. Estas innovaciones están disponibles, así como también lo están los procesos tradicionales intermitentes o *batch*.[45] Los desarrollos efectuados sobre el proceso tecnológico se han traducido en nuevos diseños de máquinas y equipos, con lo cual se ha extendido el ámbito de equipos alternativos.

Los procesos intermitentes presentan las ventajas de ser económicamente viables para pequeñas producciones (por ejemplo, menos de 6,000 tons./año), son flexibles para diversas especificaciones de producto y pueden producir *chips* y fibras por separado, con lo cual se pueden comprar *chips* de otra empresa o producirlos internamente. Los procesos continuos no ofrecen estas cualidades pero permiten reducir costos y producir en gran escala.

Además de la selección de procesos específicos y equipos, se pueden seleccionar materias primas. El uso de TPA resulta en reducciones de costo de 10 a 15%. Por esta razón y a pesar de que el DMT había venido usándose ampliamente, el TPA se utiliza cada vez más. La demanda mundial de TPA creció en 192% de 1970 a 1973, en tanto que la de DMT se incrementó en 48% en el mismo período. Las posibilidades de usar otras materias primas que no sean DMT ni TPA dependen de las investigaciones que se vienen efectuando recientemente sobre la fermentación de desperdicios orgánicos tales como los de la caña de azúcar y la madera, con el fin de obtener ingredientes básicos de la producción de fibras sintéticas que si no fueran poliéster en rigor, serían cercanos sustitutos de tal fibra.[46]

Algunas diferencias entre los demandantes de tecnología investigados

Las empresas *A*, *B* y *C*, cubiertas en esta investigación, presentan algunas diferencias entre sí que devienen en comportamientos tecnológicos diferentes.

Las firmas *B* y *C* se especializan en la producción de fibras químicas, en tanto que la compañía *A* cubre una gama más amplia de productos

[45] Para mayores detalles consúltese Boon, G.K., *op. cit.*

[46] *Ibid.*

químicos. Las empresas *A* y *B* tienen participación extranjera en su capital social en proporción cercana al 40%, proveniente de la casa matriz de un grupo multinacional. La firma *C* es de propiedad 100% mexicana. Las empresas *A* y *B* son dos de las tres dominantes en el mercado interno del poliéster, mientras que la firma *C* tiene poca penetración en este mercado y menos de cinco años de haber entrado en el mismo. La empresa *A* es un gran grupo industrial mexicano y está afiliado a una organización empresarial transnacional. La firma *B* forma parte de un grupo industrial mexicano y de otro grupo transnacional.

Las razones por las cuales estas empresas decidieron producir poliéster en México también difieren. La firma *A* sostenía una fuerte rivalidad con otra empresa del ramo de productos sintéticos a principios de 1960 y compitió con ella para iniciar en el país la producción de poliéster. Este producto presentaba una demanda local creciente y auguraba ser un artículo clave para dominar el mercado interno de materiales sintéticos. El objetivo de esta empresa era lograr un liderazgo en su ramo. La empresa *B* decidió producir poliéster porque otras empresas lo empezaban a elaborar y su principal producto de entonces (el nylon, a fines de los sesentas) venía declinando, en tanto que la demanda interna del poliéster observaba altas tasas de crecimiento. La situación de esta empresa era tal que buscaba defender su posición, amenazada por las condiciones cambiantes del mercado de fibras. La empresa *C* decidió producir poliéster como extensión de sus nuevas actividades en el ramo de fibras sintéticas. Los propietarios de esta empresa tenían larga experiencia en la industria textil y como el mercado de fibras químicas se presentaba altamente dinámico, decidieron integrarse con la fabricación de sus materias primas textiles, produciendo primeramente fibras acrílicas y posteriormente poliéster.

Tanto la tecnología usada por la empresa *A*, como la utilizada por la firma *B*, provienen del respectivo sistema multinacional en el que están involucradas. La empresa *C* cambió de proveedor tecnológico. Su anterior oferente y el actual no han tenido relaciones de propiedad con ella.

La selección de tecnología

La relación de las empresas *A* y *B* con sus oferentes de tecnología para el poliéster existía con anterioridad a la decisión de producir esta fibra. Ambas empresas seleccionaron un proceso que sus respectivos abastecedores de tecnología ya utilizaban para otras fibras que venían produciendo en el país.

Pese a que algunos elementos de decisión de estas empresas están condicionados por las relaciones de propiedad y operación de las mismas con grupos multinacionales, tal situación no provoca un alto grado de control en el caso de la firma *A*, a diferencia de lo que parece ocurrir en la empresa *B*. Aquélla tiene libertades de decisión (independientes de la matriz del grupo transnacional) en cuanto a ciertos productos químicos mas no con respecto al poliéster. Con relación a esta fibra, la empresa *A* puede seleccionar equipos de diversos proveedores y utilizar servicios de ingeniería local. La firma *B* no tiene tales márgenes de maniobra independiente.

La situación de la empresa *C* difiere de los casos mencionados. Cuando ésta, debido a varias ineficiencias que deterioraban su competitividad a nivel local, determinó cambiar la versión tecnológica en uso, en 1974 o 1975, inició sus contactos con proveedores alternativos.

La circunstancia de que la compañía *C* no tiene participación extranjera alguna en su capital social y no está afiliada a una organización empresarial internacional, le permitió tomar una posición activa en la demanda de tecnología. Además, la experiencia que había tenido en la adquisición y utilización de otra tecnología, si bien fue infructuosa en términos comerciales, le permitió tener una claridad suficiente para identificar sus requerimientos tecnológicos, traducirla en demanda específica y tener criterios más o menos definidos para seleccionar, negociar y hacer uso de otra tecnología con las mayores ventajas posibles.

La empresa *B* no efectuó una labor de búsqueda y selección de tecnología para la producción de poliéster. En este caso, debe aclararse que antes de la fundación de la empresa *B*, los accionistas mexicanos (quienes participarían en dicha firma) *buscaron* en el extranjero una versión tecnológica para producir nylon en México. La parte mexicana ya tenía experiencia en negociar tecnología para la fabricación de fibras acrílicas y rayón; decidió producir nylon y buscar un socio proveedor de tecnología porque otras empresas empezaron a fabricar en México tal fibra con cierto éxito comercial. La participación de capital de un socio proveedor de tecnología tuvo su racionalidad. Con ello, la empresa *B* se establecía con riesgos financieros reducidos, condicionando al socio a tener una actitud más responsable de la marcha de la nueva empresa y obteniendo el acceso a un proceso de producción competitivo y los servicios ingenieriles requeridos para asegurar en el ámbito técnico el éxito de la operación. Los accionistas mexicanos buscaron en Norteamérica y en Europa un proveedor tecnológico asociado y lo encontraron en un país europeo. Desde su constitución, la empresa *B* tiene acceso automático a la tecnología más avanzada de ese socio. Este fue quien posteriormente proporcionó la tecnología para producir fibras de poliéster. Si bien los inversionistas mexicanos de la firma *B* fueron activos para la búsqueda y selección de tecnología para producir nylon, no mostraron la misma actitud en la demanda de tecnología para el poliéster porque ya tenían acceso inmediato al uso de ésta.

La situación de la empresa *A* podría ser similar a la de la firma *B* (aunque también es posible que la matriz extranjera haya decidido establecer una sucursal en México), pero lo cierto es que aquélla no consideró otros procesos tecnológicos que no fueran las versiones disponibles en el grupo multinacional del que es filial. Esto no representó un obstáculo para que la empresa *A* tuviera ciertas libertades en cuanto a la búsqueda y selección de equipos y servicios de ingeniería de detalle.

La empresa *C* buscó y seleccionó varios elementos tecnológicos claves en el exterior. Tuvo un comportamiento activo para la selección de la primera versión tecnológica que usó y para la segunda que vino a sustituir a la anterior (Véase el cuadro 45). Examinaremos la demanda de la última versión tecnológica en el caso de la firma *C*. En ambas situaciones, la tecnología seleccionada por esta empresa fue de origen japonés, en tanto que las otras dos empresas adquirieron procesos occidentales (uno de Europa y otro de una asociación norteamericana-europea).

Para hacer frente a las negociaciones preliminares con varios proveedores de tecnología, la empresa *C* sacó provecho de la experiencia que había acumulado en el manejo de otra tecnología e hizo consideraciones de factibilidad, mercado, localización de una nueva planta, tipo de proceso que requería para aspirar a algún éxito, la recuperación de la inversión y la disponibilidad de mano de obra, para hacer frente a las negociaciones preliminares con varios proveedores de tecnología. En su búsqueda de diversas fuentes tecnológicas, esta empresa visitó a seis oferentes internacionales. También estableció contactos con diversos fabricantes de equipo de proceso y firmas de ingeniería. Para tener opciones, la empresa recurrió a firmas de ingeniería locales y fabricantes de poliéster extranjeros que eran usuarios de tecnología ajena.

Por lo que toca a la empresa *A*, ésta tuvo que manejar elementos de persuación no sólo frente al gobierno mexicano sino particularmente frente a la empresa matriz, principal accionista de su capital social, con el fin de implementar la decisión de instalar su primera planta de poliéster. Así, llevó a cabo estudios de factibilidad del éxito del proyecto y de la recuperación de la inversión, análisis de mercado. investigación de algunos requerimientos tecnológicos, estudios de localización de la planta y disponibilidad de mano de obra. Los requerimientos tecnológicos identificaban con cierta claridad la tecnología demandada.

La iniciativa de producir poliéster fue menos clara en el caso de la empresa *B*. Esta colaboró con la casa matriz en concretar la instalación de la planta. También ayudó en la elaboración de estudios de factibilidad, mercado y localización, así como en la estimación de la recuperación de la inversión.

Las características de los elementos tecnológicos que la firma *C* buscó y que determinaron su selección de tecnología fueron la eficiencia de la tecnología, la calidad de las fibras resultantes, la confiabilidad y el costo de la tecnología. La modernidad de los equipos y la confiabilidad de su funcionamiento y de los servicios de ingeniería determinaron la selección de equipo y servicios ingenieriles de la empresa *A*. En el caso de la firma *B*, se declaró que la selección fue una decisión de la casa matriz y por consiguiente, la empresa local no tuvo la influencia de otro tipo de factores en tal asunto (Véase la presentación condensada de los principales factores determinantes de la selección en el cuadro 46). La posición declinante de la empresa *C* en la competencia local la llevó a evaluar las alternativas tecnológicas de acuerdo a los factores que ya se mencionaron. La selección de equipo e ingeniería en el caso de la empresa *A* se guió por los criterios de modernidad y confiabilidad para ser congruentes con los niveles tecnológicos relativamente elevados que exigía el proceso. Los precios de los equipos no fueron tan importantes como los aspectos citados. La situación de la empresa *B* queda explicada por los procedimientos de organización empresarial a nivel internacional bajo los cuales aceptó operar y que limitan su acción.

Como resultado de las evaluaciones mencionadas, la empresa *A* seleccionó equipo y servicios de ingeniería de detalle para la instalación de plantas que adoptarían procesos intermitentes y continuos. Las materias primas que se utilizaron en tales procesos fueron DMT y TPA. A últimas fechas el TPA es el material que las plantas de esta firma utilizan más. El contenido de su paquete tecnológico es versátil. La empresa *B* recibió un proceso intermitente y ha venido utilizando únicamente DMT. La firma *C* tenía disponibles las instalaciones con las que producía poliéster bajo la primera versión tecnológica y correspondía a un proceso continuo. Cuando esta empresa seleccionó otra tecnología. las instalaciones fueron modificadas y se ampliaron de tal forma que ahora dispone de procesos continuos e intermitentes. Antes, la empresa *C* procesaba poliéster a partir de DMT. Con la nueva tecnología que seleccionó, utiliza tanto DMT como TPA y en 1977 proyectaba usar más TPA que DMT a partir de 1978. A semejanza con el caso de la firma *A*, en éste se aprecia una alta flexibilidad tecnológica (Véase el cuadro 47).

El tipo de mercado del poliéster, cambiante y diversificado, conduce a la versatilidad tecnológica. Por lo tanto, las decisiones de selección tecnológica de las empresas *A* y *C* parecen más adecuadas que las de la firma *B*.

La empresa *B* presenta una gran sensibilidad a cambiar su selección de proceso y equipo; por lo menos eso se deduce de la parte mexicana de la empresa. Esta pediría un cambio de tecnología a la casa matriz, como respuesta a una mayor diversificación de la demanda del poliéster, mayor calidad requerida y una duplicación tanto del volumen de fibras demandadas como de los costos del trabajo. La dirección que tomaría el cambio de la selección se orienta a una mayor automatización si la escala de producción aumenta o si se duplican los salarios. En particular, se requeriría un proceso continuo como reacción a un incremento considerable en la demanda. Con respecto al factor de mayor diversificación de la producción, se solicitaría mayor flexibilidad tecnológica.

La firma *A* sería sensible a cambiar su selección de tecnología únicamente si afrontara un incremento al doble en la demanda de poliéster y si tal aumento se mantuviera por 10 años. Adoptaría procesos continuos y más eficientes, a mayores escalas de producción.

Por lo que concierne a la empresa *C*, ésta no muestra sensibilidad de cambio en la selección de tecnología que recientemente (1975) decidió. La empresa está convencida de haber seleccionado la suficiente flexibilidad y eficiencia tecnológica para afrontar las situaciones hipotéticas que se planteen.

Las empresas productoras de poliéster en México prefirieron producir más fibra corta que filamento antes de 1970 y posteriormente decidieron producir más filamento por razones de mercado.

La producción de *chips* (o gránulos) y fibra de manera integrada no parece obedecer a causas tecnológicas ni de eficiencia en la producción, sino a razones competitivas en un ambiente industrial de protección. Las importaciones objeto de sustitución eran las fibras no los gránulos. Pero si la planta productora de la fibra también produjera *chips*, la producción de éstos también estaría protegida y entonces la entrada de otras plantas tendría que contemplar la producción de tales gránulos o la compra de los mismos a la planta establecida. Además, la producción integrada de *chips* y fibra aseguraba la "entrega" ágil de aquéllos, en forma oportuna y congruente con la programación de la producción a nivel de la empresa. En época de crisis, dicha integración se constituiría en un arma de sobrevivencia porque los requerimientos de la empresa no estarían sujetos a la escasez del proveedor de *chips* ni a sus preferencias. Finalmente, los costos de ineficiencia que se pudieran derivar de la producción de *chips* a escalas relativamente pequeñas quedarían compensados (por lo menos en parte) con las razones mencionadas y por el margen de ganancias que obtendría su abastecedor en un ambiente de protección industrial.

Negociación y modalidad de adquisición de tecnología

Las empresas, *A*, *B* y *C* declaran haber elaborado una estrategia de negociación para la compra de tecnología. Pero sus posiciones en el poder de negociación determinaron de manera directa la forma en que aplicaron sus estrategias y en qué proporción obtuvieron los resultados esperados.

Pese a tener un tamaño menor que las empresas *A* y *B*, la firma *C* tuvo un mayor poder de negociación. Su postura para negociar fue mejor que la de sus oferentes alternativos. La empresa definió su plan de negociación internamente, con su propio personal. Estimó sus recursos económicos y sus posibilidades financieras. También estudió los costos de producción y la rentabilidad de algunos anteproyectos de inversión alternativos. Asimismo investigó la experiencia directa del licenciador y su permanencia como usuario de su propio proceso, las experiencias de otros usuarios (europeos) en el uso de la tecnología, la situación competitiva del proceso a nivel mundial y la flexibilidad de operación de la tecnología en cuestión. No analizó tendencias de obsolecencia. Aunque la empresa *C* no comparó la evaluación del proceso con las alternativas de pago por el mismo, ni contempló detalles importantes previos a las negociaciones tales como el tipo de licencia a obtener, sí logró identificar los servicios que eran absolutamente necesarios del proveedor potencial de la tecnología y pudo tener una idea de la cantidad mínima a pagar.

Las firmas *A* y *B* también hicieron evaluaciones económicas y técnicas de los tipos de procesos y equipos que podrían obtener y, a diferencia de la otra empresa, compararon tales evaluaciones con las formas alternativas de pagos a efectuar (pagos fijos periódicos, suma total con pagos diferidos y pagos de regalías sobre un porciento de las utilidades o l...

ventas). Las empresas dijeron que llegaron a precisar internamente lo que necesitaban y esperaban del proveedor de tecnología, el tipo de licencia a obtener, así como una sugerencia sobre la fórmula de pago por la tecnología. Además de esto, la empresa *A* —a diferencia de la firma *B*— especificó, por lo menos tentativamente, los servicios provenientes del licenciador que le eran absolutamente necesarios y convenientes, los que podría obtener de otras fuentes extranjeras o locales, y el tiempo de duración del contrato.

Ya en las negociaciones, la empresa *C* pudo imponer en gran medida su estrategia de negociación y confrontar entre sí a diversos oferentes; la firma *A* pudo ejercer presiones de negociación de manera "razonable" o moderada; y la compañía *B* no estuvo en posición de presionar a la casa matriz a fin de obtener los mejores términos en la negociación de la tecnología por adquirir. En el caso de *B*, se percibe que la transferencia de tecnología ocurrió de acuerdo con la estrategia del licenciador.

El argumento central que utilizó la firma *A* en la negociación de tecnología fue el relativo al poder competitivo de la empresa en México y su importancia para la posición del grupo transnacional en América Latina. La compañía *A* demostró que la inversión de su planta de poliéster se apoyaba en un crecimiento futuro planeado y requería las mejores ventajas para aspirar a un éxito frente a la competencia local prevista.

Los resultados de las negociaciones son un reflejo fiel del grado de influencia de las empresas locales frente a los oferentes de tecnología. El pago fijo global y las regalías por concepto de la tecnología adquirida por la empresa *C* son menores que las regalías, honorarios para expertos del proveedor y otros pagos efectuados por la firma *A*, los que a su vez son más bajos que los de la empresa *B*. La firma *C* no requirió ni obtuvo servicios de asistencia administrativa ni de mercadotécnia. Tampoco necesitó un convenio sobre el uso de una marca. El período de asistencia técnica obligatorio para garantizar el éxito de la tecnología en cuestión fue corto con respecto a los casos de los procesos adquiridos por las otras dos empresas. La cantidad de elementos tecnológicos provenientes de un sólo oferente es menor en el caso de la firma *C* que en el de la empresa *A* y en éste es menor que en el de la firma *B*. En otras palabras, el "paquete" tecnológico recibido por la empresa *C* es más desagregado que los otros.

Las tres empresas obtuvieron en paquete los siguientes elementos:

i) patentes.
ii) conocimientos técnicos para el montaje de las instalaciones y ampliaciones.
iii) conocimientos técnicos para la fabricación de la fibra (el proceso).
iv) ingeniería básica y parte de la ingeniería de detalle.
v) asesoría en la selección de equipo.
vi) asistencia técnica para el manejo de las instalaciones y materiales.
vii) capacitación de personal.
viii) parte del equipo.

ix) en parte, asesoría en la selección de materiales.
x) información técnica periódica.

Las empresas *A* y *B* hacen uso de la marca del proveedor y pueden utilizar asistencia de mercadotecnia. La firma *B* recibe además asistencia en la compra de materiales.

Los términos en los cuales se convino la compra de tecnología incluyen condiciones de supervisión y confidencialidad. La obligación de que los expertos del oferente supervisen el uso de la tecnología puede garantizar la adecuada asimilación de conocimientos técnicos pero también puede limitar el desarrollo de aptitudes de alto nivel y además se traduce en la probabilidad de que la parte proveedora obtenga y controle las posibles innovaciones o mejoras desarrolladas por la empresa usuaria. Con respecto a la obligación de confidencialidad, al restringirse el uso de información fuera del alcance del convenio con el proveedor se limita la difusión del conocimiento y el avance tecnológico de la industria local. Esto resulta negativo para las firmas de ingeniería locales y para los fabricantes de equipo nacionales.

Asimilación y desarrollo tecnológico propio.

El proceso de aprendizaje, dominio y eventual desarrollo propio de la tecnología importada del poliéster ha mostrado su dependencia de los grados de autodeterminación tecnológica a nivel de empresa. Las empresas locales *A* y *C* han asimilado la tecnología adquirida. Dado que la firma *A* tiene mayor período de experiencias acumuladas, ha efectuado algunas modificaciones tecnológicas propias. En cambio, la asimilación de la tecnología que la empresa *B* ha venido usando durante ocho años no ha sido completa. Por esta razón y por la falta de infraestructura local y de experiencia en materia de investigación y desarrollo, la firma *B* ha tenido necesidad constante de asistencia técnica. Esta empresa no considera posible prescindir dentro de un plazo razonable de la asistencia técnica.

La empresa *A* cuenta con infraestructura tecnológica y vínculos con firmas de ingeniería y con fabricantes de equipo nacionales, para aprender de la tecnología importada y alcanzar la capacidad de adecuarla a las condiciones de demanda del producto. De hecho, el personal de la empresa ha efectuado cambios a la tecnología adquirida. El proceso en uso fue "desescalado" al tamaño del mercado que la empresa se ha propuesto cubrir. También se adecuaron los equipos de apresto para aprovechar el uso de materias primas locales de manera acorde con el equipo y el proceso en uso. Para tales cambios técnicos, el personal de la empresa hizo modificaciones en la ingeniería de detalle y en los métodos de producción.

Con la intervención de expertos de la matriz, los métodos de producción de la planta de la empresa *B*, la ingeniería de detalle y los métodos de control de calidad fueron adaptados a los volúmenes de producción y las particularidades que impone el mercado mexicano del poliéster.

También se adecuaron los equipos a las características de las materias primas nacionales.

Con respecto a las experiencias de la firma *C*, ésta declaró no haber requerido la intervención de los especialistas técnicos extranjeros después de un mes de estar utilizando la tecnología. Antes de operar la nueva tecnología adquirida, el personal mexicano había sido adiestrado en el extranjero y en las instalaciones locales. La capacitación del personal mexicano permitió el desarrollo de habilidades que desplazaron a las de los técnicos del proveedor tecnológico. La asistencia técnica, si bien se ha obtenido sistemáticamente, es poca. Normalmente los asesores técnicos extranjeros visitan la planta de la firma *C* una vez al año. Generalmente ésta no pide asistencia de urgencia. Los directivos de la empresa mexicana están convencidos de que podrán prescindir en tiempo razonable de asistencia técnica extranjera.

El departamento de ingeniería de la empresa *C* colaboró con el personal técnico de la empresa proveedora de la tecnología a fin de "desescalar" el proceso tecnológico. Con tal fin se modificaron los métodos de producción. Esta adaptación no fue patentada por considerarse una innovación menor.

A pesar de los avances logrados en materia tecnológica por la empresa *A*, ésta continua demandando asistencia técnica de su proveedor original. A juicio de los directivos nacionales de la empresa, no se podrá prescindir de la asistencia técnica extranjera incluso en un tiempo "razonable". La razón que se dio para explicar este fenómeno es el afán de la empresa por mantenerse actualizada en los desarrollos más avanzados en la tecnología del poliéster. Este es un argumento que refleja una capacidad de desarrollo tecnológico claramente inferior a la de su proveedor. También responde tal actitud a los temores de que en algún momento surja una innovación aprovechable para el mercado mexicano que podría ser adoptada y explotada por una empresa local rival, en detrimento de la firma *A*.

La actitud de la empresa *C* con respecto a la asistencia técnica difiere de la de la firma *A*. Aquélla no domina la competencia local en el mercado del poliéster y por lo pronto no aspira a superar a ésta. Para la empresa *C* no es tan importante la asistencia técnica como para las empresas dominantes.

Si bien la rapidez de asimilación tecnológica en las empresas es una prelación importante para un desarrollo tecnológico propio, la experiencia de las firmas analizadas demuestra que no es suficiente. Los mayores desarrollos técnicos locales, aunque sean menores, han ocurrido en la empresa *A*, de tamaño grande y que concede importancia estratégica al fortalecimiento de su infraestructura tecnológica y por lo tanto destina recursos para tal fin, a diferencia de las otras dos empresas.

En la firma *A* se efectúan actividades de investigación aplicada, desarrollo experimental, diseño y dibujo ingenieril, control de calidad, estudios de mercado y solución de problemas técnicos específicos. Por los gastos que efectúa en estas actividades, la empresa ha obtenido deducciones en el pago de sus impuestos, lo cual sin duda ha sido un estímulo. La investigación y desarrollo experimental es una actividad tecnológica que la propia empresa determinó efectuar como una respuesta a la competencia en el ramo, así como por la necesidad de disminuir costos. Los directivos de la empresa negaron que hicieran investigación tecnológica por instrucciones del proveedor extranjero del proceso. Ningún resultado de tales investigaciones se ha patentado, pero han sido explotados industrialmente por la empresa *A*.

La firma *B* no lleva a cabo actividades de investigación y desarrollo experimental porque la investigación la realiza la casa matriz; además, no dispone de fuentes de financiamiento especiales para estas actividades y no tiene necesidad de realizarlas.

Por lo que concierne a la empresa *C*, ésta efectúa poca actividad de investigación y desarrollo. Tiene una actitud de preocupación por este aspecto, pero dado que es una empresa mediana o pequeña en su ramo, no dispone de los fondos financieros suficientes para canalizar mayores gastos a tal renglón.

La vinculación de las empresas productoras de poliéster con el sistema científico y tecnológico del país ha sido mínima. Las empresas *B* y *C* no han tenido relaciones con centros de investigación nacionales porque no saben a cuáles acudir y no lo han necesitado. La empresa *B* sólo recurrió a una firma de ingeniería civil. La firma *A* ha recibido servicios de diseño y dibujo ingenieril de algunas firmas de ingeniería locales y ha formado recursos humanos en colaboración con universidades del país.

Las empresas se han mantenido informadas sobre los desarrollos de la tecnología del poliéster que efectúa su respectivo oferente. Sin embargo, las innovaciones que han conocido han sido poco aprovechadas en las plantas locales porque no son adecuadas para el tamaño y las características del mercado local. La empresa *A* aprovechó algunas mejoras en los equipos de ciertas fases del proceso y en el control de calidad. A través de tales innovaciones esta firma pudo elevar la producción, reducir costos unitarios y aumentar la calidad del producto. Para los directivos de dicha empresa el desplazamiento de mano de obra y la economía de materias primas no han sido los motivos fundamentales de las innovaciones.

IV
La industria textil del poliéster y sus mezclas

La situación tecnológica de la industria mexicana de artículos textiles hechos de poliéster y de sus mezclas con otras fibras ha estado determinada por la historia de la evolución técnica textil mundial, por el desarrollo de la industria textil mexicana, por la estructura de esta rama industrial, por el comportamiento empresarial en este ramo, por el uso de la capacidad instalada, por la política gubernamental en materia textil y por otros factores. En este capítulo se examinan todos estos factores para comprender el marco histórico y estructural en el que se demandan y ofrecen determinados elementos tecnológicos para la producción de los artículos textiles en cuestión. El capítulo finaliza con un análisis de la oferta y la demanda de tales elementos tecnológicos.

Antecedentes de la evolución tecnológica textil

La producción de artículos textiles es una de las actividades más antiguas en la historia industrial. En general, el avance de la tecnología textil desde el siglo XVIII a la fecha ha consistido en mejorar la operación de las máquinas textiles y en simplificar el proceso[1] de fabricación de telas que antes era artesanal y francamente discontinuo mientras que ahora tiene altos grados de automatización y presenta varios niveles de discontinuidad.

Debe quedar claro que todavía no hay un proceso textil continuo. A pesar de que la aparición de filamentos sintéticos texturizados como los de poliéster tuvieron el impacto de eliminar discontinuidades en la producción de géneros de punto y hasta de telas planas, la meta de lograr una continuidad completa todavía se antoja lejana. Los tratamientos del

[1] Véase la discusión del concepto de proceso en el caso textil en Spreafico, L., *La transferencia del conocimiento técnico en la industria textil y del vestuario*, CEPAL, Brasil, 1971. También Naciones Unidas, *La industria textil en América Latina: Informe Regional*, CEPAL, Vol. XII, Nueva York, 1968.

acabado de los hilos, el tejido y el acabado de las telas interrumpen la continuidad. Otro caso es el de las telas aglomeradas o *non-woven*, en el que las fibras se transforman directamente en superficies planas con cierta resistencia, pero su aplicación todavía se encuentra restringida a usos industriales y de consumo rápido debido a su corta duración y alto costo del lavado.

Una de las razones por las cuales el desarrollo tecnológico de la industria textil ha sido lento la constituye el hecho de que tal industria se ha apoyado principalmente sobre bases empíricas y sólo en los decenios recientes han entrado a la escena investigadores con la mentalidad de determinar las leyes científicas que rigen la tecnología textil en sus diversas especialidades. Si bien el mejoramiento del proceso ha constituido un reto para los investigadores en materia textil, las dificultades que se han afrontado y que se prevé seguirán encontrándose para lograr una continuidad desde el tratamiento de las fibras empacadas hasta la obtención de telas acabadas, han hecho que las mayores innovaciones tecnológicas ocurran en la simplificación de las etapas del proceso discontinuo y en la automatización de las máquinas.

En los años de la revolución industrial, los métodos artesanales de fabricación textil observaron transformaciones de características industriales. A mediados del siglo XVIII se inventaron y desarrollaron el telar mecánico con lanzadera y la máquina de hilar intermitente. A fines de dicho siglo, se construyeron las primeras máquinas que despepitaban mecánicamente el algodón, tarea que anteriormente se efectuaba a mano. En 1800, el incremento de materia prima preparada y el perfeccionamiento de la hiladora intermitente, frente a los problemas de eficiencia del telar mecánico derivados de la baja resistencia al roce de los hilos de la urdimbre, propiciaron que la capacidad de producción de hilados fuera notablemente superior a la de tejidos. Esta desproporción constituyó un estímulo para resolver los problemas de resistencia de los hilos en el telar. Ello se logró en 1803 con la construcción de las primeras encoladoras que impregnaban de almidón los hilos, con lo cual se aumentaba su resistencia y elasticidad.[2]

Así como la innovación en la manera de preparar el hilado ejerció presiones sobre el tejido, la novedad del encolado generó crecientes demandas de hilos. Con la encoladora, el telar mecánico aumentó su productividad y se usó de manera más intensiva con respecto al telar manual. Las presiones sobre la producción de hilados obligaron a mejorar sus métodos de producción. Esto ocurrió en 1828, cuando se inventó la hiladora continua o hiladora de anillos o trócil. A pesar de que la hiladora continua no tuvo un uso generalizado sino hasta 70 años después de inventada, en los diez años posteriores al invento, tuvo aceptación creciente, con lo cual fue posible elevar la oferta de hilados a tal punto que la fabricación de tejidos quedaba en posición desventajosa en cuanto

[2] Véase Spreafico, L., *op. cit.* y Boon, G.K., *op. cit.*

a capacidad productiva. Como consecuencia de ello se buscaron formas para automatizar la operación de los telares.[3]

Uno de los principales obstáculos para una mayor productividad del telar era la interrupción de la máquina ocasionada por el cambio de lanzadera cada vez que una se agotaba. Los primeros intentos de automatizar el cambio de lanzadera se registraron a 10 años del invento de la hiladora continua, pero no fue hasta fines del siglo XIX cuando se logró dicha automatización. En 1900 se construyeron los primeros telares automáticos y desde entonces conservaron la misma forma hasta después de la segunda guerra mundial. En los primeros 50 años del siglo XX no se modificaron los principios básicos de la mayoría de las máquinas textiles. A excepción del surgimiento del telar sin lanzadera sólo ocurrieron pequeños perfeccionamientos mecánicos y cambios de diseño.

Antes de 1960 la evolución de la tecnología de la industria textil fue lenta y se conservó atrás del progreso tecnológico logrado por otros sectores industriales como las industrias química, mecánica y electrónica. No obstante, se iniciaron algunas actividades innovadoras que posteriormente tendrían importancia en el sector textil. Por ejemplo, antes de 1960 se desarrolló el sistema de telar sin lanzadera que consiste en la inserción de la trama a través de la urdimbre mediante la acción de proyectiles de movimiento rápido. En el año 1911 un ingeniero alemán concibió este procedimiento y lo patentó. Una pequeña fábrica alemana tuvo acceso a este invento y trabajó en su desarrollo de 1925 a 1933. Luego la empresa suiza Sulzer Bros. Ltd. compró los desarrollos logrados por la empresa alemana y trabajó en la mejora del sistema de 1933 a 1953. Los primeros telares Sulzer sin lanzadera se vendieron en 1953, los cuales correspondieron a un solo modelo (un mismo ancho y para trabajar hilos de un solo color).[4]

A principios del decenio de 1960 comenzaron a intensificarse los cambios tecnológicos de la industria textil. Se introdujeron controles automáticos y electrónicos que permitieron aumentar la velocidad de operación de las máquinas. En 1963 se consolidaron los sistemas semicontinuos de hilatura de algodón; se introdujeron las primeras máquinas de preparación, apertura e hilado con el sistema de turbina o rotor u *open-end*; se confirmó la innovación del telar sin lanzadera como económicamente viable; se difundió la automatización de sistemas continuos de acabado; se lograron notables reducciones en los precios de nuevas fibras sintéticas como el poliéster; se difundieron nuevas técnicas de mezclas de fibras sintéticas con naturales como poliéster-algodón y acrílico-lana; se perfeccionaron las tejedoras de punto para fibras sintéticas; se mejoró la tecnología de tejidos aglomerados; aparecieron nuevas técnicas de texturización de filamentos sintéticos, y se intensificó el uso de controles

[3] Spreafico, L., *op. cit.*

[4] Boon, G.K., *International Techonology Transfer Dynamics: THe Market of Polyester, Textile and Apparel Technology* Noordwijk aan Zee, Holanda, 1978, (mimeo)

automáticos y programación por computadoras en la operación de máquinas textiles.

Los cambios tecnológicos efectuados en otros sectores industriales aceleraron el proceso de innovación en el sector textil. Los desarrollos de la industria electrónica permitieron mejorar la operación de las máquinas textiles en los decenios de 1960 y 1970. Por otra parte, en la industria del vestido ha venido siendo importante la minimización de desperdicios de tela. Los grandes fabricantes de ropa encontraron formas para optimizar el ancho de las telas en el corte de patrones. Como consecuencia de ello surgieron presiones para aumentar la anchura de los telares. Pero más que lo anterior, la innovación de materiales sintéticos tuvo una trascendencia revolucionaria en la fabricación de artículos textiles. El sistema de hilado sintético se hizo continuo, sin incluir el acabado. El sistema de tejido de punto a base de hilos sintéticos se simplificó notablemente y logró niveles de eficiencia anteriormente inalcanzables, aun a pequeñas escalas de producción. Se generaron nuevas técnicas de mezclas de fibras sintéticas con naturales, tanto en el hilado como en el tejido. Se desarrollaron innovaciones en las técnicas de acabado que incluyeron la aparición de nuevos colorantes y procedimientos, así como condiciones ambientales para el manejo de materiales químicos, y se idearon diversos equipos de acabado.

A partir de 1963 se efectuaron esfuerzos de investigación y desarrollo experimental para hacer operacional y económicamente viable el hilado por el sistema de rotor. Aunque su aplicación eficiente comprende sólo la fabricación de hilos gruesos, las investigaciones y experimentos continúan para mejorar el sistema y extender su aplicación a hilos más finos. De hecho, en 1977 se disponía ya de varias versiones del hilado por turbina. En el decenio de 1970 se ha intentado el desarrollo de nuevas tecnologías de hilados como el *electric-static* (que permite ahorros de energía y aumentos de velocidad, pero falta simplificar su operación electrodinámica); los sistemas *Repco* y *Dref* (de falso torcido, para hilos gruesos), y el proceso *twistless o twilo* (sin torcido, que da hilos de apariencia plana).[6]

Por lo que concierne al tejido plano, los desarrollos tecnológicos efectuados hasta 1977 consistieron en perfeccionar los telares con lanzadera, mejorar los telares sin lanzadera y desarrollar una nueva tecnología que podría ser una ampliación del sistema sin lanzadera: el tejido *multiple-phase* o de fase múltiple.

Las innovaciones incorporadas en los telares de lanzadera consistieron en aumentar la velocidad de inserción, la anchura de las máquinas, la variedad de colores de los hilos en una tela, la carga de bobinas (sistema *unifil*) y la facilidad de reparar los hilos rotos, así como en disminuir

[5] Spreafico, L., *op. cit.*

[6] Para mayores detalles véase Boon, G.K., *op. cit.*

problemas tales como rompimiento de hilos y sobrecargas. Desde 1953 hasta 1977, el telar sin lanzadera observó mejoras. Por lo menos otras tres empresas se sumaron a Sulzer en el desarrollo y construcción de este tipo de máquinas. Una de estas empresas es Rüti, que por cierto compró la tecnología a una empresa holandesa. Las versiones del sistema resultaron ser el envío de proyectiles por golpe, presión de aire y presión de agua. Se incrementó la diversidad de anchos de las máquinas, la variedad de colores a trabajar y su velocidad de operación, que en 1977 era 50% mayor que la del modelo Sulzer de 1953. A mediados del decenio de 1970 se desarrolló y se hizo operacional la tecnología de fase múltiple. Esta consiste en que el telar no dispone de un sólo proyectil o vehículo para insertar el hilo de la trama sino de cuatro o más. Con ello la velocidad de la inserción de la trama llega a ser el doble de la del telar sin lanzadera con un sólo proyectil (en el primer caso se logran velocidades hasta de 3,000 metros por minuto y en el segundo, 1,500m/minuto).[7]

En cuanto al área de acabados textiles, comprende una gama de procesos heterogéneos, a diferencia de los sistemas de hilado y tejido. Entre los acabados textiles se pueden considerar el encolado, secado y preteñido de hilos; el chamuscado, mercerizado, deslustrado, blanqueo y teñido de telas, y los tratamientos que proporcionan a los géneros las características de planchado permanente (o inarrugabilidad), impermeabilidad, preencogido, etc. Los principales procesos de acabados textiles son el blanqueo, el teñido y el estampado. Estos no necesariamente se ordenan en secuencia. Por lo general, el teñido y el estampado son procedimientos alternativos. Estos sistemas ofrecen opciones tecnológicas, lo cual es más notorio en el caso del teñido. Es precisamente el teñido la actividad textil en donde más se han intensificado los esfuerzos de investigación y desarrollo desde la segunda Guerra Mundial. Los trabajos de investigación en este renglón se concentran en el desarrollo de nuevas materias químicas colorantes y nuevos procesos patentables. Se han inventado nuevos procesos de acabados e introducido nuevos insumos químicos para usarse en procesos tradicionales. Por ejemplo, se ha introducido una gama de nuevas materias colorantes que son químicamente reactivas sobre las fibras en lugar de dispersarse entre ellas.[8]

Aunque es difícil generalizar, las evidencias indican una tendencia en el acabado textil, de procesos *batch* a continuos, aunque con la limitante de que los procesos a la continua sólo son económicamente viables para grandes volúmenes de producción. Debido a la diversificación que impone la moda, los procesos *batch* no han sido abandonados. También se detecta en la maquinaria y el equipo de acabado la tendencia hacia una mayor velocidad y automatización en sus operaciones. Los movimientos de la evolución tecnológica del acabado parecen orientarse a la elevación

[7] *Ibid.*

[8] Shepherd, G., *International Trade in Cotton-type Textiles: A Case Study of Comparative Advantage* (tesis), Inglaterra, 1974.

de requerimientos de escala y de altos conocimientos de ingeniería química [9]

La proporción de los gastos en investigación y desarrollo experimental (IDE) con respecto al valor agregado de la producción fue muy pequeña en los años de 1960, en comparación con lo que se observó en la industria manufacturera. Los datos correspondientes a Estados Unidos y el Reino Unido ilustran esta aseveración. En 1963, el Reino Unido gastó en IDE el 1.2% sobre el valor agregado del sector textil, en tanto que la tasa respectiva del promedio de manufacturas fue 3.6. En 1967, Estados Unidos invirtió una tasa de 0.2 de IDE sobre el valor agregado de la industria textil, mientras que la proporción correspondiente al promedio de la industria manufacturera fue de 4.7.[10]

La modalidad del avance tecnológico textil consistente en el perfeccionamiento y automatización de máquinas y equipos ha propiciado que los procesos textiles estén dominados por los bienes de capital, ya que la tasa de producción y la calidad del producto dependen mucho de la eficiencia de la maquinaria y sólo marginalmente de la eficiencia de los operarios. Esta característica es notable en las secciones de hilados y tejidos. En los sistemas de acabados, el manejo adecuado de materiales y de condiciones ambientales, así como el control de la calidad del acabado, requieren de mayores habilidades. La habilidad de los operarios en el hilado y el tejido son relativamente bajas en comparación con el acabado. Los obreros necesitan poca capacitación para transportar materiales, alimentar y mantener las máquinas y atar los hilos rotos. Estas operaciones podrían ser automatizadas y con ello se desplazaría un gran volumen de mano de obra. El que ello no se haya hecho todavía ha significado que la textil sea una de las industrias que absorbe más empleos, a pesar de que sus procesos estén dominados por las máquinas.[11]

A pesar de no haberse resuelto el problema de discontinuidad del proceso textil, con los avances tecnológicos alcanzados en 1970 se redujo notablemente el tamaño de las instalaciones necesario para obtener una determinada escala de producción. Por ejemplo, el número de husos requeridos para producir una misma cantidad de hilos cardados Ne 30 de algodón se redujo en 10% de 1950 a 1960 y en 30% de 1960 a 1970. La superficie de una fábrica utilizada para la fabricación de un mismo volumen de dicho tipo de hilados disminuyó en 6% de 1950 a 1960 y en 40% de 1960 a 1970. Además, el volumen de mano de obra utilizada para la fabricación de una misma cantidad de hilos de las características mencionadas bajó en 35% de 1950 a 1960 y en 55% de 1960 a 1970. La inversión por operario empleado requerida para producir un mismo

[9] *Ibid.*
[10] *Ibid.*
[11] *Ibid.*

volumen de la clase de hilos descrita anteriormente aumentó en 90% de 1950 a 1960 y en 180% de 1960 a 1970.[12]

Cabe mencionar que los índices del ejemplo anterior pueden variar de acuerdo con la gran diversidad de opciones de automatización que se han presentado en una fábrica de hilados en diferentes épocas. Los datos correspondientes al año 1970 de dicho ejemplo no se refieren al sistema *open-end*, el cual presenta mayor nivel de automatización. En efecto, la producción de 500 Kg. por hora de hilo Ne 20 en una fábrica alemana en el año 1973 involucró una composición de costos en la que el trabajo representó el 20% y la maquinaria el 44%, utilizando la hiladora de turbina; en tanto que adoptando la hiladora de anillos la composición de costos incluyó 50% de la mano de obra y 25% de la maquinaria.[13] Unas consecuencias similares deben darse en los casos de los sistemas de tejido y acabado.

La evolución de la industria textil mexicana

La contribución de la industria textil mexicana al valor de la producción de la industria manufacturera del país ha sido importante en los últimos diez años. Pero tal contribución ha venido a menos. El crecimiento de la industria textil ha sido menor que el crecimiento general observado en el sector manufacturero. La producción de textiles sólo fue superada por las industrias de alimentos, la química y la metálica básica en 1965 y 1970, pero en 1975 fue desplazada también por la manufactura de equipo de transporte. La participación del valor de la producción de la industria textil en el valor de la producción manufacturera fue de 0.10 en 1965, 0.07 en 1970 y 0.06% en 1975. (Véase el cuadro 48.)

El rezago de la industria textil mexicana es un problema complejo. Por un lado actúan factores externos a la industria, tales como la situación económica nacional, las preferencias de la política industrial gubernamental, la moda, la demora de entrega de fibras y la competencia en el mercado internacional. El sector textil mexicano es una de las actividades en las que se resiente cada variación de la situación económica nacional, puesto que su producción se orienta principalmente hacia un mercado interno, tradicionalmente protegido, y se apoya básicamente en fuentes internas de abastecimiento de materias primas.

Por otra parte, en la problemática textil operan factores internos que obstruyen el desarrollo de la industria, tales como:

a) Una mentalidad empresarial que hasta mediados de los setentas no

[12] *Spreafico, L., op. cit.*

[13] Industrial Consulting and Management Engineers, Nacional Financiera y Organización de las Naciones Unidas para el Desarrollo Industrial (ICME-NAFIN-ONUDI), *Study on the Possibilities of Manufacturing Textile Machinery in Mexico*, UNIDO project N° DP/MEX/72/014 Textile, ICME, Zurich, 1975.

se había orientado a bajar costos con el fin de incursionar con mayores posibilidades de éxito en los mercados internacionales.

b) Falta de habilidad mercadotécnica.

c) Errores en la selección de equipos productivos que acarrean altos costos de operación, excedentes de capacidad desperdiciados y pérdidas financieras.

d) Estructura deficiente de la industria, en la que el tamaño medio de las fábricas todavía es pequeño y en donde predomina una integración defectuosa de la hilatura con el tejido y hasta con el acabado.

e) Tiempo de operación de máquinas insuficiente.

f) Control inadecuado de costos de producción.

g) Falta de infraestructura básica de capacitación de obreros y técnicos, con el deterioro progresivo en los sistemas de mantenimiento y operación.

h) Canales de crédito y financiamiento que carecen de agilidad y oportunidad en su otorgamiento.

La producción nacional de la industria textil mexicana de fibras blandas estaba compuesta en 1973 de 44% de hilados y 56% de tejidos, estimados en toneladas[14] En cuanto a la producción nacional de hilados de dicho año, el 80% estuvo constituido por hilados hechos de fibra corta hasta de 38 mm; 11% de fibra larga y 8% de fibra irregular. Por lo que toca a la producción nacional de hilados de fibra corta, el 89% del total eran hilados de algodón y el 11% restante fueron de mezclas, en 1973.[15]

Por lo que concierne a los tejidos, destaca la fabricación de telas de pie y trama (o tejido plano), cuya producción nacional constituyó el 57% de la producción nacional de todo tipo de tejidos en el año 1973. La participación del tejido de punto fue de 36% y la de otros tejidos (de urdimbre, alfombras y tapetes) fue de 7% en la producción de tejidos en dicho año.[16] Las dos terceras partes de la producción nacional de tejidos de pie y trama en 1973 correspondieron a la producción de ancho sencillo y de algodón. La participación de la producción de ancho sencillo de mezclas fue 23%, lo cual sumado a lo anterior indica que la fabricación de tejidos de pie y trama de ancho sencillo produjo el 90% de la producción nacional de tejido plano. La participación de la producción de tejidos de doble ancho fue de 10%.[17]

14 Cámara Nacional de la Industria Textil (CANAINTEX), *III Memoria Estadística 1976* México, mayo 1976, p. 149. La mayor participación de tejidos queda explicada por el abastecimiento de hilados de fibras químicas (filamentos continuos) provenientes de la industria petroquímica, externa a la industria textil y, en menor proporción, por el abastecimiento de origen externo.

15 *Ibid.*

16 *Ibid.*

17 *Ibid.*

Puesto que las mezclas de fibras han venido observando una gran expansión en años recientes, se estima que la producción nacional de hilados y tejidos hechos a base de mezclas haya aumentado su participación.

Los acabados textiles son una actividad manufacturera de cierta importancia en la producción textil y en la generación de empleos. El valor de la producción bruta de acabados en 1975 fue de 1,270 millones de pesos, lo cual representó el 4.5% de la producción bruta textil y constituye una de las mayores participaciones de las diversas especialidades textiles excluidas las de los hilados y tejidos. Una participación similar se observa en cuanto a la captación de empleo. En efecto, la rama de acabados ocupó 6,700 trabajadores en el año 1975. Ello representó el 4.7% del empleo de mano de obra total en la industria textil.

Estructura industrial

El tamaño promedio de las instalaciones textiles ha venido siendo pequeño en todas las especialidades de fibras blandas. La Comisión Económica para América Latina estableció en 1966 que el tamaño mínimo para la producción eficiente de hilados de algodón y fibras químicas era de 20,000 husos.[18] En esas fechas, Nacional Financiera y el Banco de México propusieron un modelo teórico en el cual se establecía que el tamaño deseable de fábricas de hilados solamente fuese entre 10,000 y 20,000 husos, de acuerdo con el grueso del hilo; que el tamaño de fábricas únicamente de tejido elaboradoras de artículos de gran consumo, o integradas a departamentos de hilados, debía ser de 500 telares; y que el tamaño deseable de fábricas solamente de tejido, productoras de telas de consumo reducido, era de 100 telares.[19] En 1975, la Cámara Nacional de la Industria Textil y Nacional Financiera consideraron todavía válidos estos criterios.[20]

Pues bien, el tamaño medio de las hilanderías en 1962 y en 1973 ha estado por debajo de los 10,000 husos. En efecto, 1962 el tamaño promedio de las fábricas de hilados de algodón era de 6,875 husos; en las de hilados de mezclas de algodón con fibras sintéticas y artificiales era de 8,436 husos, y en las hilanderías de lana y fibras sintéticas y artificiales era todavía menor.[21] En 1973, el tamaño medio de las hilaturas de fibras blandas era de 5,471 husos, el cual es inferior a las cifras de 1962.[22]

18 ICME-ONUDI-NAFIN. *op. cit.*, p. 21. En países como Estados Unidos y Francia, se considera que el número óptimo de husos es 30 000.

19 Naciones Unidas *La industria textil en América Latina:* México, CEPAL, Vol. XI, Nueva York, 1966, pp. 54-55.

20 CANAINTEX, *op. cit. p. 142.*

21 *Naciones Unidas (1966), op. cit.* pp. 15-16.

22 CANAINTEX, *op. cit.* p. 141.

Asimismo, el tamaño promedio de las fábricas de tejidos ha sido pequeño y muestra una ligera tendencia hacia la baja. En 1962, la tejeduría media de algodón tenía 116 telares y la de mezclas de algodón con fibras sintéticas y artificiales contaba con 97 telares.[23] Estas cifras serían "adecuadas", según los criterios establecidos, para los casos de producción de telas únicamente (es decir no integradas a la operación de hilado) para consumo reducido; pero parece insostenible que tal fuera el tipo promedio de tejedurías, particularmente en el caso de algodón. En el año 1973, el tamaño promedio de las fábricas de telas de pie y trama de fibras blandas fue de 90 telares.[24] De 1962 a 1973, el grado de integración aumentó, a la vez que disminuyó el tamaño promedio de tejedurías. De acuerdo a los criterios de NAFINSA y el Banco de México, sostenidos por la CANAINTEX, las fábricas de hilados y tejidos (integradas) deben tener 20,000 husos y 500 telares.[25]

En 1962, el 95% de las hilanderías de algodón tenían un tamaño menor al de 20,000 husos y tan sólo 10 empresas (el 5% restante) tenían un número mayor de husos. Ese mismo año, el 91% de las hilanderías de algodón mezclado con fibras sintéticas y artificiales era de menos de 20,000 husos y tan sólo dos fábricas lo superaban (Véase el cuadro 49).

En 1973, el 93% de las fábricas de hilados o departamentos de hilados tenían menos de 20,000 husos y únicamente 24 empresas contaban con más de 20,000 husos. (Véase el cuadro 50).

Con respecto a las tejedurías, se estima que en 1962, alrededor del 70% de las fábricas de tejidos de algodón 100% y sus mezclas con fibras sintéticas y artificiales tenían menos de 100 telares. Las tejedurías de algodón 100%, con menos de 500 telares, representaban el 97% del total de empresas dedicadas a tal actividad. (Véase el cuadro 51). En 1973, las cifras basadas en 481 fábricas son semejantes a las del año 1962 y faltaría incluir aun 528 fábricas que casi en su totalidad son talleres muy pequeños. (Véase el cuadro 52).

Se calcula que los husos instalados en fábricas con más de 10,000 husos suman 1,262,799, que representa el 51.5% del total de husos del país en 1973. Esta cifra es muy parecida a la que se calculó para el año 1962. También se estima que los telares instalados en fábricas con más de 200 telares son 26,237, que corresponde al 45.2% de telares totales, y significa un ligero aumento sobre la cifra de 1962 (41%).[26]

A los problemas que se derivan de la distribución de tamaños se agregan los que resultan de una integración textil defectuosa. Si bien en

[23] Naciones Unidas (1966), *op. cit.*, pp. 15-16.

[24] CANAINTEX, *op. cit.* Considérese que en este promedio de telares (en 1973) sólo se tomaron en cuenta 481 fábricas y no se incluyeron 528 que casi en su totalidad fueron talleres muy pequeños.

[25] CANAINTEX, *op. cit.*, p. 142.

[26] *Ibid.*

1962 la mayoría de las fábricas textiles estaban desintegradas en lo que toca a hilados con respecto a tejidos (cerca de las dos terceras partes de las fábricas del país) la mayor parte de la capacidad productiva, en husos y telares, así como obreros, se encontraba integrada. Cerca del 30% de las fábricas efectuaban las operaciones de hilado y tejido, o hilado, tejido y acabado, en tanto que las mismas tenían cerca del 72% de los obreros, el 75% del total de husos y el 71% del total de telares. (Véase el cuadro 53).

La integración vertical de buena parte de la capacidad productiva en una minoría de empresas es más o menos aceptable, toda vez que las unidades de producción no son pequeñas. Sin embargo, esta estructura cambió para 1973. En tal año, el 70% de los husos de hilaturas estuvo integrado en la misma fábrica al proceso de tejido de calada (o de pie y trama) y de punto, lo cual ocurrió en la mayor parte de las empresas, es decir, cerca del 65% (Véase el Cuadro 54). Una situación similar se observa en la integración de tejedurías con respecto al departamento de hilados. (Véase el Cuadro 55).

En la mayoría de tales empresas, la integración se da en fábricas con capacidades relativamente pequeñas. La ONUDI compara la estructura industrial de la industria textil mexicana con las de los países desarrollados y encuentra que el grado de integración vertical de la industria local es muy alto. Muchas unidades de producción integradas resultan ser de un tamaño por debajo de lo económicamente viable.[27] Un estudio de la Cámara Nacional de la Industria Textil, con la colaboración de Nacional Financiera, señala que la integración de la industria textil nacional parece obedecer poco a razones de carácter técnico o económico. "Muchas de las fábricas respetan la forma de integración que tuvieron en su fundación, hace muchos años, lo que no está de acuerdo con las necesidades actuales".[28]

Comportamiento empresarial

Uno de los aspectos criticables del comportamiento empresarial en el sector textil es la falta de determinación para mejorar la productividad y abatir los costos de manera eficiente y organizada. Julián Abed plantea este punto desde una perspectiva de los mercados externos,[29] pero el argumento también parece ser válido para el mercado interno. En efecto, los industriales producen múltiples artículos textiles que saturan el mercado y los ofrecen a precios altos, con incrementos frecuentes, a la vez se mantienen altos inventarios y persiste una gran demanda de ar-

[27] ICME-NAFIN-ONUDI, *op. cit.*, p. 16:

[28] CANAINTEX, *op. cit.*, p. 141.

[29] Abed, J., "Industria textil", Instituto de Estudios Políticos, Económicos y Sociales, *Reuniones Nacionales*, Partido Revolucionario Institucional, México, 1976, hoja 2.

tículos que dejan de producirse por falta de planeación.[30] Tal desconcierto afecta a otras industrias locales, como lo es el caso de la industria del vestido.

La Cámara Nacional de la Industria del Vestido califica de alarmantes los aumentos de precios de los textiles, "que a pesar del alto costo de las fibras, no se justifican en los porcentajes de continuá elevación...(en muchas ocasiones cada semana)". Asimismo dicha Cámara se quejaba en 1977 de la baja calidad de los productos textiles, incumplimiento en las entregas y reducción en los plazos de crédito.[31] Las Cámaras Textiles del país respondieron que la política de ventas de hilos y telas, así como la fijación de precios, se determinan por factores externos a la industria textil (tales como la flotación de la moneda nacional y los movimientos de los costos de fibras, energía, refacciones y mano de obra), mas no esbozaron intento alguno por abatir costos ni aumentar la productividad[32]

Muchos empresarios del ramo textil sostienen individualmente que hay capacidad instalada ociosa y que los productos textiles mexicanos no son competitivos en el extranjero por razones ajenas a la empresa, e identifican como tales a la competencia y el costo de materias primas y de mano de obra.[33] En virtud de ello, los industriales de textiles presionan para que los precios de las fibras sean controlados, las demandas de aumentos salariales sean mínimas y se estimulen sus exportaciones a través de la devolución de impuestos (subsidios).

Los dirigentes empresariales de la rama textil han ejercido presión sobre las autoridades gubernamentales a fin de que éstas resuelvan los problemas de la industria en un esquema franco de protección.

A principios de 1954, los industriales textiles demandaron ayuda gubernamental con respecto a la "incosteabilidad de operaciones" resultante de las disminuciones de la demanda interna y de las exportaciones. La presión que los dirigentes industriales ejercieron sobre las autoridades gubernamentales se basó principalmente en argumentar la tendencia a la paralización total de la industria y desocupación obrera. Los industriales del ramo textil obtuvieron la exención de impuestos sobre ingresos mercantiles que en total representaba unos 8 millones de pesos.[34]

A fines de 1976 y durante 1977, los dirigentes empresariales de la industria textil declararon con insistencia que había crisis en tal industria por la depresión del mercado interno, la elevación de los costos de materias primas, trabajo y energía, y por la disminución de las exportaciones. En esta situación, decían era urgente que se regularan los precios de las materias primas, particularmente los del algodón, que se

[30] *Ibid.*
[31] *Excélsior*, 18 de junio de 1977.
[32] *Excélsior*, 21 de junio de 1977.
[33] Investigación directa.
[34] *El Universal*, enero 26 de 1954.

frenaran los aumentos salariales y que se otorgaran subsidios para exportar (en la forma de devolución de impuestos o "CEDIS"). Los industriales de textiles agrupados en Cámaras ejercieron presión social declarando públicamente las perspectivas pesimistas de la industria textil, si los factores externos adversos no se modificaban: se cerrarían docenas de empresas textiles, habría desempleo masivo de más de 200,000 personas, se reduciría considerablemente la utilización de la capacidad productiva instalada y disminuirían drásticamente las exportaciones.[35] Los empresarios del ramo textil consiguieron que el aumento de los salarios de sus trabajadores fuera de 10% (los obreros solicitaban un aumento salarial de 40%) y obtuvieron los estímulos solicitados para la exportación.[36]

Lejos de demostrar una determinación de mejorar la administración de sus empresas, reorganizar sus plantas y planificar su producción, los empresarios de la industria textil mexicana tienden a buscar el cambio favorable de los factores externos que los afectan y encubrir sus reales deficiencias con argumentos que colocan la situación fuera de su esfera de influencia.[37]

Si los factores externos no cambian a favor del típico industrial de textiles que opera en México, éste simplemente deja de invertir en este campo para hacerlo en bienes raíces. Esta actitud parece ser tradicional. A fines de 1955, el presidente de la Asociación Mexicana de Ingenieros y Técnicos Textiles expresó que muchos industriales del ramo textil han cometido el "grave error" de invertir durante años sus ganancias en propiedades de bienes raíces, principalmente, desviando el capital de su propio negocio.[38] Este comportamiento tiene su racionalidad. Los altos márgenes de ganancia se han basado en un régimen de política económica que suele proteger las ineficiencias de la industria. Cuando tal protección no es "suficiente" (para asegurar la obtención de determinados porcientos de utilidad), se opta por desviar el capital a otros campos.

La protección de que ha sido objeto la industria textil nacional ha provocado el descontento de otros sectores económicos. Por ejemplo, la Unión de Productores de Algodón de la República Mexicana denunció que los márgenes de utilidad con los que operan las empresas textiles son exageradamente altos en un mercado interno cautivo y que los empresarios del ramo textil encubren su ineficiencia. Ante autoridades gubernamentales la Unión exortó a los industriales de textiles a que dejaran de operar en base a privilegios, subsidios y proteccionismo indiscriminado y

[35] Véanse, por ejemplo, los periódicos *Excélsior,* del 10 y 12 de noviembre de 1976, 17 de abril y 24 de mayo de 1977; *El Sol de México,* 17 de noviembre de 1976, 8 de febrero, 7 de marzo y 12 de mayo de 1977; y *El Heraldo de México,* 18 de abril de 1977.

[36] *El Día,* 8 de enero de 1977, *Novedades,* 5 de mayo de 1977 y *El Sol de México,* 10 y 12 de mayo de 1977.

[37] *El Nacional,* 22 de febrero de 1977.

[38] *El Universal,* 4 de noviembre de 1955.

que se preocuparan por resolver, mediante aumentos en su productividad, los problemas anacrónicos por los que tales industriales atraviesan: bajo grado de utilización de la capacidad instalada, baja eficiencia productiva de la maquinaria, precios y calidad no competitivos, reducido mercado interno como consecuencia del alto precio de sus productos, inadecuados sistemas de distribución y mercados, y baja participación en los mercados del exterior.[39]

Otros factores fundamentales que generan graves dificultades para el desarrollo de la industria textil son de tipo administrativo y comercial. Los sistemas administrativos que operan en la industria textil son básicos y rudimentarios. En general, éstos son herencia del origen familiar de las empresas.[40] Asimismo no hay canales adecuados para la comercialización de los productos textiles y tampoco hay una planificación de la producción, a nivel de planta. Abed señala la debilidad de la mercadotecnia textil, particularmente la comercialización, como uno de los problemas más graves de la industria textil, a tal grado que muchos industriales han quedado en bancarrota por tal razón.[41]

Utilización de la capacidad instalada de producción

Sin la determinación de la cabeza de las empresas textiles por reducir costos y superar las diferencias de la industria, sin la administración y organización general que requieren las plantas textiles, sin planificación, sin mejoras mercadotécnicas ni la estructura industrial adecuada, las máquinas —modernas o antiguas— no pueden producir lo que su diseño se propuso, y los trabajadores no pueden operar con plena eficiencia. A tales factores se añaden la contracción reciente de la economía nacional y del mercado externo.

A pesar de que el tiempo de uso de las máquinas instaladas ha sido aceptable,[42] la producción real de textiles es mucho menor que la capacidad potencial de producción. La Cámara Nacional de la Industria Textil estima que en 1973 la capacidad de producción no utilizada fue del grado de 31% en el caso de las hilaturas, y de 74% en lo que se refiere a tejedurías de pie y trama. Para obtener estas cifras, la Cámara consideró tres turnos de trabajo (6,402 horas al año) y una producción de 17.67 gramos de cada huso por hora. Así, se concluyó que la producción de 211,647 toneladas de hilados en dicho año (1973), cuando existían 2.4

[39] *Excélsior*, 11 de noviembre de 1976.

[40] Abed, J., *op. cit.*

[41] *Ibid.*

[42] En 1962 el 96% de los husos instalados trabajaron el 83% del "tiempo normal de uso" (6350 horas al año. ICME-ONUDI-NAFIN, p. 26), y el 98% de los telares instalados trabajó el 78% (véase Naciones Unidas (1966), *op. cit.*). A fines de 1972, tales por cientos aumentaron levemente: 85 y 81% respectivamente. A principios de 1975, las cifras disminuyeron a 72 y 70%, respectivamente. (Véase ICME-NAFIN-ONUDI, *op. cit.*).

millones de husos instalados, se hubiera podido obtener con 1.9 millones de husos.

El caso de la producción de telas es preocupante. El indicador señala que la producción de 160,629 toneladas de tela, equivalentes a un millón de metros de tela, podría haberse fabricado en 34,177 telares, en lugar de los 58,824 instalados en 1973.[43]

Aunque las anteriores estimaciones tengan los defectos de ser demasiado simples para la diversidad de tipos de máquinas textiles que existen en el país, parecen no estar lejos de reflejar los problemas técnicos de la industria.

Los elementos tecnológicos para la industria textil

Antes de examinar la estructura de la oferta y el comportamiento de la demanda de tecnología textil, debe esclarecerse la naturaleza de dicha tecnología. Con los progresos alcanzados se ha llegado a niveles técnicos de tal complejidad que ya no se puede concebir a la tecnología textil como el conocimiento restringido al montaje, la operación y la conservación de la maquinaria y equipo. En la actualidad, la tecnología textil se compone de diversos elementos, entre los que destacan los siguientes:

A. Conocimientos para el diseño de la fábrica (incluye construcción civil) y la selección del proceso productivo y de la maquinaria y equipo;

B. Conocimientos para el montaje y ajuste de la maquinaria y el equipo;

C. Conocimiento detallado del proceso productivo;

D. Conocimientos para la operación regular de la fábrica y ensayos previos; y

E. Conocimientos para conservar o bien mejorar la eficiencia de las instalaciones a través de innovaciones (incluye el control de calidad, mantenimiento preventivo, cambios de máquinas, adaptaciones, reestructuración de la fábrica, cambio de materias primas o de productos, etc.).

Además de estos elementos, la tecnología textil comprende otros, no tan críticos como los que se enlistaron en el párrafo anterior. Los conocimientos tecnológicos textiles incluyen también estudios de factibilidad y preinversión, definición de las características técnicas específicas de los productos textiles a fabricar y capacitación de personal (que puede interpretarse como un medio para facilitar la consecución de los elementos enlistados anteriormente). Evidentemente los elementos mencionados componen la tecnología de productos textiles de poliéster y sus mezclas y en este caso específico, los elementos C, D y E cobran mayor importancia.

[43] CANAINTEX, *op. cit.* Para el cálculo del indicador de sobreinstalación de telares, la Cámara consideró una producción media por hora de 5 metros por telar, tres turnos y un peso medio de las telas por metro de 146.8 gramos.

Ya en otros estudios [44] se ha planteado la importancia del vendedor de maquinaria y equipo textil en la oferta de tecnología, aun en el momento presente, cuando el mercado de tecnología ha observado mayores evoluciones y diversificación. Por ejemplo, Spreafico sostiene que la selección del proceso y de la maquinaria; la definición o diseño del producto; el montaje y ajuste de la maquinaria; la operación regular de la fábrica y ensayos previos; el mantenimiento preventivo de la maquinaria; la modernización o sustitución de maquinaria obsoleta y cambios del *lay-out*; y el perfeccionamiento de los métodos de producción, son elementos de asistencia técnica ofrecidos por los vendedores de maquinaria y equipo, por lo menos en una proporción importante. Spreafico también menciona otros oferentes como los proveedores de materias químicas, consultores textiles y centros de capacitación. En el caso de textiles hechos de poliéster 100% o mezclado con otras fibras, es importante el papel de los productores de fibras de poliéster en la oferta de asistencia técnica textil. También es relevante la función de los vendedores de materias colorantes químicas en la oferta de tecnología para el acabado de tales productos. Pero, tal y como otros estudios lo sugerían, aún en este caso, la importancia del proveedor de máquinas y equipos en la oferta de tecnología todavía es alta y parece ser la fuente tecnológica más solicitada por los empresarios textiles mexicanos. La frecuencia con la que se concretan las transacciones tecnológicas entre las empresas textiles y los productores de colorantes, e incluso los fabricantes de fibras sintéticas, es menor que la resultante entre los fabricantes textiles y los vendedores de maquinaria y equipo, según las observaciones de algunos de estos empresarios. Previendo tal circunstancia (y corroborándola después), el presente estudio del mercado de tecnología textil se diseñó para examinar la oferta y demanda de tecnología, a través del comercio de ciertas máquinas, equipos y materias colorantes para uso textil. [45] Puesto que varios tipos de máquinas intervienen en el proceso textil semicontinuo, se decidió poner el mayor énfasis en pocas máquinas claves: las cardas, hiladoras, telares y máquinas para el teñido de textiles particularmente de poliéster y su mixtura con algodón.

La oferta internacional de maquinaria y equipo textil

En el mercado internacional de tecnología es elevado el número y amplia la diversidad de los oferentes de bienes de capital para la producción textil de tipo algodonero y de fibras sintéticas. Aunque varios oferentes de

[44] Spreafico, *op. cit.*, Shepherd, G., *op. cit.* y Boon, G.K., *op. cit.*

[45] Debe señalarse que aunque las transacciones tecnológicas entre los productores de insumos químicos de uso textil y los fabricantes textiles son poco frecuentes, éstas presentan tendencias a incrementar su importancia, con lo cual la oferta de tecnología textil extendería considerablemente su estructura y ello a su vez permitiría una mejora en la posición negociadora de los demandantes de tecnología.

máquinas y equipos pueden pertenecer a una misma organización empresarial, la cantidad de productores y vendedores de tales bienes parece ser grande, particularmente si se compara con el número de oferentes de tecnología en otras áreas industriales como la de fibras químicas, que no pasa de 30 proveedores tecnológicos en el mundo entero. Según la información contenida en la revista *Textiles Panamericanos*, el número de oferentes de máquinas y equipos textiles para América Latina es mayor de 130 (véanse los cuadros 56, 57 y 58). Este número elevado de oferentes para un mercado regional (no mundial) es resultado directo de una generalización de la especialización en ciertos tipos de máquinas. Así, el 52% de los oferentes para América Latina venden máquinas para el teñido, más no para el hilado ni el tejido; el 22% ofrece máquinas para tejido únicamente; el 18% vende sólo máquinas para hilado; tan sólo el 2% ofrece máquinas para los tres departamentos de producción textil y un 6% vende máquinas para dos departamentos, ya sea hilados y tejidos, hilados y teñido, o tejido y teñido. (Véase el cuadro 58).

El que haya tantos oferentes de máquinas para el teñido de textiles se debe a que la heterogeneidad de procesos de teñir da oportunidad a que se ofrezca una gama de equipos, entre los cuales algunos son de manufactura simple. Hay productores de equipos de teñido en muchas áreas del mundo, incluso en países que no han sido afortunados en la producción de máquinas textiles de manufactura compleja (como telares e hiladoras), tal y como ha sido el caso de México. Por lo tanto, no resulta extraño el que existan tantos oferentes de equipos de teñido y que la mayoría de ellos no ofrezca máquinas para el hilado y el tejido. Por lo que concierne a estos dos departamentos, el número de oferentes de telares es menor que el correspondiente a teñido y la cantidad de oferentes de máquinas para el hilado es todavía menor. La mayoría de los productores de telares no producen máquinas para el hilado, a la vez que los fabricantes de cardas e hiladoras generalmente no producen telares (véase el cuadro 59). Este fraccionamiento de la oferta de máquinas por departamento de la producción textil posiblemente se deba a las discontinuidades técnicas existentes entre dichos departamentos y a las estrategias deliberadas de los productores de máquinas que a su vez responden a las presiones de un mercado muy competido.

Dentro de un sistema de producción más o menos homogéneo, como es el del hilado.[46] el fraccionamiento de la oferta de máquinas disminuye notablemente. Para el mercado latinoamericano, casi la mitad de los oferentes de cardas e hiladoras ofrece ambos tipos de máquinas. (Véase el cuadro 59).

El estudio de Boon sobre la oferta de tecnología textil[47] presenta evidencias que sugieren la existencia de un mercado tecnológico de tipo

[46] Este sistema no se puede calificar de enteramente homogéneo, por las opciones que presentan los procesos de hilado con el sistema de anillos e hilado por turbina; asimismo, los procesos de fibras naturales se alteran si son para fibras sintéticas mezcladas con naturales.

[47] Boon, G.K., *op. cit.*

oligopólico, considerablemente competido. En esta estructura de mercado se detectan algunas empresas que son líderes en la generación de innovaciones tecnólogicas.[48] Algunos factores importantes que determinan la conducta de las empresas líderes en la competencia entre ellos son su capacidad tecnológica, el precio de las máquinas y su tamaño. La típica empresa líder en tecnología es de tamaño mediano. La limitación de sus recursos la obliga a especializarse en determinado tipo de tecnología textil. Producir varios tipos de tecnología involucraría altos costos que no puede cubrir. La selección de la fracción del mercado tecnológico en la cual incursionará depende de una evaluación de la propia empresa sobre sus mayores ventajas tecnológicas con respecto a los competidores existentes en varias especialidades textiles. Una vez determinado el tipo de tecnología a producir, la empresa líder concentra sus esfuerzos en desarrollar la tecnología en varias versiones, acorde a las necesidades del mercado correspondiente, y ofrecerla a precios competitivos. Este tipo de empresa concede una atención estratégica al fortalecimiento de su capacidad innovadora. Demuestra una gran sensibilidad para responder con mayores actividades de investigación y desarrollo experimental si afrontara una pérdida en su posición competitiva frente a sus rivales. Pero si hubiese una depresión general, decidiría economizar sus gastos, incluyendo los dedicados a su infraestructura tecnológica.

También hay abandono de ciertas máquinas textiles en la competencia entre los oferentes de tecnología. Por ejemplo Rüti producía un modelo de telar simple, el 1000B. Tan pronto como construyó el modelo 1000C, más refinado, veloz y con menos requerimientos de mantenimiento y mano de obra, la demanda de este modelo fue tal que la empresa fabricante decidió abandonar la construcción del modelo anterior para concentrarse en el 1000C. Sólo de esta manera la empresa pudo aumentar la escala de producción del modelo nuevo y ofrecerlo a los mejores precios posibles en un mercado competido. Aunque Rüti detecta un mercado para telares sencillos, no está seguro de tener un éxito redituable en él. Tampoco la mayoría de los productores europeos muestran interés en producir telares más sencillos porque los principales mercados de tales máquinas en Asia y Africa los cubren los oferentes japoneses, indios y chinos[49]

Los oferentes de tecnología que se pueden calificar más bien como seguidores que líderes en la generación de innovaciones ofrecen una gama más diversificada de modelos. Algunos optan por apoyarse más en la conservación de un modelo convencional y de relativo éxito y otros deciden incluir en su línea de producción una máquina sencilla. La experiencia de los fabricantes de telares Picañol y Draper que incluye Boon en su estudio es reveladora. Estos fabricantes de telares llegaron a producir un

[48] Boon presenta a Rieter, Schubert Salzer, Zinser, SACM, Unitex y Heberlein Hispano como líderes innovadoras en máquinas de hilar, y a Rüti, Sulzer, Dornier y SACM, como líderes tecnológicos en telares. *Ibid.*

[49] *Ibid.*

modelo similar en varias versiones, además de otros modelos que tienen en venta. Draper introdujo su modelo "Ambassador" en 1970, orientado a la fracción de mercado de áreas subdesarrolladas. Este modelo incorporaba una tecnología de tejer simple, de bajo costo y adecuada para técnicas intensivas en mano de obra. En 1971, el productor de Picañol ofreció el modelo "Diplomat" como reacción al modelo de Draper, estuvo en posición de ofrecer precios más bajos que éste, y ganarle mercado. La empresa Draper reconoce no haber tenido éxito con su modelo "Ambassador", en tanto que Picañol sigue construyendo el "Diplomat" en seis versiones y ello representa el 16% de la producción total de la empresa.[50]

Con las limitaciones que implica la generalización, se puede decir que los fabricantes europeos de máquinas textiles tienen una posición competitiva fuerte. Ofrecen la mejor calidad, versatilidad y precio en maquinaria y equipo textil. Los productores norteamericanos vienen declinando en la competencia internacional. Los fabricantes de Europa oriental, en particular, se destacan por el desarrollo de habilidades tecnológicas, creatividad y capacidad innovadora, lo cual se ilustra con el hecho de poseer la mitad de las patentes de las 300 principales innovaciones en materia textil registradas hasta mediados de los setentas. Las empresas japonesas producen máquinas textiles a bajos costos y se proyectan en el mercado internacional como los oferentes de las máquinas más baratas. Otras empresas en otros lugares del mundo se vienen incorporando a la oferta internacional de máquinas, como ocurre en la República Popular China, India, Brasil, Colombia y México.[51]

Los oferentes internacionales de maquinaria y equipo ofrecen en conjunto dos sistemas básicos de hilar (el sistema de anillos y el de rotor), dos conceptos de tejer géneros planos (incorporados en telares con lanzadera y sin lanzadera, incluyendo la innovación de fase múltiple) y dos grandes grupos de procesos para teñir (a la continua y por lotes). Sin considerar los desarrollos que se están experimentando en el presente, estas burdas opciones tecnológicas se ofrecen en diversos niveles de automatización, a diferentes precios, para varias escalas de producción y en diversos grados de versatilidad. En estos términos de especificación, la gama de opciones técnicas ofrecidas se puede calificar de amplia.

Como se mencionó anteriormente, es frecuente la transferencia internacional de elementos de conocimiento tecnológico textil a través de la venta de maquinaria y equipo. Los oferentes de maquinaria son fuentes importantes para la definición de un programa de producción textil, la selección de subprocesos y máquinas, el diseño e instalación de la planta, la operación de la misma y la conservación o mejora de su eficiencia. La relación de compra-venta de máquinas textiles se aprovecha también para reformular el programa de producción textil a nivel de empresa, acorde con los nuevos requisitos del mercado, para adaptar las máquinas,

[50] *Ibid.*

[51] *Ibid.*

y modificar los sistemas administrativos y mercadotécnicos de la empresa demandante (esto último no es usual). La transferencia de tecnología textil, bajo esta modalidad, se efectúa comúnmente a través de un mecanismo indirecto, en el cual interviene un agente de ventas de máquinas.

La representación en varios países a través de agentes de ventas ha sido la forma más conveniente que han determinado los fabricantes de máquinas textiles para comercializar sus productos. Los oferentes internacionales determinan el intermediario que los represente y que establezca los contactos entre ellos y los demandantes. Los criterios para definir la representación se han basado más en contactos y vínculos personales espontáneos. No han sido el resultado de un proceso muy racional de búsqueda cuidadosa por parte del oferente internacional. El representante local se encarga de dar a conocer las máquinas e inicia algunas fases de negociación. Además, el representante puede proporcionar un mayor conocimiento de un mercado local, las áreas en que el fabricante puede incursionar, los niveles de infraestructura técnica y financiera de las empresas demandantes en potencia y otros elementos que dan al oferente internacional una imagen de la demanda en un país o una región determinada. El conocimiento de las características específicas de un mercado local permiten al fabricante determinar la manera en que ahí ofrezca su maquinaria.

En algunas ocasiones, se concretan operaciones a través de convenios entre gobiernos y regularmente involucran la transacción de una planta textil "llave en mano". En este caso el gobierno "oferente" adquiere la planta textil de un productor de su país y la vende, a un costo previamente acordado, al gobierno "demandante". Los mecanismos directos entre los fabricantes de las máquinas y los demandantes son raros. También son extraños los casos de transferencia de tecnología textil (sin incluir la producción de fibras químicas) bajo la forma de inversiones extranjeras o de asociación de capitales entre oferente y demandante.[52]

La oferta de tecnología textil en México

Las fuentes tecnológicas de mayor importancia relativa para la industria textil mexicana son las casas representantes, intermediarias de los fabricantes extranjeros de maquinaria y equipo textil; los técnicos textiles nacionales, y las ferias, exposiciones y conveniones textiles a nivel nacional e internacional. Los productores locales de fibras químicas y de materias primas para el acabado constituyen otras fuentes importantes de conocimiento tecnológico textil. El conocimiento tecnológico se difunde en el país a través de los vínculos directos entre los agentes intermediarios y los demandantes nacionales, y también mediante mecanismos más indirectos tales como a través de revistas técnicas y literatura especializada,

[52] Véanse por ejemplo, Boon, *ibid* y Spreafico, L., *op. cit.*

y por medio del adiestramiento de técnicos nacionales, ya sea en las instalaciones de la fábrica o fuera de ellas.

Pese a que los principales oferentes de tecnología textil que operan en el mercado mexicano transmiten elementos tecnológicos de origen extranjero, viene cobrando importancia el desarrollo de aptitudes propias como una eventual fuente alternativa de tecnología de origen local. Esta situación se detecta en particular en la rama textil del poliéster y sus mixturas. El análisis de la oferta de tecnología textil para esta rama industrial, en el caso de México, debe incluir, por lo tanto, el análisis de la naturaleza de los diversos agentes que componen su estructura. Por tal razón, se examinarán a continuación la función del agente intermediario de los fabricantes extranjeros de máquinas textiles, la oferta de tecnología proveniente de productores de materias químicas para uso textil, y el desarrollo de aptitudes tecnológicas propias.

La función de las empresas oferentes intermediarias: resultados de una encuesta [53]

Las nueve empresas comprendidas en la encuesta de oferentes intermediarios de máquinas textiles ofrecen estos productos únicamente en el mercado interno. Sus principales actividades son las de representar al fabricante extranjero y negociar la venta de tal tipo de bienes en el país. Los mecanismos que estos intermediarios utilizan para difundir información sobre las máquinas y promover su venta son el empleo de personal que mantenga un contacto activo con empresas textiles (agentes de ventas) y la distribución de información técnica contenida en folletos y catálogos. Algunos representantes también promueven las máquinas a través de ferias, exposiciones y anuncios en publicaciones periódicas (véase el cuadro 61). Evidentemente, las normas básicas de la comercialización de maquinaria son establecidas por la empresa fabricante. Pero hay ciertos márgenes de libertad dentro de los cuales el intermediario puede decidir los detalles de los mecanismos de promoción. Así, ocho de las nueve casas representantes encuestadas declararon haber decidido por lo menos algunos mecanismos promocionales. De estas empresas intermediarias, siete financian al menos en parte los gastos de publicidad. (Véase el cuadro 62). Si bien lo anterior sugiere que el origen del financiamiento de la promoción contribuye a hacer posible que la

La encuesta cubrió a la mayoría de los intermediarios de máquinas de hilar y telares para el ramo de algodón y mixturas. Estos son los principales oferentes que hay en el país en su ramo, a excepción del representante de los telares Crompton. También se cubrieron representantes de algunas máquinas para el teñido. Las marcas de las máquinas que ofrecen las nueve empresas encuestadas son: (1) *Cardas:* Heberlein-Hispano, Platt Saco Lowell, Rieter, SACM y Trützler. (2) *Hiladoras continuas y de rotor:* Heberlein Hispano, Platt Saco Lowell, Rieter, SACM y Zinser. (3) *Telares:* Draper, Picañol, Rüti, SACM, Somet y Sulzer. (4) *Máquinas para el teñido*: Benninger Engineering, E. Benz, Gaston County, Morrison, Obermaier, Scholl y Termec. Las empresas que venden estas máquinas también ofrecen otras como manuares, mecheras y torcedoras. (Véase el cuadro 60.)

empresa intermediaria decida sobre los medios de comercialización, ambas cuestiones quedan determinadas por la estrategia mercadotécnica que la empresa fabricante haya decidido seguir.

Aun con las limitaciones que se derivan del reducido margen de iniciativa del intermediario en la toma de decisiones sobre la oferta de maquinaria textil, existen ciertos grados de influencia sobre la estrategia a seguir en zonas específicas, como lo es el mercado mexicano. El representante elabora informes y presenta argumentos objetivos que el fabricante tiene en cuenta para la revisión y eventual modificación de la política de ventas que seguirá. En los últimos 20 años, por ejemplo, por lo menos cinco fabricantes decidieron cambiar su estrategia de manera importante. En cuatro de estos casos, el intermediario tuvo una posición de influencia en la toma de decisiones. Así, a principios del decenio de 1960, las empresas Saco Lowell y Draper acordaron con sus representantes y el gobierno mexicano ofrecer de manera más directa máquinas de hilar y telares en el mercado nacional, a través de la producción local efectuada con inversión mixta (privada y pública) de participación extranjera.[54] Otros dos casos de producción local se han detectado recientemente. En uno de ellos ya se tiene determinada la organización legal y el inicio de la construcción de la planta. En estas experiencias recientes el intermediario asumió una actitud más activa y persuasiva que en los casos anteriores para influir en las decisiones de la casa fabricante extranjera.

Por lo general, los intermediarios de máquinas textiles brindan una serie de elementos de conocimiento tecnológico con la venta de la maquinaria. Estos elementos se ofrecen de manera opcional al cliente, quien suele aceptarlos. Los elementos más ofrecidos son el servicio de mantenimiento correctivo y preventivo para la máquina, el servicio de montaje, y los servicios de asistencia técnica tanto para la solución de problemas específicos como para la adaptación de máquinas y métodos de producción. Estos servicios de apoyo técnico constituyen un tipo de "paquete" tecnológico y son importantes elementos de venta para el intermediario, además del abastecimiento ágil de refacciones y la garantía de la máquina (véase el cuadro 63). Si el usuario requiere estos servicios, los mismos le son proporcionados exclusivamente por el proveedor de la maquinaria (y no por otro oferente competidor), durante el tiempo relativamente corto que cubre la garantía de la maquinaria; de no ser así, las ventajas aseguradas pierden validez.

Los factores que han tenido un efecto sobre las ventas de los intermediarios en el país son la regulación gubernamental de importación de máquinas textiles a través de la expedición de permisos oficiales, las cuotas arancelarias, la estructura y dinámica de la industria textil nacional y la estructura competitiva existente entre las empresas intermediarias. Las dificultades para importar maquinaria textil en un marco de política textil orientada a evitar una sobrecapacidad productiva han

[54] Este intento que no tuvo éxito se examinará más adelante. Por ahora basta señalar el cambio de estrategia.

tenido efectos depresivos en las ventas de máquinas textiles y ha conducido a que algunos intermediarios estudien la posibilidad de producir máquinas en México. La poca dinámica de la industria textil local y su estructura —en la que el tamaño medio de las plantas es pequeño— han determinado que se vendan máquinas relativamente sencillas, de bajos precios y casi siempre a crédito. La estructura competitiva en el mercado local de máquinas textiles, en tales circunstancias, ha definido las mejores posiciones para los intermediarios que ofrecen los mejores precios, las mayores facilidades de crédito y un apoyo de servicios técnicos adecuado. Las estrategias de los competidores de un vendedor de máquinas han repercutido en sus decisiones de ventas, en por lo menos cinco de nueve casos. (Véase el cuadro 64). Algunos de los intermediarios afectados por sus rivales han perdido clientes y como respuesta han decidido dar más concesiones a los compradores potenciales, seguir políticas de flexibilidad de precios y presupuestaria, y reducir comisiones de ganancia.

Por lo general, la venta de maquinaria textil en México se efectúa a crédito. En 1975, casi el 80% de las empresas comprendidas en la encuesta de intermediarios había vendido más del 75% de su maquinaria a crédito. (Véase el cuadro 65). La incidencia del crédito en la venta de máquinas depende de las características del segmento de mercado hacia donde se orienten tales máquinas, y de la política de ventas del intermediario. Por ejemplo, en el caso de los telares, las máquinas que se ofrecen a precios relativamente bajos o medios se venden con mayor frecuencia a crédito que los telares más caros. Los telares más baratos en la encuesta de intermediarios son ofrecidos por dos representantes que observan la intensidad de crédito más alta entre el grupo de seis oferentes de telares encuestados, en tanto que el oferente de los telares más caros tiene la intensidad de crédito más baja, y dos de los tres intermediarios que ofrecen telares a precios medios observan una intensidad de crédito en sus ventas relativamente moderada. (Véase el cuadro 66). Este cruce de variables sugiere que los telares más baratos son demandados por empresas textiles de recursos financieros relativamente cortos y que por ello compran usualmente a crédito. Por lo general, las fuentes financieras en las que los intermediarios se apoyan para conceder la venta de máquinas a crédito son las facilidades o los recursos que el fabricante pueda conceder y los créditos otorgados por instituciones bancarias extranjeras. (Véase el cuadro 67).

Las diferencias existentes entre las diversas fracciones de mercado local que cubren los intermediarios, así como las distintas características técnicas y comerciales de las máquinas condicionan la estrategia competitiva de los representantes locales. Por ejemplo, la empresa que ofrece los telares más baratos, con contenido tecnológico relativamente sencillo, de reciente representación en el país y que viene ganando mercados, sigue una estrategia en la que se destacan los servicios de apoyo técnico y el financiamiento de sus ventas a crédito, apoyado por el fabricante y las instituciones bancarias del país de éste. La empresa representante que inició sus operaciones más recientemente, ofreciendo un telar de un nivel tecnológico medio y relativamente caro, concede la mayor importancia al financiamiento de sus clientes. La empresa que ofrece el telar más conocido, con contenido tecnológico sencillo pero cuya posición en el mercado local viene declinando, no puede dar las facilidades financieras que ofrecen los anteriores intermediarios y sólo se apoya en la marca como símbolo de calidad y garantía. Otras dos empresas que distribuyen telares de un nivel tecnológico medio y relativamente caros siguen una estrategia competitiva apoyada principalmente en destacar la calidad de las máquinas y asegurar la provisión oportuna de servicios técnicos. Uno de estos dos intermediarios reconoce que afronta dificultades por no poder financiar el crédito de algunas ventas potenciales ni ofrecer precios atractivos a los clientes. Además de los dos factores estratégicos mencionados, esta empresa también concede especial importancia al surtido ágil de refacciones, como respuesta a sus dificultades competitivas. Finalmente, la compañía que distribuye el telar más caro y con el mayor contenido tecnológico pone énfasis en la calidad de la máquina y asegura la entrega de refacciones ágil. (Véanse los cuadros 68, 69.) Una situación similar se observa en los casos de máquinas para la hilatura y equipo de teñor. En tales casos, las empresas intermediarias más fuertes enfatizan el surtido de refacciones y el apoyo técnico; en tanto que las demás siguen políticas de precios y financiamiento.

La participación de los intermediarios en el mercado mexicano de maquinaria textil es muy desigual. Esta situación parece presentarse con mayor agudeza en el caso de los telares que en el de la maquinaria para la hilatura y los equipos de acabado. Se estima que cerca del 50% de los telares de pie y trama (o para tejido plano) instalados en el país son de la marca Draper. Se calcula una proporción alta para los telares Crompton. Pero esta concentración parece estar cambiando en contra de tales marcas. Aunque la información recolectada en la encuesta de intermediarios no permite la elaboración de tasas de participación en el mercado, se lograron observaciones que permiten tener una idea de la penetración en el mercado de maquinaria textil nacional. Así, parece ser que los telares de niveles tecnológicos sencillos y de menores precios son los que han tenido la mayor penetración en el mercado. (Compárense los cuadros 69 y 70). Esta situación tiende a cambiar conforme se modifique la estructura de la industria textil nacional y según aumenten las presiones competitivas sobre la eficiencia de la producción textil.

Con respecto al desarrollo interno de habilidades técnicas, las evidencias indican que la actitud de la mayoría de los intermediarios es pasiva. Tan sólo dos de las empresas representantes visitadas disponen de cuadros técnicos textiles. Una de ellas fabrica partes de maquinaria textil, por lo cual ha efectuado trabajos de desarrollo experimental y estudios para la solución de problemas técnicos específicos con su propio personal. En 1976, esta empresa tenía proyectos para producir máquinas textiles y en 1977 los empezó a realizar.

Las siete empresas intermediarias restantes no tienen ni cuadros técnicos ni infraestructura tecnológica mínima para una eventual manufactura de máquinas textiles. Estas empresas no disponen de mano de obra nacional capacitada para el montaje de máquinas y la solución de problemas técnicos. Tampoco han mostrado interés por capacitar este tipo de técnicos nacionales. En estas circunstancias, los servicios de montaje y de solución de problemas técnicos específicos son proporcionados por expertos extranjeros de la casa representada, lo cual acarrea fuertes costos para los usuarios de las máquinas.[55] Estos representantes tampoco han producido refacciones o partes componentes de las máquinas que ofrecen, a manera de una manufactura auxiliar.

La producción local de maquinaria textil

Las posibilidades de que se produzcan máquinas textiles en el país se han visto disminuidas por una serie de factores económicos e institucionales. A pesar de tales adversidades, se ha logrado acumular experiencias técnicas a nivel de planta textil y de taller metalmecánico. Como resultado de ello se han hecho adecuaciones en sistemas de producción y equipos y se han fabricado algunas máquinas y partes componentes textiles en el país. Pero antes de examinar estos desarrollo tecnológicos locales es conveniente aclarar cuáles han sido los factores que han reducido el proceso de desarrollo tecnológico textil en México. Ello requiere revisar dos casos de producción infructuosa, considerar la política gubernamental en materia de maquinaria textil y examinar la actitud de los intermediarios ante este problema.

En 1953, la empresa Toyoda de México, S.A. se estableció en el país para fabricar hiladoras continuas y telares. Esta se constituyó con capital de la empresa estatal Sidena y de la japonesa Toyoda, que aportó la tecnología y las técnicas de fundición. La inversión realizada se aproximaba a los 80 millones de pesos, de los cuales 30% correspondía a Nacional Financiera, S.A. y el resto a la firma japonesa. La producción era de aproximadamente 500 telares y 5 000 husos mensuales. Con este volumen se pretendía abastecer las necesidades del mercado interno. Sin embargo, las empresas textiles usuarias se opusieron, por conducto de la Cámara Nacional de la Industria Textil, a comprar estas máquinas. Las razones de tal rechazo fueron que la construcción de la maquinaria se basaba en una tecnología obsoleta, que los tróciles eran de características de máquinas de 20 o 25 años atrás y que se utilizaban patentes ya vencidas en los sistemas de estiraje. Aunque el precio y la calidad de las máquinas eran poco competitivos, comparados con la maquinaria disponible en el extranjero, la Toyoda no pidió protección arancelaria al gobierno mexicano. La escasa demanda nacional resultante trajo como consecuencia

[55] Una empresa usuaria incurre en 3 000 pesos mexicanos por día, durante uno y hasta tres meses, por la instalación de las máquinas compradas.

que la empresa entrara en crisis financiera y finalmente se declarara en quiebra.[56]

Después, en 1960, Sidena entró en tratos con las firmas norteamericanas Saco-Lowel y Draper para producir máquinas estiradoras, hiladoras continuas y telares. En este caso, la producción de máquinas textiles recurrió a la protección del gobierno. Se obtuvo la prohibición de la importación de telares y continuas. No obstante esta medida, y pese a que las máquinas Draper y Saco-Lowell tenían ganada una proporción de mercado relativamente alta, los usuarios de la maquinaria textil se abstuvieron de comparar las máquinas producidas en el país. Esta actitud trajo como consecuencia el fracaso de la empresa. En esta ocasión, se argumentó la inconveniencia de cerrar las fronteras para una tecnología de un solo tipo. En los dos casos mencionados no se disponía de una infraestructura mínima de habilidades tecnológicas y mercadotécnicas locales.

De estas experiencias pueden derivarse varios elementos de política industrial. Por ejemplo, la protección del mercado interno no fue suficiente para evitar la orientación hacia la demanda al extranjero. Los nombres comerciales conocidos como Draper y Saco-Lowell no aseguraron por sí solos la venta de las máquinas mexicanas. Pero aun hay más elementos por dilucidar.

Los intermediarios confirman que un gran problema al que se enfrenta la producción local de máquinas es la naturaleza del mercado interno y la falta de mentalidad para la explotación. Desde el punto de vista de los intermediarios, los mayores inconvenientes para la producción local de telares y máquinas para el hilado son la falta de mercado interno y las altas inversiones que se requieren. (Véase el cuadro 71). La falta de mercado no tan sólo se refiere a una demanda pequeña sino también al rechazo general de los usuarios nacionales a la utilización de máquinas de manufactura local.

Tal comportamiento —presente desde 1950— se apoya en una racionalidad económica y técnica. La oferta de maquinaria extranjera es diversificada y tiene una estructura competitiva que permite al demandante una posición ventajosa en la negociación del precio. Además, la inexperiencia de los eventuales productores locales frente a los extranjeros establece una diferencia de riesgos en cuanto al costo y a la calidad técnica de la máquina, lo cual percibe el demandante; en consecuencia, éste prefiere la importación a la compra nacional de máquinas.

La falta de experiencia y de habilidades en la manufactura de maquinaria textil a nivel nacional es un problema que se ha descuidado y ha demostrado ser un aspecto clave en la desconfianza del usuario local y en el escepticismo de la mayoría de los intermediarios, con respecto a la producción nacional de máquinas. Un factor institucional con impacto negativo en este asunto es la virtual prohibición de importar maquinaria de segunda mano. Desde hace unos 30 años ha sido difícil para el indus-

[56] *El Universal*, 5 de mayo de 1957.

trial textil mexicano obtener permisos del gobierno mexicano para importar máquinas textiles usadas, situación que se tornó más estricta en el presente decenio.[57] La importación de máquinas usadas ha generado necesidades de servicios de reconstrucción, adaptación y manufactura de partes componentes en otros países donde se permite y se efectúa este tipo de importaciones, como Japón[58] y Colombia.[59] Las tareas técnicas de apoyo y adecuación desarrolladas por personal local han significado para tales países el desarrollo de habilidades y cuadros técnicos de gran utilidad en el momento de iniciar la producción local de máquinas. En México no hubo esta experiencia salvo en casos de equipos de acabado de manufactura relativamente simple. En consecuencia, los servicios de apoyo técnico y modificaciones a las máquinas son poco requeridos y cuando se necesitan lo usual es que provengan de la empresa fabricante extranjera. La falta de experiencia técnica, en estas circunstancias, persiste en detrimento de las posibilidades de desarrollo tecnológico textil interno.

En resumen, la falta de experiencia y habilidades tecnológicas, así como fuertes limitaciones mercadotécnicas han venido reduciendo las posibilidades de manufacturar máquinas textiles productivas (telares e hiladoras, por ejemplo) en México.

No obstante las anteriores dificultades, se han efectuado algunos avances internos en cuanto a la modificación de técnicas y la producción de ciertos tipos de máquinas y partes componentes. Por lo menos existen en el país 43 empresas que fabrican tales bienes. De este número de empresas, sólo cuatro producen máquinas para el acabado y ninguna una máquina textil completa (véanse los cuadros 72 y 73). Se visitaron tres de estos productores de equipo de acabado textil y un fabricante de partes componentes de cardas, a fin de obtener un cuadro de su situación como oferentes de tecnología textil.

Una de las tres empresas fabricantes de equipo textil produce jiggers, secadoras a base de gas, tinas abiertas, lavadoras, vaporizadores, sanforizadoras modificadas, engomadoras, foulards para apresto y teñido de hilos, equipos de laboratorio para análisis del teñido de hilos y revisadoras de telas. Otra empresa produce autoclaves. La tercera fabrica autoclaves, jets, equipos overflow, secadores, tinas y equipos para laboratorio de control de calidad del acabado textil. Además del diseño y construcción de tales bienes de capital, los tres productores adaptan máquinas, manufacturan refacciones y proporcionan asistencia técnica (véase el cuadro 74).

[57] Véanse, por ejemplo, los *Diarios Oficiales* de 10-VIII-1949, 12-XII-1949, 10-V-1953 y los *Oficios* 20-IV de la Secretaría de Industria y Comercio de las fechas 22-VII-1971, 26-IX-1972 y 31-X-1973.

[58] Otsuka, K., *Technological Choice in the Japanese Silk Industry: Implications for Development in LDC's*, Tokio, 1977.

[59] Fundación para la Educación Superior y El Desarrollo, *Mercados de tecnología en sectores específicos: sector textil del poliéster*, Bogotá, 1978 (mimeo).

Las adaptaciones hechas por estos productores son interesantes. Han modificado sistemas de acabado y determinado diseños originales de máquinas. Por ejemplo, uno de ellos hizo foulards para el teñido, sincronizados con las ramas. El diseño y la instalación del equipo cambia de acuerdo a la disposición de espacios de la fábrica textil usuaria, y a sus condiciones ambientales. La variedad de casos ha evitado la adopción de tareas rutinarias y repetitivas a cambio de estimular el desarrollo del ingenio y el perfeccionamiento. El desarrollo técnico ha sido tal que uno de estos productores dio solución a un problema técnico de estampe, a solicitud de una empresa de prestigio como lo es Química Hoechst. También ha orientado a algunas empresas textiles en la selección de equipo.

Las tareas técnicas que efectúan estas empresas parten desde el diseño y dibujo ingenieriles hasta el torno, fresado y acabado de maquinaria y equipo. (Véase el cuadro 75). Estas no son empresas grandes. La mayor tiene 45 personas ocupadas, de las cuales el 75% son obreros y el resto casi todos son técnicos calificados. A pesar de su tamaño y de que el desarrollo de habilidades de los trabajadores ha resultado de un adiestramiento informal en la misma planta, este personal es un cuadro técnico clave para la actividad de estas firmas. La dirección de los trabajos técnicos y el ingenio tecnológico corresponden a los técnicos calificados de la empresa. Estos manifestaron que el origen de las pequeñas innovaciones efectuadas ha sido un desarrollo tecnológico que partió de imitaciones y se reforzó en investigaciones del propio personal. (Véase el cuadro 76).

Los problemas a que se enfrentan estos productores no son de tipo técnico ni de mercado. Las dificultades técnicas se han ido superando con la experiencia. El mercado de equipos de apresto de hilados y acabado textil es adecuado puesto que la gran variedad de procesos y equipos se traduce en una demanda dinámica de adaptaciones y equipos específicos. Las dificultades de estas empresas se derivan de su tamaño, que determina su capacidad de captación de recursos financieros para progresar.

En cuanto al productor de partes para cardas, su situación es similar a la de los fabricantes locales de equipo textil. Esta empresa manufactura vestiduras de carda al mismo tiempo que repara y moderniza cardas. Para la reconstrucción la empresa importa de Europa partes componentes. Después de unos diez años de experiencia en la modernización de cardas, la empresa ha logrado manufacturar moduladores de velocidad transmisiones y desprendedores de velo, además de las vestiduras. La falta de innovaciones importantes en cardas y el escaso servicio de mantenimiento ofrecido por los fabricantes han hecho posible que esta empresa pueda sostenerse a través de la producción de algunas refacciones, el mantenimiento correctivo de cardas y la reconstrucción de este tipo de máquinas. El personal técnico de la empresa está compuesto por 60 personas y el resto de los empleados es de 20. El desarrollo de la destreza del personal técnico se ha basado en la experiencia acumulada en la planta. Se han efectuado algunos trabajos de desarrollo experimental y diseño ingenieril para explorar algunos modelos de cardas que contengan modificaciones para mayor velocidad de operación y mayor productividad.

Además de la existencia de pequeñas fábricas de equipos de preparación y acabado textil, hay en el país por lo menos dos intermediarios que se proponen producir máquinas para el hilado y telares. Como se había mencionado anteriormente, uno de estos intermediarios de máquinas instaló su planta para fabricar máquinas de apertura, limpieza, preparación de la hilatura e hiladoras continuas, tanto para fibras cortas como para fibras largas. También se tiene programada la producción de bobinas y exterotexturizadores para fibras sintéticas, y se contempla la posibilidad de fabricar hiladoras *open-end*. El plan de fabricación comprende fases de producción de determinadas máquinas. La primera fase incluye la producción de continuas y estiradores (manuares) para el hilado. En una segunda fase se fabricarían veloces (mecheras) y posiblemente hiladoras *open-end*. Finalmente, en una tercera etapa, se planea la producción de máquinas de apertura y limpieza. Para la producción de estas máquinas se usará una licencia de tecnología de empresas europeas.

La planificación empresarial también incluye la exportación de máquinas a países latinoamericanos con los beneficios fiscales que se derivan de la política gubernamental de comercio exterior. Asimismo se planea empezar con un 30% de integración local en la manufactura de las máquinas y alcanzar un 80% en un período de seis años. Además, se viene afinando la estrategia mercadotécnica de la empresa con ciertos márgenes de flexibilidad. Esta se apoya en varios puntos claves, tales como una fórmula de protección parcial y temporal del mercado interno —con la que será posible competir con los oferentes extranjeros— y una política definida para ganar una buena posición en el mercado local y en el latinoamericano. La política para ganar mercado se sustenta en la calidad, la versatilidad y el precio de las máquinas, así como en el surtido oportuno de refacciones, facilidades crediticias, servicios técnicos de apoyo, asesorías y contactos estrechos con los clientes potenciales a través de agentes de ventas.

Este intento de producción parece tener mayores posibilidades de éxito que los anteriores. Por una parte, la mentalidad de los inversionistas de incursionar en el mercado exterior, además del mercado interno, se traduce en la factibilidad de producir a escalas en las que los costos unitarios resulten ser lo suficientemente bajos para ofrecer precios atractivos. Por otra parte, la empresa intermediaria ya ha venido produciendo algunos componentes de máquinas para el hilado a manera de refacciones y ha efectuado tareas de desarrollo experimental, solución de problemas técnicos, diseño y dibujo ingenieril y reconstrucción de máquinas. Con ello se ha formado una infraestructura tecnológica compuesta por obreros y técnicos con conocimientos y destreza suficientes para comenzar a producir el 30% de las partes componentes. Si estos cuadros técnicos se amplían y se adiestran más, la calidad de la manufactura podría ser de alto nivel competitivo. Además de lo anterior las posibilidades de que la empresa sobreviva a las dificultades de la industria incipiente y logre progresar son altas por las disposición de los inversionistas a producir máquinas con flexibilidad tecnológica. De por sí, la diversificación tecnológica en máquinas de hilar por el sistema de anillos es muy estrecha (comparada con la amplia gama de modelos existentes en el caso de telares). Los inversionistas abren la posibilidad de manufacturar máquinas para el sistema de hilar por rotor, de ser conveniente para las características que tome el mercado de estas máquinas en América Latina en el futuro.

Si bien las cuestiones de infraestructura tecnológica, precio y calidad del producto pueden ser resueltas de manera adecuada para la apertura de mercados, la promoción y las técnicas de fundición parecen ser los aspectos de planificación empresarial más problemáticos en este tipo de casos. La política promocional parecer ser descuidada por los inversionistas y ello representa un gran riesgo. Si bien es ciertro que la participación de las máquinas vendidas por el intermediario involucrado en la inversión es relativamente alta (superior al 30%) y ha venido incrementándose, la demanda interna ha confirmado su escepticismo y es renuente a aceptar máquinas manufacturadas en el país. En lo que se refiere a la fundición, la empresa inversionista ha optado por enviar a maquilar el fundido de materiales para después hacer en sus instalaciones el forjado, troquelado y acabado. La falta de técnicas de fundición de gran precisión en el país ha sido determinante en el grado de integración al que aspiran los inversionistas. Además, del fundido depende una parte de la calidad de las máquinas, por lo que si la técnica de fundir en México no parece estar al nivel de otros países, la calidad de las partes componentes hechas en el país podría tener una desventaja competitiva.

El caso de la empresa intermediaria que desea producir telares no es tan claro ni tan prometedor, dentro de ciertas limitaciones, como el de la manufactura de hiladoras. Hasta 1977, una empresa intermediaria y el fabricante extranjero habían decidido producir un telar sin lanzadera en el país. La penetración en el mercado del modelo y la marca a producir era muy baja, de las menores en México. Los esfuerzos de mercadotecnia tendrían que ser enormes y aun así no se podría garantizar un volumen de demanda que hiciera factible producir este tipo de telar a escalas de costos unitarios bajos. Los problemas se derivan de la existencia de una gran diversidad de modelos y de la renuencia de los demandantes a comparar telares hechos en México.

La oferta de conocimientos técnicos textiles a través de proveedores de materias primas

Hasta ahora se ha examinado la oferta de tecnología textil a través de la provisión de maquinaria y equipo. Otra fuente de oferta tecnológica es la provisión de insumos industriales. Así, las empresas químicas productoras de fibras poliéster en México ofrecen asistencia técnica para el manejo de la fibra y su combinación con otras fibras, asesoría textil en cuanto a las formas de dar el acabado a productos hechos con fibras químicas y hasta orientaciones para la selección de subprocesos y equipo textil. Según se deduce de las visitas hechas a cuatro empresas locales productoras de fibras químicas, esta transmisión de conocimientos técnicos es un recursos estratégico para fortalecer las posiciones competitivas de tales empresas y ello tiene su importancia aunque no es la actividad principal de los departamentos de fibras de estas firmas, ni es la principal fuente de obtención de conocimientos tecnológicos textiles para los fabricantes de hilados y tejidos del poliéster y sus mixturas.

Además de los productores de poliéster, los oferentes de materias colorantes son un agente de transmisión de conocimientos técnicos para el teñido de textiles. Los productores de colorantes son empresas químicas que desarrollan importantes actividades de investigación y desarrollo experimental a través de las cuales han modificado procesos por partidas y a la continua, han introducido nuevas materias y han perfeccionado el diseño de algunos equipos de teñido. La intensidad de la innovación aumentó con el surgimiento de las fibras sintéticas. Puesto que las empresas vendedoras de insumos químicos para el acabado textil son una fuente alternativa de tecnología, resultó conveniente visitar algunas empresas productoras de tales materiales en el país.

Se encuestaron tres empresas que producen colorantes, resinas, gomas, materiales tensoactivos y sales para el acabado textil. Dos de las empresas visitadas proporcionan generalmente asistencia técnica a la industria textil y la otra firma ofrece tales servicios de manera eventual. Estas empresas fabrican una gama de materias colorantes y otros insumos de aplicación en diversas ramas industriales, como son las de alimentos, papel, pinturas, vidrio, cuero y cerámica, además de la industria textil.

En el caso del sector textil, los productores locales de colorantes han dado asistencia técnica a un 60% de sus clientes correspondientes a tal sector. El tipo de asistencia que los empresarios textiles les demandan más es la asesoría para la selección de colorantes y el control de calidad. También los fabricantes de textiles han obtenido asistencia para las condiciones de operación de las máquinas, el manejo de materiales y la selección de los procesos de acabado a utilizar. Las empresas químicas productoras de colorante no tienen personal capacitado para efectuar reparaciones o modificaciones al equipo de acabado y por lo tanto no ofrecen tales servicios. Tampoco han capacitado mano de obra para el sector textil. Los canales utilizados por estas empresas químicas para dar servicios técnicos a empresas textiles son el envío de un técnico, el uso de publicaciones (con las cuales promocionan sus servicios) y permitir el acceso de los clientes a sus laboratorios de investigación.

Estos servicios técnicos se proporcionan como una forma de asegurar el prestigio de las materias industriales producidas y su marca, y como una respuesta a las presiones de la competencia.

La demanda de tecnología

Los volúmenes crecientes de inversión por trabajador que ha traído consigo la innovación textil obligan a los demandantes de tecnología textil a elevar la racionalidad de sus decisiones en el transcurso del tiempo,[60] particularmente en el caso de empresas grandes que pueden adoptar las innovaciones. Esta situación de cambio puede constituir una barrera para los pequeños y medianos inversionistas en cuanto al acceso a mayores niveles de productividad y competitividad que se pueden derivar de los desarrollos tecnológicos recientes. Pero parece que las diferencias de la rentabilidad de varios niveles tecnológicos no son tan notables como podría pensarse puesto que el cambio tecnológico ha sido más bien leve. Así, los sistemas de hilado y tejido plano convencionales y clásicos continúan vigentes todavía y no es extraño encontrar fábricas textiles en México y otros países que operan a niveles de rentabilidad suficientes para su sobrevivencia con máquinas de principios de siglo.[61] Los efectos distributivos que la evolución tecnológica textil pueda tener en la estructura de este sector obligan también al pequeño o mediano inversionista a elevar la racionalidad de su comportamiento tecnológico. Si este tipo de empresario no puede hacer uso de los cambios tecnológicos por restricciones financieras, busca la adecuación tecnólogica y una estrategia mercadotécnica (por ejemplo, diversificación de productos y mercados, o especialización, o maquila) que le permitan obtener niveles de rentabilidad adecuados, sin haber efectuado grandes inversiones.

La introducción de nuevas fibras y productos textiles, la automatización de las operaciones del proceso textil, las condiciones de recesión en el sector textil mexicano y la fuerte competencia han hecho que las inversiones recientes para instalar una nueva planta, ampliar las existentes o reestructurarlas exijan conocimientos técnicos, que van desde las fases de preinversión hasta las decisiones del manejo y mejora de la eficiencia de las instalaciones y materias industriales. Aunque la demanda de tecnología textil afronta situaciones más complejas que hace varios decenios, los diversos elementos tecnológicos requeridos por los demandantes siguen proviniendo con gran frecuencia de los oferentes de maquinaria y equipo textil.[62] Como ya se examinó anteriormente, hay una diversidad de oferentes de maquinaria y equipo textil, pero falta por analizar la naturaleza de la demanda de tecnología a través del abastecimiento de

[60] Spreafico, *op. cit.*

[61] *Ibid.*

[62] Véanse la sección 6 y el punto 8.3 de este capítulo. También consúltese Spreafico, *op. cit.*

máquinas y los factores que inciden en su problemática. A continuación se abordarán estos puntos con base en los resultados que se obtuvieron de una encuesta entre 20 fabricantes de artículos textiles de poliéster y sus mixturas. Las características de las empresas contenidas en esta encuesta son diversas (empresas de distintos tamaños y grados de integración; véase el cuadro 77) y permiten lograr una buena aproximación del cuadro tecnológico de la especialidad textil correspondiente.

La selección de maquinaria

Para los demandantes de tecnología textil existen varias opciones en la selección. Tales alternativas de manera algo burda, son el sistema convencional y el de rotor, en el hilado; el tejido bajo el sistema de inserción de trama con lanzadera y el de inserción sin lanzadera; y en teñido y acabado, los métodos continuos y los intermitentes. Comúnmente la selección del producto condiciona el tipo de opción tecnológica a escoger. Por ejemplo, la manufactura de hilos delgados y peinados determina por racionalidad la demanda de un sistema convencional. También hay otros factores que obligan a seleccionar una tecnología determinada, como un reducido volumen de producción diversificada de telas y teñidos que conducen a demandar telares con lanzadera y técnicas de teñir por partidas (o lotes). La especificación y diversificación de las técnicas puede aumentar a un número elevado las opciones. Así, por ejemplo, en México se ofrecen más de 40 anchos diferentes de telares, de 90 a 390 centímetros en pie, y un número similar de velocidades que van de 191 metros de trama insertada por minuto a 820 metros/minuto.

La complejidad de las especificaciones técnicas de las máquinas (incluyendo la diversidad de combinaciones de equipos accesorios) ha requerido del demandante racional mayores conocimientos técnicos para la selección de maquinaria. Además, para el examen de alternativas, el demandante debe contar con información suficiente. Algunos datos técnicos de los equipos textiles están contenidos en revistas especializadas y catálogos de los vendedores de los equipos. Los demandantes también se informan por medio de la observación del funcionamiento de las máquinas y por contactos con los oferentes de maquinaria y con otros fabricantes de textiles. Hay demandantes que acuden a exposiciones y ferias internacionales. Pero la búsqueda de proveedores alternativos de máquinas no es intensa entre los fabricantes de textiles en México. De veinte empresas encuestadas, nueve buscaron oferentes alternativos y once declararon no haber necesitado buscar alternativas activamente porque se tenían a la mano y evidentemente se consideraron para su estudio. (Véanse los cuadros 78 y 79).

Los elementos de evaluación para seleccionar maquinaria, adoptados por veinte empresas textiles, fueron principalmente el precio de las máquinas, la versatilidad de su operación y la calidad deseada en el producto textil. (Véase el cuadro 80). En particular, la mayoría de las empresas que consideraron el precio de máquinas se decidieron por un equipo textil sencillo, de contenido tecnológico bajo o medio.[63] Una proporción menor, pero todavía alta, consideró la versatilidad de las máquinas para su selección. Este factor tuvo una mayor importancia relativa entre las empresas que seleccionaron equipo de nivel tecnológico medio. Las empresas que seleccionaron la maquinaria de contenido tecnológico más alto pusieron mayor énfasis en los aspectos de versatilidad, costo del trabajo, la calidad y las características físicas del producto. (Véanse los cuadros 80 y 81).

La antigüedad de las empresas, la diversificación de su producción, el tamaño de las mismas y su grado de integración han venido siendo determinantes en el resultado de la evaluación de alternativas técnicas. Así, las empresas que iniciaron sus operaciones entre 1940 y 1957 no han seleccionado máquinas de alto contenido tecnológico y la mayoría de ellas (casi el 80%) usan maquinaria de un nivel técnico relativamente bajo y de gran flexibilidad. Lo contrario ocurre entre las empresas de menor antigüedad. (Véase el cuadro 82) Una gran proporción de las compras de maquinaria de las primeras empresas se efectuó antes de 1960, con base en máquinas sencillas como los telares Draper y Crompton. Aunque en el transcurso del tiempo estas empresas han tendido a comprar telares Picañol, también relativamente sencillos aunque con mayores innovaciones que los anteriormente mencionados, el nivel de su técnica textil sigue manteniéndose relativamente bajo. En estos casos parece presentarse un fenómeno de tradición textil con ciertas rigideces, determinado por las ventajas de experiencias acumuladas por años con el uso de maquinaria sencilla y por las desventajas de incurrir en altas inversiones por cambiar de tipo de maquinaria en circunstancias en que la rentabilidad del equipo sencillo es satisfactoria.

La diversificación de la producción ha determinado la selección de máquinas versátiles. Todas las empresas encuestadas producen una línea de diversos artículos textiles, pero se puede distinguir un grado relativamente alto de diversificación de uno relativamente bajo. Algo similar ocurre con la maquinaria textil en uso. Aunque tres fábricas tienen hiladoras de rotor (sistema de poca flexibilidad técnica) ellas también han venido usando hiladoras de anillos más versátiles. De veinte empresas, cinco producen una línea altamente diversificada de artículos textiles y por ello todas ellas seleccionaron maquinaria con un grado de flexibilidad tecnológica relativamente alta. De las restantes quince fábricas, sólo el 40% eligió máquinas de flexibilidad tecnológica relativamente baja y 60% escogió equipos textiles muy versátiles. (Véase el cuadro 82.) La mayoría de estas empresas medianamente diversificadas seleccionó máquinas altamente versátiles porque esperan que el mercado textil se diversifique más en el transcurso del tiempo.

El tamaño y el grado de integración de las fábricas de textiles encues-

[63] Véanse la explicación de estos términos y otros mencionados más adelante en el anexo III.

tadas no observaron una relación tan elevada con las decisiones de selección técnica, en comparación con los resultados de la diversificación y antigüedad de tales fábricas. Por ejemplo, de cinco empresas grandes, cuatro han venido seleccionando máquinas sencillas (cuadro 82) porque sus primeras decisiones en este sentido y correspondientes a una gran proporción de las máquinas en uso (sobre el 60%) se tomaron en los años cuarenta, cuando no se ofrecían los altos niveles tecnológicos de hoy. (Véanse los cuadros 83 y 84). En fechas recientes, estas empresas grandes y relativamente antiguas no han seleccionado máquinas refinadas porque prefieren aprovechar las ventajas de su experiencia en el manejo y mantenimiento de maquinaria sencilla. Además, las máquinas sencillas han ofrecido altas flexibilidades de adecuación a una diversidad de lotes, cualidad que buscan estas empresas puesto que también son diversificadas. (Véanse los cuadros 84 y 85). Los niveles tecnológicos más altos corresponden a una empresa grande y dos medianas que no son antiguas y no están altamente diversificadas. Las empresas pequeñas no demandan equipos refinados por su gran costo. (Cuadros 84 y 85).

Por lo que concierne al grado de integración de la producción de las empresas, su impacto en la selección de determinados tipos de máquinas no es muy claro si no se vincula con la diversificación de las empresas, por ejemplo. Así, las empresas con gran diversificación en su producción seleccionan máquinas versátiles, sin importar su grado de integración. (Véase el cuadro 86).

Las empresas textiles contenidas en la encuesta de demanda de tecnología muestran cierta sensibilidad a modificar sus decisiones sobre el tipo de máquinas a comprar si cambian algunos factores. De 20 empresas, 15 podrían seleccionar en el presente y en los próximos diez años otras máquinas diferentes a las que están en uso. De las cinco empresas que no cambiarían su selección, dos tienen los menores niveles de uso de la capacidad instalada en la encuesta por lo cual su reacción ante un aumento de demanda sería poner en uso la capacidad ociosa; otras dos son grandes y antiguas, resistentes a la modificación de sus técnicas sencillas y versátiles; la quinta empresa considera que posee la suficiente diversificación de maquinaria entre la cual se encuentra equipo de alto nivel tecnológico (*open-end*) y en consecuencia no modificará su selección aunque cambiaran varios factores. En cuanto a las quince empresas que seleccionarían otros tipos de máquinas, todas tienden a elegir maquinaria más automática, más productiva y (con menor propensión) máquinas más versátiles.

Si la dinámica de la demanda de textiles provocara la conveniencia de que las empresas duplicaran su volumen de producción y tal incremento se mantuviera por 10 años, el 60% de las fábricas encuestadas demandaría una mayor automatización y productividad, aún a costa de que se redujera relativamente la versatilidad del equipo. La sensibilidad de este cambio se presenta más entre las empresas pequeñas, de nivel tecnológico relativamente bajo y altamente versátiles. (Véase el cuadro 87). Si se duplica la producción, las fábricas pequeñas tendrían que buscar cómo financiarse para comprar maquinaria más automática; los niveles tecnológicos bajos tenderían a subir y puesto que los lotes de las empresas diversificadas aumentarían de tamaño, la demanda de máquinas más versátiles disminuiría.

De otra parte, si la diversificación de la producción de las empresas tuviera que aumentarse considerablemente, la selección de maquinaria sería diferente sólo en 5 de 19 casos. Estos cinco casos corresponden a empresas cuyo grado de diversificación es relativamente bajo, y tres de ellos corresponden a empresas pequeñas (Véase el cuadro 88, parte B). La mayoría de las empresas considera tener equipos altamente versátiles y así es (el 70% tiene alta versatilidad). Por lo tanto, éstas seguirían seleccionando el mismo tipo de máquinas aunque aumente la diversificación del producto.

Si el costo de la mano de obra aumentara al doble, más que otros costos de producción, la mitad de las empresas cambiaría su selección hacia máquinas más automatizadas. La mayor sensibilidad de cambio se presenta en empresas medianas y pequeñas que son relativamente poco diversificadas y tienen niveles tecnológicos intermedios. (Véase el cuadro 89). Posiblemente las empresas pequeñas y medianas no podrían resistir un incremento tan alto en las nóminas de los trabajadores y puesto que su producción no es muy diversificada, podrían utilizar máquinas más automáticas, menos sencillas y posiblemente menos versátiles.

Según las evidencias que se han revisado hasta ahora, el factor que tendría mayor impacto en la modificación de la selección de técnicas parece ser el volumen de la producción y en una segunda jerarquía estaría el costo del trabajo. Las empresas que demuestran más sensibilidad para cambiar sus decisiones tecnológicas son las que no tienen altos niveles tecnológicos, de tamaños pequeño y mediano, poco versátiles y no antiguas.

La transferencia de tecnología a través de la compra de maquinaria textil

Usualmente con la compra de máquinas los fabricantes de textiles adquieren algunos elementos de tecnología. El manejo de equipo y materiales, así como la organización fabril, es lo que el usuario de las máquinas por lo general obtiene del proveedor. También recibe otros servicios técnicos, pero no se han asimilado como los anteriormente mencionados. Tales servicios son el montaje de la maquinaria, la adaptación de máquinas y la solución de problemas técnicos específicos. (Véase el cuadro 90).

Los servicios técnicos y la maquinaria se obtienen por lo general en paquete. En la mayoría de los casos este paquete tecnológico es sugerido por el proveedor de la maquinaria y aceptado por el demandante. (Véase el cuadro 91) Esta actitud responde, por un lado, al interés del vendedor de máquinas por ganarse las preferencias de sus clientes a través del apoyo técnico como un recurso competitivo y, por otro lado, a la relativa debilidad técnica existente en algunas fábricas textiles, particularmente las de tamaño pequeño y mediano. En otras empresas en las que hay una infraestructura técnica de experiencia (mecánicos, técnicos y operarios hábiles), se acepta el abastecimiento de servicios técnicos mientras dura el tiempo de la garantía de la máquina que es un período corto de un par de años.

Salvo raras excepciones, los demandantes de máquinas textiles no negocian la desagregación del paquete técnico ofrecido. Los aspectos en los que se concentra el trato de la compra de maquinaria han sido principalmente el precio de las máquinas, el surtido ágil de refacciones y la adquisición de las características técnicas buscadas. (Véase el cuadro 92.) Si bien los demandantes obtienen concesiones por la fuerte competencia entre los vendedores de máquinas textiles, el hecho de que varios elementos técnicos y refacciones provengan del mismo oferente de las máquinas se traduce en la posibilidad de que el demandante afronte algunas situaciones adversas. El costo de las refacciones, partes componentes y servicios técnicos generalmente no está incluido en el precio de las máquinas, puede ser inflado y por lo tanto puede constituir una forma de compensar las concesiones hechas en el precio de la maquinaria. El abastecimiento de refacciones de un telar, por ejemplo, significa un costo anual de entre 4,000 y 5,000 pesos mexicanos, lo cual resulta en un millón de pesos para una empresa de 250 telares y dos millones para otra de 500 telares. Los servicios de instalación de telares a cargo de un técnico montador de la empresa fabricante de máquinas tienen un costo de 90 000 y hasta poco más de un cuarto de millón de pesos mexicanos.

La falta de cuadros técnicos y la escasez de recursos financieros que se observan en la mayoría de las empresas textiles de tamaños mediano y pequeño les resta poder de negociación y las conduce a una situación de gran dependencia tecnológica y financiera. En las negociaciones, estas empresas procuran obtener de un sólo oferente las máquinas, servicios técnicos y el financiamiento de la transacción. El financiamiento que pueda dar el vendedor de maquinaria se apoya a su vez en las facilidades otorgadas por compañías financieras del país del fabricante o por organismos extranjeros especializados en financiar la exportación de bienes de capital. En México es muy común la compra de maquinaria textil a crédito, (véase el cuadro 93). En este punto, cabe mencionar que los organismos financieros de fomento industrial existentes en el país virtualmente no han sido utilizados por los fabricantes textiles, principalmente debido al desconocimiento de la forma en que funcionan y en los casos aislados en que ésta no es la razón, los empresarios de textiles no hacen uso de estos servicios de financiamiento por la falta de agilidad en las resoluciones oficiales y la elevada tasa de interés local en comparación con la que se obtiene a través del oferente de maquinaria.

La práctica de depender de uno o pocos oferentes de máquinas para la adquisión de nuevos conocimientos técnicos es común entre las empresas encuestadas. Esta práctica ha relegado a segundo plano el papel de otros abastecedores de tecnología textil como las firmas consultoras de ingeniería textil, los institutos de educación superior e investigación textil y los propios productores de materias primas textiles.

Los mecanismos más utilizados para la transmisión de conocimientos técnicos provenientes del vendedor de máquinas son la asesoría técnica y la capacitación de técnicos y operarios. Las empresas textiles encuestadas disponen de personal capacitado para dar mantenimiento preventivo y correctivo. (Véase el cuadro 94). Pero cuando surge un problema técnico complejo en alguna máquina, como es la adaptación o modificación de ésta a las características de la materia prima o descompostura mecánica en alguna de sus partes esenciales, se tiende a recurrir a la asistencia técnica del fabricante de la máquina en primer término y con menor frecuencia a los fabricantes de los insumos textiles.

El desarrollo de la destreza técnica de mecánicos y operarios de máquinas

El desarrollo de las habilidades de técnicos y operarios de las empresas textiles encuestadas se ha apoyado más en la experiencia del trabajo que en cursos formales de adiestramiento. Si bien se puede considerar que en el 55% de los casos estudiados se han adoptado sistemas formales de capacitación (véase el cuadro 95), éstos han sido un punto de partida para la destreza técnica que los trabajadores textiles alcanzan con la experiencia.

La destreza de los técnicos textiles ha permitido efectuar algunas adaptaciones en la maquinaria. En el 60% de los casos comprendidos en la encuesta de demanda tecnológica se efectuaron adaptaciones de máquinas. La mayoría de estas adaptaciones fueron hechas por el propio personal de las empresas sin asesoría proveniente de fuentes externas. (Véanse los cuadros 96 y 97). Estas adaptaciones van desde la incorporación de aditamentos auxiliares hasta la modificación del sistema de una máquina. (Véase el cuadro 98). Dos tercios de las empresas que han adaptado sus máquinas efectuaron adaptaciones relativamente mayores. El 60% de estas empresas adiestraron su personal con sistemas formales, por lo menos como punto de partida para el desarrollo de la destreza técnica. Cabe destacar que las adaptaciones ocurrieron en empresas de distintos tamaños, pero la mayoría —sobre todo las adaptaciones "mayores"— se efectuó en empresas que tienen el mayor número de años de experiencia, dentro de la encuesta. (Véase el cuadro 99.)

V
La industria del vestido

Introducción

El avance de la industrialización trajo consigo aumentos en los niveles económicos de la población y cambios en las conductas de consumo. Uno de estos cambios fue el que se operó en los hábitos del consumidor de telas. La demanda de telas en pieza se redujo cada vez más al tiempo que surgió y se incrementó la demanda de prendas de vestir ya confeccionadas. Estas circunstancias estimularon el surgimiento de la industria de la ropa. En 1970 se estimaba que la proporción de telas vendidas directamente a la industria del vestido era 90% en los países industrializados y casi 75% en los países latinoamericanos más avanzados.[1] Es posible que hoy, a fines del decenio de 1970, estas cifras sean superiores.

En la actualidad, el proceso de manufactura de ropa se compone de (a) diseño y determinación de patrones, (b) corte de tela, (c) cosido, (d) acabado e inspección y (e) empaque y envío al almacén. La costura es la parte dominante del proceso, ya que usualmente absorbe cerca del 80% del trabajo[2] y una proporción similar en el número de máquinas. La producción de ropa depende de las habilidades de los operarios más que en el caso de la producción de hilados y tejidos. La confección de prendas todavía no está dominada por las máquinas como en otras industrias. Shepherd subraya que la tasa y calidad de la producción son dictadas por el maquinista individual, particularmente en partes vitales como el cuello de una camisa.[3]

Los procesos productivos de prendas, particularmente de las que están hechas de tejidos planos, son homogéneos y discontinuos. Estas carac-

1 Spreafico, L., *La transferencia del conocimiento técnico en la industria textil y del vestuario* (CEPAL), Brasil, 1971, p. 9.

2 Shepherd, G., *International Trade in Cotton-type Textiles: A Case Study of Comparative Advantage* (tesis), 1974.

3 *Ibid.* Consúltese la parte C del anexo II para una descripción más amplia del proceso.

terísticas propician la existencia de distintas formas organizativas de la producción. Una fábrica de ropa puede llevar a cabo el proceso completo, o bien puede cubrir sólo una etapa de la manufactura. Los costos de producción pueden diferir entre una y otra forma de integración. La maquila permite reducir los costos de mano de obra, sobre todo en la costura. Además de las repercusiones meramente económicas, la posibilidad de subcontratación se traduce en la probabilidad de establecer mecanismos intraindustriales de transferencia de tecnología. Por esta razón el estudio de este caso resulta interesante.

Antecedentes de la evolución tecnológica en la manufactura de prendas de vestir

De las industrias de fibras sintéticas, textiles y de la ropa, ésta ha hecho el menor progreso tecnológico en los años trascurridos del presente siglo. Los cambios tecnológicos operados en la confección después de la última parte del siglo XIX han consistido en mejoras de las máquinas e invenciones secundarias. Fuera de la introducción de equipos auxiliares que suplen a la mano de obra en algunas operaciones (por ejemplo, hechura de ojales, cuellos y puños), no se ha tenido un avance significativo para lograr mayor continuidad y una reducción de costos en el proceso de producción, aunque se vienen desarrollando actividades de investigación que se orientan a este fin. No es aventurado decir que la tecnología de la ropa, incorporada en la maquinaria, ha permanecido casi igual a la existente a principios del siglo XX.[4]

El papel de las habilidades de los trabajadores sigue siendo importante en la tecnología de la manufactura de ropa. Los esfuerzos innovadores han intentado sustituir los intrincados patrones de las acciones humanas en la confección por mecanismos fundamentalmente mecánicos. Los mayores avances técnicos basados en la ingeniería mecánica se registraron a mediados del siglo pasado. Entonces, como ahora, la innovación en este campo tiende a estar incorporada en las máquinas. Los principales esfuerzos innovadores han sido emprendidos más por inventores-trabajadores que por equipos organizados de profesionales que realicen actividades de investigación y desarrollo. Los esfuerzos de investigación en la tecnología de la producción de ropa son muy bajos. (Véase el cuadro 100.)

El caso de la costura es ilustrativo. A fines del siglo XVIII se hicieron los primeros intentos de convertir la labor manual de la costura de ropa en una operación mecánica. Pero no fue hasta mediados del siglo XIX cuando este objetivo se logró de manera práctica. En 1780, Thomas Saint inventó una máquina de coser para calzado, con un sistema revolucionario y con características que se encuentran en las máquinas de hoy. Pero por falta de promoción y financiamiento la idea de Saint no tuvo uso

[4] Véase, por ejemplo, *Ibid.*

práctico. A principios del siglo XIX, después de varios intentos efectuados en Europa, el austriaco Joseph Madersperger fue el primero en inventar máquinas capaces de efectuar una costura. Madersperger patentó y construyó estas máquinas en 1814 para la manufactura de sombreros, pero por dificultades de alimentación del material no tuvieron éxito comercial. Antes de 1850 se efectuaron en América otros inventos que no tuvieron uso comercial debido al rechazo de los sastres, quienes temían perder sus medios de vida. A mediados del siglo XVIII se empezaron a inventar las primeras máquinas prácticas de coser. Se lograron combinar la lanzadera y la aguja con ojo en la punta para hacer costuras de doble pespunte, cadeneta y con hilo continuo, También se inventó la primera lanzadera de movimiento continuo en un plano horizontal. En esos años se registraron las primeras ventas de máquinas en cantidades ya atractivas. Surgieron más perfecciones a las máquinas y también se constituyeron las empresas que llegarían a dominar el mercado, tales como la *Grover and Baker Sewing Mach. Co.* (hoy conocida como *Unión Special Mach. Co.*), *The Singer Company* y *Willcox & Gibbs Sewing Mach. Co.*[5]

La cantidad de inventos en la historia de las máquinas de coser es elevada; se estima que en el siglo XIX se concedieron más de 46,000 patentes de tales máquinas. La electricidad y los sistemas de lubricación por rodamientos mejorados han permitido aumentar la velocidad del equipo. Una máquina de tipo familiar puede coser ahora a 1,500 puntadas por minuto y algunas máquinas industriales de doble pespunte trabajan a 6,000 puntadas por minuto .[6]

Cuando ya existían máquinas de coser prácticas y aceptadas comercialmente, se inventó la máquina portátil para contar tela. La mayor velocidad de la costura ejerció mayores presiones de trabajo sobre el departamento de corte, a mediados del siglo XIX. Entonces la tela se cortaba con tijeras o cuchillos largos. Una fábrica de ropa se propuso mejorar el sistema tradicional del corte de tela y a fines del siglo XIX un mecánico de la empresa logró diseñar y construir una máquina portátil con un mecanismo que daba movimiento vertical a una cuchilla para cortar con rapidez y cierta precisión varias piezas de tela.

Con el desarrollo de la industria del vestido, algunas fábricas de ropa ampliaron considerablemente sus volúmenes de producción de tal manera que los lotes de ropa de una misma talla y estilo eran cada vez mayores. Ello se tradujo en una necesidad de máquinas más veloces y automáticas. Al mismo tiempo, otros fabricantes de ropa aumentaron sus volúmenes pero también la diversificación de las prendas, de lo que se derivó una demanda de máquinas más versátiles. Estas circunstancias estimularon innovaciones tendientes a la automatización y mayor versatilidad (en cuanto a trabajo de diferentes tipos de telas, diferentes ve-

[5] The Singer Company, *Fundamentos de la costura a máquina,* E.U.A., 1971.

[6] *Ibid.*

locidades, formas de costura, etc.) Ello fue posible, en buena medida, gracias a los avances de la industria electrónica.

La evolución reciente de la industria mexicana del vestido

La participación de la manufactura de prendas de vestir en la producción nacional bruta de la industria manufacturera no ha variado virtualmente en los últimos años. En 1965 el valor de la producción de ropa representó el 2.06% de las manufacturas mexicanas; en 1970 fue 2.47% y en 1975 fue 2.13%. (Véase el cuadro 101.) Estas cifras sugieren que las condiciones económicas generales que afectan a la mayoría de las manufacturas mexicanas también influyen en la evolución de la rama del vestido. La manufactura de ropa es una de las actividades de la economía mexicana que resiente primero los cambios de las condiciones generales del país. Si el crecimiento demográfico es elevado, la distribución del ingreso mejora y el crecimiento económico es alto, es de esperarse que se opere un gran crecimiento en la rama del vestuario, y resultaría lo contrario si la situación fuese adversa.

La industria nacional del vestido está protegida por un régimen prohibitivo de importaciones. Por esta razón, aunque la relación de precios de la ropa extranjera (por ejemplo, de Estados Unidos) con respecto a los de las prendas nacionales se redujo (véase el cuadro 102), no cambió mucho la orientación del mercado interno que sigue dependiendo de la oferta nacional de ropa (Véase el cuadro 103). La política económica proteccionista a favor de la producción local no ha estimulado un proceso de desarrollo industrial cualitativo tendiente a una competitividad creciente, necesaria tanto para la reducción de la protección gubernamental como para la penetración en los mercados del extranjero. La proporción del valor de las exportaciones con respecto al de la producción nacional es baja y no muestra tendencias considerables de mejoría (Véase el cuadro 103).

De 1965 a 1975, poco más del 80% de la producción de prendas de vestir ha correspondido a la confección de ropa exterior. La producción de camisas representó 17% de la confección de ropa exterior en 1965 y 21% en 1975. En este año, el número de establecimientos productores de camisas fue menor al 5% del total de fábricas de ropa. No obstante esto, la camisa parece ser la prenda de vestir de mayor importancia de esta rama industrial por el volumen y dinamismo de su producción. (Véase el cuadro 104.)

Entre 1970 y 1975, el valor de los activos fijos brutos por establecimiento aumentó en 259% en el caso de la rama del vestido y en 63% en la especialidad de camisas. (Véase el cuadro 105.) El primer porciento mencionado supera claramente la inflación de costos de telas, que se estima haber sido de 54% (al mayoreo) en el mismo período, y la de combustible y energía, que se calcula fue 58%[7] El aumento de las inversiones por fábrica de ropa, descontada la inflación, puede implicar que los inversionistas tenderán a ser cada vez más racionales en sus decisiones. Este comportamiento se acentúa entre las empresas grandes y medianas.

La manufactura de prendas de vestir ocupó a más de 7,500 personas en 1970 y a más de 80,000 en 1975. (Véase el cuadro 106.) Ello representó el 5% y el 4.8% del empleo de la industria manufacturera en dichos años. La participación de la industria del vestido en la mano de obra ocupada en la actividad manufacturera es mayor que su participación en la producción de manufacturas, lo cual indica que en esta rama se hace un uso más intensivo del trabajo que en la generalidad de las ramas manufactureras mexicanas. Sin embargo, de 1970 a 1975 se ha reducido tal intensidad de trabajo puesto que la absorción de trabajo industrial para la manufactura de prendas disminuyó y la participación de esta rama en el producto industrial aumentó.

Si bien en esos cinco años la ocupación de mano de obra se elevó en la industria del vestido, ocurrió lo contrario en algunas especialidades de la misma, como en el caso de la confección de camisas y en la fabricación de ropa interior. (Véase el cuadro 106.) Las cifras censales correspondientes al ramo del vestido indican que en el período 1970-1975 se redujo el grado de absorción de trabajo. El valor de los activos fijos aumentó pero en muchas especialidades del vestuario el empleo disminuyó y en otros casos el aumento del personal ocupado fue menor al incremento de los activos. (Véase el cuadro 106.)

Lo anterior sugiere una tendencia a la automatización, ya sea a través de la reestructuración técnica de las fábricas de ropa o mediante los efectos competitivos del ramo que conducen al cierre de las fábricas más intensivas en trabajo y a la entrada de nuevas empresas que adoptan técnicas ahorradoras de mano de obra.

A medida que transcurre el tiempo, la proporción de empresas muy pequeñas en el ramo del vestido disminuye, aunque ésta todavía es alta. En 1965, el 86% de los establecimientos productores de ropa disponía de cinco trabajadores o menos; en 1975, la proporción se redujo a 75%. La concentración de la producción de ropa en pocas empresas es elevada. Por ejemplo, el 14% de las empresas del ramo ocupó más de cinco trabajadores en 1965 y produjo el 87% de la producción de prendas, y en 1975 el 25% de las fábricas correspondió a empresas de tipo mencionado que fabricaron el 95% del producto de la rama del vestido. (Véase el cuadro 107.) Las cifras censales indican que la mayoría de las fábricas de ropa pequeñas ocupan personal no remunerado. Más de la mitad de los establecimientos censados en 1965 y 1970 correspondieron a empresas que no tienen personal remunerado y los mismos tuvieron una participación en la producción de ropa inferior al 5% (Véase el cuadro 108.)

[7] Véase el índice de precios al mayoreo en la ciudad de México en: Banco de México, *Informe Anual*, México, 1977.

Las especialidades de la producción de prendas en las que se observan las menores proporciones de establecimientos pequeños son la confección de camisas y la fabricación de ropa interior. (Véanse los cuadros 107 108.) Esto puede ser el resultado tanto del progreso de algunos establecimientos pequeños como el cierre de otros. En el ramo de camisas y de prendas interiores la manufactura se apoya en lotes de producción más grandes que los de las otras especialidades. El consumidor de dichas prendas no busca trabajos individuales, a diferencia de lo que sucede en el caso de pantalones, vestidos para damas y trajes para caballero. Este comportamiento hace posible la estandarización de productos y, por lo tanto, reduce las posibilidades de operación de empresas muy pequeñas para la confección de camisas y ropa interior.

Una forma de sobrevivencia de las empresas pequeñas en una industria que hace uso de procesos discontinuos es su vinculación con otras empresas del ramo. En la industria del vestido, éste ha sido el comportamiento de varias empresas pequeñas. Para algunas empresas medianas y grandes, el envío de materiales para ser maquilados ha sido una forma de hacer frente a incrementos de pedidos imprevistos y de ocupar mano de obra más barata con lo cual se reduce la carga de pagos al trabajo en la estructura interna de costos de la empresa. La remuneración al trabajo representa una proporción de costos en la industria del vestido mayor que la observada en el promedio de la industria manufacturera y el porciento dedicado a los pagos por maquila triplica la proporción correspondiente a la media de la actividad manufacturera nacional. (Véase el cuadro 109.) En el plano internacional, la maquila de ropa también observa una importancia relativamente alta (véase el cuadro 110).

Algunos elementos tecnológicos para la producción de ropa

Los reconocimientos técnicos críticos para la manufactura de ropa, en particular camisas, son los siguientes:

a) la definición o diseño del producto;

b) el proceso (incluye técnicas de control de calidad o inspección);

c) el manejo de las máquinas y el conjunto de la planta; y

d) el mantenimiento y/o mejora de la eficiencia obtenida tanto de la maquinaria como de la destreza de los trabajadores.

Además de estos elementos tecnológicos hay otros que vienen adquiriendo mayor importancia a medida que se desarrolla la industria de prendas de vestir, tales como estudios de preinversión y el diseño de la fábrica. Cabe destacar también la importancia que tienen los elementos comerciales de publicidad y los canales de distribución del producto en la industria del vestido.

La oferta internacional de tecnología

La cantidad y la diversificación de oferentes internacionales de máquinas para la confección de ropa no parecen ser tan elevadas como en el caso de la maquinaria textil. No obstante, considerando la menor diferenciación de los niveles tecnológicos incorporados en las máquinas de coser y cortar con respecto a las hiladoras y los telares, el número de oferentes internacionales es grande. Los proveedores de equipo para la manufactura de ropa que competían en América Latina en 1976 eran unos 50, de los cuales 22 ofrecían máquinas industriales de coser y 22 vendían cortadoras de tela. (Véase el cuadro 111.) De 42 de estos oferentes, 48% se especializaba en la venta de maquinaria y equipo para el corte de tela, 48% estaba especializado en la oferta de máquinas para las secciones de costura, en tanto que tan sólo dos empresas (4% del total) ofrecían maquinaria para las secciones de corte y costura. (Véase el cuadro 112.) Lo anterior indica una gran tendencia a la especialización y la escasez de oferentes que comercializan una diversidad de máquinas para diferentes etapas de la manufactura de ropa.

Aunque es mucha la competencia en la oferta de máquinas para la confección, se pueden distinguir las pocas empresas dominantes. En las máquinas de coser, los fabricantes que dominan el mercado mundial son menos de 10.[8] Pero las mayores imperfecciones parecen presentarse en el mercado de máquinas cortadoras. En 1974 existían más de 20 oferentes en el mundo, de entre los cuales se estima que el fabricante de *Wolf* cubría el 40% del mercado mundial y el productor de cortadoras *Eastman* abarcaba un 30% del mercado. Estas dos empresas no producen máquinas de coser.

La rivalidad entre los oferentes de maquinario es alta, lo cual ha estimulado la implementación de estrategias competitivas. El común denominador de las estrategias seguidas por éstos son la manufactura cada vez de menor costo para ofrecer precios bajos y el uso de canales de venta indirectos. Los japoneses han ejercido fuertes presiones en la minimización de costos a través de los niveles de salarios relativamente bajos de trabajadores altamente calificados para labores de precisión como lo son la fundición y el ensamblado de las partes componentes de la máquina de coser industrial. Algunas empresas occidentales dominantes que han sido afectadas por la competencia de fabricantes japoneses, han decidido instalar plantas productoras de máquinas en Japón, como lo indica la experiencia de Singer y Pfaff.[9]

Los productores europeos compiten por lo general a través de la calidad y de los niveles tecnológicos sofisticados de sus máquinas. En estos casos se ha dado énfasis a la investigación orientada a novedades prácticas cuyo objetivo ha sido lograr un alto grado de automatización pero que satisfaga los niveles de versatilidad que requiere la diversificación de la producción de ropa.

[8] Véase Boon, G.K., *International Technology Transfer Dynamics: The Market of Polyester, Textile and Apparel Technology*, Noordwijk aan Zee, Holanda, 1978 (mimeo).

[9] *Ibid.*

Como otro mecanismo de competencia, los oferentes de máquinas proporcionan servicios posteriores a la venta. El surtido ágil de refacciones y la asistencia técnica destacan entre estos servicios. En particular, la asistencia técnica puede comprender capacitación de operarios o de mecánicos, servicios de mantenimiento preventivo y correctivo, y sugerencias del *lay out* o distribución del equipo en el espacio de determinada fábrica de ropa. A falta de firmas consultoras en este campo, los productores de máquinas han tenido éxito en promover sus productos a través de tales servicios de post-venta. Ello los ha estimulado a su vez a mejorar sus servicios, en especial los de tipo técnico, y ofrecer por lo común un "paquete" técnico en la venta de maquinaria.

La oferta de tecnología para la manufactura de ropa en México

Las principales fuentes tecnológicas para la industria mexicana del vestido son las casas representantes de los fabricantes extranjeros de máquinas industriales para la confección, las empresas del ramo que subcontratan y la limitación de diseños, tipo de materia prima usada, costura, etc.

Puesto que la tecnología para la manufactura de ropa exterior ha permanecido casi inalterada por varios decenios, el conocimiento tecnológico se difunde tanto entre las empresas del ramo como a partir de los intermediarios (representantes) de los productores de máquinas y a través del adiestramiento de los trabajadores, comúnmente en la propia fábrica donde están empleados.

El papel de los intermediarios en la oferta local de tecnología

El análisis de la función de los representantes de fabricantes extranjeros de máquinas para la confección de ropa en México requirió de una encuesta dirigida a nueve representantes.[10]

Estas empresas ofrecen máquinas para la confección básicamente en el mercado interno y tienen como principales actividades la representación del fabricante extranjero y la negociación de la venta de tales máquinas en el país. Los canales de promoción de ventas que usan los intermediarios son la ocupación de agentes de ventas, la distribución de folletos y catálogos que incluyen información técnica, y la organización de exposiciones y ferias sobre maquinaria. (Véase el cuadro 113.) A diferencia del caos textil, en el de las máquinas de coser y cortar, los intermediarios determinan los medios de comercialización de tales productos y participan, por lo menos en parte, en el financiamiento de la propaganda que emprenden (véase el cuadro 114). Lo anterior no se traduce en una liber-

[10] Las empresas encuestadas ofrecen las siguientes marcas: (1) *en máquinas de coser*, Addler, Alfa, Brother, Durkopp, Dyna Mitsubishi, Janome, Lewis, Liberty, Necchi, Pfaff, Refrei, Singer y Union Special; y (2) *en máquinas de cortar*, Eastman, Gury, Maimin y Wolf.

tad absoluta sobre la estrategia mercadotécnica a seguir. La política comercial fundamental queda definida por el fabricante, pero el intermediario puede optar por algunos mecanismos de difusión interna acordes con la estrategia global del fabricante y con las características particulares del mercado interno.

El margen de iniciativa del intermediario de máquinas para la confección parece ser mayor que en el caso de la maquinaria textil. En los dos últimos años, dos intermediarios locales se han mostrado activos para persuadir a los fabricantes extranjeros de que se inicie el ensamble y posteriormente la fabricación de máquinas de coser de uso industrial. En uno de estos casos el intermediario logró sus propósitos y ya se comienzan a ensamblar máquinas con perspectivas de cobertura nacional y en la región latinoamericana. En esta experiencia, la actitud del intermediario fue determinante.

En cuanto a la relación del intermediario con los fabricantes de ropa, existen vínculos comerciales y tecnológicos. Por lo general, el intermediario da instrucciones sobre el manejo de las máquinas, sobre su mantenimiento preventivo y puede sugerir formas de organización del trabajo y de la maquinaria a nivel de una fábrica de ropa. La transferencia de estos elementos técnicos ha venido siendo estimulada por presiones de competencia y constituye un modo de promover ventas, lo que significa mantener, o bien mejorar, la posición competitiva del intermediario frente a sus rivales.

Entre los elementos tecnológicos más ofrecidos destacan los servicios de mantenimiento preventivo y correctivo, la capacitación de operarios y la asistencia técnica, particularmente para hacer adaptaciones y seleccionar determinados modelos de máquinas. (Véase el cuadro 115.) En la mayoría de los casos se sugiere al usuario un "paquete" técnico y en algunas ocasiones el propio demandante lo pide. Los servicios técnicos relacionados con la venta de máquinas son proporcionados de manera exclusiva por el vendedor de la maquinaria.

El monto y el ritmo de las ventas de máquinas para la confección han sido afectados por el control de importaciones que ejerce el gobierno mexicano, el tamaño, dinámica y estructura de la industria mexicana del vestido, y por la estructura competitiva existente entre las empresas intermediarias en esta rama industrial. (Véase el cuadro 116.) En particular, la expedición de permisos de importación no ha sido ágil y en ocasiones ha significado la pérdida de ventas para los intermediarios. Las situaciones más difíciles han correspondido a ciclos económicos depresivos y de alta presión deficitaria sobre la balanza de pagos de México. Las dificultades para concretar importaciones de máquinas y el volumen de demanda interna han conducido a que algunos intermediarios estudien la posibilidad de producir máquinas industriales de costura recta.

El volumen y la dinámica de la producción de ropa ha permitido niveles de ventas que si bien no son claramente crecientes, son sostenidos. Para algunos tipos de máquinas, la demanda correspondiente presenta algunos atractivos para estimular la producción nacional. En particular, el reducido tamaño de la mayoría de las fábricas de ropa mexicanas determina una demanda relativamente amplia de máquinas semiindustriales (como de 5 000 puntadas por minuto) de contenido tecnológico sencillo. Esta demanda ha propiciado que los intermediarios de máquinas sencillas y relativamente baratas mejoren sus posiciones competitivas y se sientan atraídos por la fabricación nacional.

La diversidad de máquinas ofrecidas por diferentes intermediarios ha dado como resultado un fraccionamiento del mercado. Así, ocurre una fuerte competencia entre vendedores de máquinas sencillas, entre los oferentes de máquinas complejas y de alta calidad, y entre los que comercializan equipo de niveles tecnológicos intermedios. El comportamiento de los rivales repercute en la política comercial de cada intermediario. La competencia ha determinado una flexibilidad generalizada en reajustes de precios, concesiones crediticias, servicios técnicos de apoyo a los clientes, campañas publicitarias y, recientemente, ha influido de manera importante en que dos intermediarios decidieran intentar la producción local de máquinas industriales.

La intensidad de las ventas a crédito es alta en el presente caso. Tres de siete intermediarios venden más del 75% de sus productos a crédito. (Véase el cuadro 117.) Pese a que los precios de las máquinas de confección son considerablemente menores a los de las máquinas textiles (en proporción de 1 a 10), la frecuencia del crédito en ambos casos es similar. Esta situación está determinada en gran parte por el menor tamaño de las empresas confeccionistas que corresponde a niveles bajos de capital de trabajo. La mayor intensidad de las ventas a crédito corresponde a los segmentos del mercado en los que se demandan máquinas baratas. (Véase el cuadro 118.) Por lo general, los intermediarios conceden créditos apoyados en sus propios recursos financieros y, en un 40% de los casos, se recurre a bancos privados. (Cuadro 119.)

La mayoría de los intermediarios de máquinas de confección virtualmente se ha especializado en su papel de comerciante; tan sólo dos representantes locales han llegado a producir algunas partes componentes de máquinas y únicamente uno de éstos ha efectuado algunas actividades de investigación y desarrollo experimental. Se han desarrollado pocos cuadros técnicos para apoyar una eventual producción de máquinas para uso industrial. Sólo una de estas empresas podría estar en condiciones de intentar una manufactura local. De hecho, esta empresa ya empezó a ensamblar máquinas industriales y está por iniciar un plan de integración creciente en la manufactura de tales máquinas.

La producción nacional de máquinas industriales

Hasta ahora, no ha habido en el país una producción de máquinas para la confección de uso industrial. En el caso de máquinas como las cortadoras y botonadoras, el tamaño del mercado local es muy estrecho, la manufactura de tales máquinas es complicada y no hay empresa que se interese por producir tal tipo de máquinas en México. Con respecto a las máquinas de costura recta y de uso industrial o semi-industrial, el mercado interno es atractivo y existen posibilidades de exportación al resto de América Latina. Estas condiciones se han presentado en fechas recientes y aunque la máquina (sin incluir el estante ni el motor) ha venido importándose por completo, dos empresas representantes locales han llegado a acuerdos con los oferentes extranjeros representados para producirlas en el país.[11] En particular, una de estas empresas ya instaló su planta de producción y ha efectuado una etapa de ensamblado de la máquina a producir. Esta máquina es de doble pespunte, una aguja y cose aproximadamente 4,000 puntadas por minuto. Es una máquina sencilla y muy demandada en el mercado mexicano. El plan de producción cubre varias etapas que consisten en una creciente integración nacional.

Los intentos de fabricar máquinas de coser para uso industrial o semi-industrial se enfrentan a algunos obstáculos. Los usuarios confeccionistas prefieren las máquinas de manufactura extranjera; el mercado interno efectivo podría resultar muy estrecho, y no hay la experiencia de fundición para determinadas partes componentes que requieren de gran precisión. Las habilidades en el ensamble de partes que tendrán movimiento y en la fundición son vitales para la producción de estas máquinas. Hasta ahora, la demanda de máquinas sencillas y no muy veloces ha resultado de la variedad de lotes en la manufactura de prendas de vestir, pero si aumentan los tamaños de los lotes se necesitaría otro tipo de máquinas. No obstante la existencia de estos obstáculos, la producción local de este tipo de máquina de coser orientada tanto al mercado interno como latinoamericano y sin protección a través de prohibiciones a la importación, tiene posibilidades de éxito.

Si se prohibiera la importación de máquinas de coser industriales, podría precipitarse una reacción de la demanda adversa adquirir el producto local, a semejanza del caso de la maquinaria textil. Además, otras empresas podrían decidir producir también en el país y ello redundaría en el desaprovechamiento de algunas economías de escala. Por estas razones, la empresa que ya está ensamblando las máquinas rechaza el cierre de fronteras.

A pesar de que se dispone de los fundamentos de la costura y de la máquina de coser, existe una notable escasez de ingeniería básica y de detalle de origen local. Por lo tanto, la asistencia técnica extranjera es muy fuerte en las diversas fases del plan de producción nacional. Además, se pagará por el uso de licencias tecnológicas y máquinas-herramientas extranjeras. Incluso en las técnicas de fundición, la empresa que ensambla se viene enfrentando a fuertes dificultades que amenazan con reducir el grado esperado de integración local. La falta de ingeniería y

[11] El motor, el estante y el pedal son partes que se han producido en México. Pero de hecho, la máquina está constituida por la cabeza, el brazo y la cama.

de una infraestructura técnica propia constituyen otros problemas para la producción local de estos bienes de capital.

La oferta de tecnología a través de empresas del ramo

En la experiencia mexicana sobre la manufactura de ropa, se detectan frecuentes prácticas de subcontratación a través de las cuales se pueden transmitir conocimientos y normas técnicas para la producción. De doce empresas que fueron entrevistadas, por lo menos seis están involucradas en relaciones de maquila: cuatro envían material para maquila y dos maquilan. La maquila en la producción de ropa resulta un mecanismo intraindustrial de transferencia de tecnología. Hay casos en que la empresa oferente proporciona la maquinaria al maquilador, pero lo usual parece ser que sólo proporcione instrucciones técnicas y una supervisión o control del trabajo técnico efectuado.

Además existen otros mecanismos de influencia tecnológica como la imitación. El conocimiento para la definición o diseño del producto se imita con regularidad. Asimismo se copia el tipo de costura y la selección del tipo de tela a usar.

Oferta local de tecnología a través de servicios de capacitación

En la manufactura de camisas hacen falta operarios y técnicos capacitados. De seis fábricas de camisas consultadas al respecto, tres contestaron que los operarios calificados más escasos son los diseñadores, las costureras o cosedoras y los operarios de cortadoras.

Los principales oferentes de servicios de capacitación han sido los vendedores de máquinas y las propias fábricas de ropa. De nueve oferentes intermediarios de máquinas, ocho ofrecen cursos de capacitación para operarios y dos de éstos han organizado adiestramiento de mecánicos de mantenimiento de equipo. Estos cursos, sin embargo, no han tenido el éxito esperado. Las principales razones de ello parecen ser la falta de coordinación con empresas fabricantes de prendas de vestir y la larga duración de los cursos sin percepción de ingresos. La falla principal de tales cursos no está en su contenido sino en su desvinculación con el aparato productivo y con los problemas estructurales de la desocupación.

Además de los intermediarios vendedores de máquinas, las propias empresas manufactureras de camisas llevan a cabo actividades de capacitación interna. De doce fábricas de camisas visitadas, cinco tienen programas de capacitación y dos de ellas han estado en colaboración con escuelas tácnicas para la capacitación de operarios. Los esfuerzos de adiestramiento interno descuidan el entrenamiento de mecánicos. Por otra parte, la práctica común en el adiestramiento interno consiste en que la propia empresa prepara a sus operarios sobre la marcha del trabajo. Esta práctica claramente se apoya en un programa poco sistemático para el desarrollo de habilidades, y consta de la mera repetición de tareas y operaciones que van conformando una experiencia basada en acciones rutinarias.

Como resultado de la forma en que se ofrecen los servicios de capacitación tanto fuera de las empresas como en las propias fábricas, la destreza de los operarios y de los pocos técnicos mecánicos afronta dificultades para su desarrollo rápido. Además de las implicaciones productivas y salariales adversas que se derivan del subdesarrollo de habilidades, sus efectos tecnológicos son negativos para la empresa y para la rama manufacturera de camisa. Esto es claro en el caso de habilidades de ingeniería mecánica para el mantenimiento de la maquinaria. A falta de aptitud para solucionar problemas específicos en la reparación y modificación de máquinas, se generan mayores requerimientos de asistencia técnica y se retarda el desarrollo de la capacidad para asimilar y mejorar las técnicas incorporadas al equipo en uso así como las técnicas auxiliares de mantenimiento.

La demanda de tecnología: el caso de la producción de camisas

Para explorar con cierto detalle la naturaleza de la demanda de tecnología en la producción de ropa, se seleccionó la manufactura de camisas porque existe un buen número de fábricas especializadas en ello. El análisis de la demanda tecnológica requirió de una encuesta que cubriese diferentes tipos de fabricantes para llegar a comprender el perfil técnico de esta actividad manufacturera. La encuesta comprendió 12 fabricantes de distintas características en lo que se refiere al tamaño, grado de integración, grado de diversificación de la producción, antigüedad, infraestructura técnica y tipo de mercado al que se orienta la producción. (Véase el cuadro 120.)

La selección de tecnología

La naturaleza del desarrollo tecnológico mundial en materia de producción de ropa ha condicionado la falta de opciones técnicas en esta industria. En las primeras páginas de este capítulo se explicó el poco progreso habido en la modificación del proceso dicontinuo y homogéneo sobre el que se sustenta la manufactura de prendas. Los avances técnicos logrados y puestos en práctica en países como México permiten hablar sólo de tipos de máquinas opcionales, aunque tampoco esto deja de ser limitado.

En el caso del corte de tela, las máquinas cortadoras de uso industrial son manuales, hacen uso de energía eléctrica y las diversas marcas bajo las cuales las cortadoras se ofrecen en el mercado no registran diferencias notables en cuanto a sus principios eléctricos, mecánicos y formas de operación. En la fase de la costura se pueden distinguir con mayor claridad diversos tipos de máquinas. Así, se puede afirmar que en México se ofrecen máquinas de coser especiales y sencillas. Las primeras son las que fueron diseñadas y construidas para efecutar una operación especializada como el cosido de botones y la hechura de ojales. Dentro de esta clase de máquinas hay algunas que llevan incorporados desarrollos tecnológicos recientes como es el caso de la botonadora robot (por ejemplo, la Singer 241W) que además de coser botones se encarga de colocarlos, y las máquinas "autómatas" (como la Addler 973-S-200 y la Singer 2500-1) que programan el precosido y el pespunte de cuellos, puños y otras partes de una prenda en serie. Las máquinas especiales pueden ser divididas en máquinas convencionales (especializadas en una operación de la costura, pero sin tener incorporados desarrollos técnicos recientes como los mencionados anteriomente) y máquinas avanzadas.

Por lo que toca a las máquinas sencillas, éstas son las de costura recta (la costura tradicional) y pueden ser tipificadas de diferentes maneras. Las máquinas sencillas fueron diseñadas buscando versatilidad (para la costura de géneros de distintos tipos), velocidad, precisión y otras cualidades. Por lo general, las que se ofrecen en el mercado son versátiles y con cierto grado de precisión en la costura. Pero las velocidades de las mismas difieren. Así, hay máquinas tipo "industrial", "semi-industrial" o "artesanal" y "doméstico", dependiendo del número de puntadas por minuto que pueda realizar tal equipo. Para fines de este estudio, y según la información recolectada, resulta útil distinguir entre máquinas de "alta velocidad", o "veloces" y máquinas de "velocidad media o baja", o "no veloces". Las primeras corresponden a aquellas que pueden trabajar a 5,000 o más puntadas por minuto, y las últimas son las que funcionan con velocidades máximas inferiores a la de 5,000 puntadas por minuto.

Los representantes de oferentes internacionales de máquinas que operan en México ofrecen las opciones mencionadas tanto en lo que se refiere a las máquinas especiales como a las sencillas. De siete marcas diferentes de máquinas especiales que ofrecen algunos intermediarios en México,[12] cinco son de tipo convencional, una marca corresponde a máquinas tanto convencionales como avanzadas y la marca restante se refiere a máquinas avanzadas. De 12 marcas de equipo sencillo, consideradas en este estudio,[13] todas corresponden a máquinas de velocidad media o baja y cuatro ofrecen, además de estas máquinas, otras de alta velocidad.

Las máquinas alternativas son conocidas por los fabricantes de camisas a través de la información que emplean los intermediarios del equipo y mediante la acumulación de experiencias propias. La búsqueda de opciones no es intensa entre los confeccionistas mexicanos, De 12 empresas encuestadas, 10 buscaron opciones principalmente a través de la revisión de información técnica contenida en catálogos y revistas especializadas. (Véanse los cuadros 121 y 122.) Las dos empresas restantes no buscaron alternativas porque sólo tienen departamento de corte y en cortadoras

[12] Estas marcas son: Addler, Brother, Dyna Mitsubishi, Lewis, Necchi, Pfaff y Singer.

[13] Las marcas son: Alfa, Brother, Columbia, Dyna Riccar, Dyna Mitsubishi, Janome, Necchi, Pfaff, Refrei, Singer, Toyota y Union Special.

virtualmente no existen opciones como ya se explicó. Puesto que las mayores oportunidades de elección de técnicas se presentan en la sección de costura, tiene más sentido examinar las experiencias que sobre la selección de maquinaria tuvieron las 10 empresas encuestadas que disponen de dicha sección.

Las empresas evaluaron los modelos alternativos de máquinas según su precio y de acuerdo al volumen esperado de producción de prendas. Además de estos factores, se tomaron en cuenta otros menos frecuentes con relación a lo observado por los dos factores mencionados anteriormente. Los otros elementos de evaluación de opciones han sido características técnicas de las máquinas tales como su versatilidad, su solidez y el surtido de refacciones. (Véase el cuadro 123.)

Del grupo de 10 empresas consideradas, ninguna seleccionó máquinas especiales avanzadas (véase el cuadro 124). Ellos puede deberse al costo de las mismas, a que algunas de ellas han demostrado dificultades para funcionar en el mercado mexicano —como la botonadora robot, que ha fracasado por la falta de estandarización de los botones usados en fábricas de ropa locales— y a la variedad de lotes de tamaños no convenientes para el uso de maquinaria muy automatizada. Por lo que concierne a las máquinas sencillas, siete empresas escogieron máquinas no veloces, y tres seleccionaron máquinas de alta velocidad y no veloces (véase el cuadro 124).

Tanto las empresas que eligieron comprar máquinas sencillas no veloces, como las que seleccionaron máquinas veloces y no veloces, pusieron su mayor atención en el precio de las máquinas y en la escala de producción de ropa. Las diferencias que se pudieron detectar en la evaluación de opciones para ambos casos consisten en el hecho de que las fábricas usuarias de máquinas veloces y no veloces no pusieron énfasis en la versatilidad de las máquinas ni en la calidad del producto para seleccionar estos tipos de maquinaria, en tanto que una proporción elevada de las otras empresas (casi la mitad) consideró como importantes tales factores para elegir el tipo de máquina a usar. (Véase el cuadro 125.) Ello implica cierta lógica. La calidad alta de las camisas en empresas mexicanas requiere una mayor intervención de mano de obra experimentada y hábil, tanto al operar las máquinas como al efectuar la inspección o el control de calidad. Cuando las técnicas de control de calidad son tradicionales y los operarios no demuestran la suficiente destreza, el uso de máquinas altamente veloces puede reducir la calidad de las prendas. Por otro lado, las empresas entrevistadas mostraron la convicción de que con mayor velocidad las máquinas pierden versatilidad.

Si bien las diferentes decisiones en la selección de máquinas han resultado en parte del hecho de que algunas empresas tuvieron en cuenta algunos factores y otras no, las características de las propias empresas han contribuido también a escoger determinados tipos de máquinas.

Las empresas de mayor tamaño seleccionan máquinas sencillas de alta velocidad, así como no veloces. Estas empresas no tienen relaciones productivas con otras del mismo ramo (por ejemplo, la maquila), su producción es altamente diversificada y su infraestructura técnica no es débil. Las características de las empresas que escogieron sólo máquinas que no son de alta velocidad son diferentes. (Véase el cuadro 126.)

Lo anterior sugiere que a menor escala de producción, menor diverisificación de la producción, mayores relaciones intraindustriales y menor infraestructura técnica, corresponden decisiones de selección de máquinas sencillas no veloces. En el caso de empresas pequeñas, su volumen de producción y limitación de recursos son circunstancias que condicionan la elección de máquinas de velocidad baja o mediana (digamos, "semi-industriales"), lo que equivale a precios bajos. En lo que se refiere a empresas con líneas de productos altamente diferenciados, tal diversificación se traduce en muchos lotes pequeños de producción, para lo cual no es necesario el uso de máquinas veloces, a menos que el volumen de producción fuera tan grande que el tamaño de los numerosos lotes fuese también grande. Por otra parte, las empresas que a nivel local dependen de maquilar o de que les maquilen, son por lo general de tamaño mediano o pequeño y sus relaciones productivas comúnmente se incrementan a raíz de aumentos en la demanda de ropa. Los lotes de producción que resultan de estas condiciones de maquila no son grandes, en especial entre los talleres maquiladores. El tamaño de estas empresas y las características de los lotes de producción determinan la selección de máquinas no veloces. Por último, la infraestructura técnica débil (falta de departamento técnico o de mecánicos de tiempo completo) resta factibilidad a un eventual uso de máquinas de alta velocidad, además de las máquinas de bajas velocidades, por las mayores necesidades de mantenimiento que surgirían, lo cual se traduciría en costos extras y situaciones competitivas desfavorables a mediano plazo.

Los fabricantes de camisas muestran cierta sensibilidad para modificar su selección de maquinaria si cambiaran algunos factores. Los mayores cambios de decisiones tecnológicas ocurrirían si se duplicaran ya sea el costo del trabajo o el volumen de producción. La tendencia sería la selección de máquinas más veloces y automatizadas. Si aumentara la diversificación de la producción, las decisiones ya tomadas seguirían adoptándose generalmente. Las empresas de mayor resistencia relativa al cambio de decisiones tecnológicas son de tamaño pequeño y de infraestructura técnica relativamente débil. (Véanse los cuadros 127, 128 y 129.)

La transferencia de tecnología por medio de la compra de maquinaria

Con la compra de máquinas para la confección se han establecido mecanismos de adquisición de algunos elementos tecnológicos. De las 12 empresas encuestadas, sólo una no obtuvo elementos tecnológicos con la adquisición de máquinas. Este caso correspondió a una empresa que envía telas cortadas a maquilar y utiliza máquinas para el corte de tela. Dicha empresa contrató personal experimentado y no necesitó elementos técnicos anexados a las máquinas por el tipo de tareas manufactureras que se desempeñan en el corte. De 11 fábricas de camisas que recibieron elementos tecnológicos, 10 obtuvieron uno o dos elementos. (Véase el cuadro 130.) Los principales elementos obtenidos por tales fábricas fueron servicios de mantenimiento preventivo y reparación, así como asistencia técnica para el manejo de máquinas o para la solución de problemas técnicos específicos. (Véase el cuadro 131.)

Por lo general, el grupo de fabricantes encuestados no dispone de una infraestructura técnica sólida. Los casos en los que se obtuvieron los "paquetes" técnicos más grandes corresponden a empresas de distintas características, excepto el grado de integración del proceso productivo. Los "paquetes" tecnológicos más amplios los recibieron la mayoría de las empresas grandes, medianas y pequeñas, así como una alta proporción de las fábricas con diferentes grados de debilidad en su infraestructura técnica. Por otro lado, se observa que casi la totalidad de las empresas integradas adquirieron los "paquetes" tecnológicos más amplios, en tanto que las fábricas con integración parcial o nula absorbieron "paquetes" pequeños o no quisieron ningún "paquete". (Véase el cuadro 132.) Ello sugiere que a medida que aumenta la especialización en una o pocas etapas del proceso productivo, se requieren menos elementos tecnológicos provenientes de los oferentes de máquinas. En el caso de las empresas especializadas n el corte, la dependencia tecnológica del proveedor de máquinas es relativamente reducida debido posiblemente al poco grado de complejidad de las mismas y de las tareas efectuadas. Por lo que se refiere a las fábricas parcialmente integradas, éstas son maquiladoras que reciben algunos elementos tecnológicos (asesorías, instrucciones, etc.) de las empresas a quienes maquilan y de pequeños talleres de reparación de máquinas. Tal vez por esta razón las empresas parcialmente integradas no dependen tecnológicamente del oferente de máquinas como dependen las fábricas de plena integración.

La transferencia de varios elementos tecnológicos del oferente de máquinas a las fábricas de camisas contenidas en la encuesta no sólo fue iniciativa del vendedor. Casi la mitad de la transferencia de un "paquete" tecnológico correspondió a casos en los que el propio demandante de máquinas solicitó otros elementos tecnológicos. En estos casos —en los que el demandante se mostró activo— se observó una menor intensidad de "empaquetamiento" que la ocurrida cuando el proveedor de las máquinas ofreció un "paquete". (Véase el cuadro 133.) Ello indica que las actitudes pasivas en los aspectos técnicos durante la negociación de la compra de maquinaria tienden a redundar en situaciones de mayor dependencia tecnológica con respecto al oferente de máquinas.

Las empresas demandantes que *solicitaron* varios elementos tecnológicos dieron una importancia relativamente alta a las características técnicas buscadas en las máquinas durante la fase de negociación. No obstante ello, tanto estas empresas como las que se mostraron pasivas en las transacciones tecnológicas pusieron el mayor énfasis en negociar reducciones en los precios de las máquinas y una provisión ágil de refacciones. (Véase el cuadro 134.) Aunque algunas empresas han obtenido concesiones de precios y un surtido de refacciones, estas concesiones pueden ser recobradas por el vendedor de las máquinas al sobreestimar los precios de las refacciones y los costos de servicios técnicos que le proporcione al cliente. Esta posibilidad es mayor en el caso de las empresas que dan una importancia relativamenta baja a los aspectos técnicos y reciben los mayores "paquetes" tecnológicos. Cabe mencionar que entre las empresas encuestadas la compra a crédito se adaptó poco: algo menos del 50% de las fábricas compraron a crédito.

El desarrollo de habilidades de operarios y mecánicos de máquinas

Pese a que más de la mitad de las empresas encuestadas no tienen contratados mecánicos para el mantenimiento o reparación de máquinas, el 83% de las empresas da mantenimiento preventivo a sus máquinas y el 75% hace reparaciones. (Véase el cuadro 135.) Las empresas que no disponen de mecánicos acostumbran delegar las tareas de mantenimiento en los propios operarios de las máquinas, pero cuando se requiere de la solución de problemas mecánicos con cierto grado de complejidad se recurre el oferente de maquinaria o a talleres especializados en la reparación de máquinas para la confección y venta de máquinas de segunda mano.

El desarrollo de la destreza técnica de la mayoría de los operarios y de los pocos mecánicos de las fábricas de camisas no es alto y se ha sustentado más en la experiencia del trabajo que en programas formales de capacitación. Cerca del 60% de las fábricas visitadas no usan métodos formales de capacitación y la proporción restante adopta cursos formales de adiestramiento como punto de partida para el desarrollo de habilidades técnicas. (Véanse los cuadros 136 y 137.) La falta de efectividad de la capacitación de la mano de obra, particularmente en lo que se refiere a los técnicos mecánicos, ocasiona una falta de capacidad para adecuar máquinas. Se detectaron necesidades de adaptación en siete empresas. (Véase el cuadro 138.) De estos siete casos, cuatro fueron resueltos por técnicos externos, uno fue atendido en la empresa con asesoría externa y sólo dos casos fueron resueltos por el personal de la empresa sin asesoría externa. (Véase el cuadro 139.) En una de estas dos empresas se solucionaron fallas mecánicas frecuentes mediante la adaptación de aditamentos (pistones de aire). En la otra empresa también se incorporaron aditamentos para mejorar el mecanismo de las máquinas. Este tipo de adaptaciones se consideran menores. A excepción del cambio de velocidad y la modificación de controles para que dos máquinas pudieran ser operadas por una sola persona, el resto de las adaptaciones que se efectuaron con la intervención de técnicos externos a las empresas son también menores. (Véase el cuadro 140.)

VI
Conclusiones e implicaciones de política

En los capítulos anteriores se han examinado las transacciones de tecnología como un activo compuesto de varios elementos. La naturaleza de la tecnología complica el análisis de su mercado y de su impacto micro y macroeconómico.

De los casos examinados se puede concluir que las características de la tecnología, su mercado y sus consecuencias económicas presentan en México diferencias importantes entre las diversas ramas de la industria manufacturera. Estas diferencias tienen importancia para efectos de la formulación e implementación de la política científica, tecnológica e industrial. A continuación se presentan las concluciones de cada caso de estudio. Luego se comparan las experiencias observadas en los diferentes casos. Después se derivan de los resultados de la investigación sus implicaciones de política.

El caso del poliéster

La naturaleza del mercado local de tecnología

El mercado de tecnología en este caso se compone de algunos demandantes locales y oferentes extranjeros. Los oferentes locales son productores de equipo secundario y escasos servicios de ingeniería complementarios. Las características oligopólicas de este mercado han cambiado en el transcurso del tiempo.

A principios de los sesentas, cuando se inició la importación de tecnología desincorporada en México, las imperfecciones del mercado fueron tales que existió un monopolio —protegido— por un plazo breve y posteriormente un duopolio —también protegido— por unos cuatro años. El poder del mercado estuvo concentrado en dos empresas transnacionales, oferentes de tecnología. En los años recientes, la cantidad de oferentes aumentó considerablemente. Algunos oferentes nuevos, como las firmas de ingeniería internacionales, introdujeron modificaciones en las condiciones de la comercialización de tecnología en favor de los compradores.

Estos cambios significaron una pérdida del poder de mercado de los oferentes, particularmente el de las empresas transnacionales, frente a los demandantes locales. Ello no ha sido de gran magnitud puesto que el poder de dominación de los oferentes multinacionales sigue siendo considerable (los usuarios de su tecnología —filiales— controlan las tres cuartas partes del mercado local del producto y éstos tienden a seguir dependiendo de los oferentes). No obstante, la disminución de las imperfecciones del mercado de tecnología dio lugar a la negociación de tecnología entre empresas independientes. En este caso, el mayor poder de negociación correspondió al demandante local quien pudo confrontar a varios oferentes y obtener condiciones ventajosas en la operación de compra-venta de tecnología.

La diferencia entre un demandante independiente y otro afiliado a una organización multinacional, con participación de la matriz extranjera en su capital social, ha resultado ser significativa. Con respecto al primer tipo de usuarios, se encontraron los mayores grados de libertad para las decisiones empresariales y tecnológicas, una actividad de búsquesa de opciones intensa, la mejor posición negociadora, el menor tiempo de duración del contrato original de tecnología, la mayor desagregación del paquete tecnológico, el menor pago por la adquisición de tecnología, el menor control por parte del oferente y algunas oportunidades de "aprender haciendo". En lo que se refiere al segundo tipo de demandante, se observó una serie de aspectos contrarios a los que se acaban de mencionar. De todo esto se puede concluir que los términos de la transacción de tecnología (que incluyen el costo directo y varias cláusulas del comportamiento de las partes involucradas) dependen determinantemente de las fuerzas de negociación del vendedor y el comprador.

Algunos factores determinantes del mercado tecnológico

El comportamiento empresarial de los oferentes internacionales, la estructura del mercado local del producto, la evolución de fuentes internas de tecnología y la política gubernamental de industrialización han sido los principales factores que conformaron la naturaleza del mercado de tecnología para la producción de poliéster.

El papel de los oferentes internacionales ha sido relevante. Su comportamiento en el período de 1952 a 1970 fue diferente al observado en los años posteriores a 1970. Estos períodos corresponden a dos etapas del ciclo del poliéster. En la primera fase se observaron las mayores imperfecciones de mercado y los propietarios del *know-how* tuvieron expectativas de ganancias elevadas. En el segundo período se redujo el dinamismo de la demanda del producto, disminuyeron las imperfecciones de mercado y también las expectativas de ganancias derivadas de la comercialización del *know-how*. En el primer período el elevado valor económico de pa tecnología y las barreras a la exportación en varios países condujeron a que los propietarios comercializaran el *know-how* mediante el establecimiento de subsidiarias en diversos países o a través de la asociación de capitales. En la segunda etapa, los oferentes exportaron la tecnología sin insistir ya en la participación financiera del capital social de las empresas receptoras. Las posiciones competitivas entre los oferentes de *know-how* cambiaron en favor de los proveedores seguidores de las empresas líderes. También se favoreció la posición de los demandantes para obtener la tenología en mejores términos.

La estructura del mercado interno del producto es oligopólica. La concentración de tamaños es elevada: tres empresas abarcan el 73% del mercado y otras tres la proporción restante. La alta concentración resulta del tamaño limitado del mercado, la escala mínima de producción que impone la tecnología y los obstáculos existentes para la exportación (precios elevados comparados con los precios del exterior, por ejemplo). La competencia basada en la diferenciación del producto ha estimulado constantes demandas de asistencia técnica para mejorar la calidad de la fibra, tener flexibilidad tecnológica y reducir costos por consumo de agua y energía. Las empresas dominantes en el mercado interno de la fibra están decididas a seguir dependiendo tecnológicamente del proveedor para mantener su posición local.

Por otro lado, lo que se puede identificar como la oferta local de tecnología se compone de los fabricantes de equipo de proceso (FE), las firmas de ingeniería (FI) y las actividades de IDE que efectúan las empresas usuarias dela tecnología. La participación de estos agentes en el mercado interno de tecnología es casi nula y de tipo secundario. Las FI y los FE no tienen especialidad en fibras sintéticas, tienen pocos vínculos con los productores de poliéster y no han tenido experiencias en el desarrollo de ingeniería básica y de detalle para esta especialidad. las actividades de IDE en el interior de las empresas locales productoras de la fibra son escasas y están supervisadas por personal técnico del oferente de tecnología. La falta de fuentes internas de servicios técnicos en el ámbito de las fibras sintéticas y su lenta evolución refuerzan las relaciones tecnológicas entre los demandantes locales y los oferentes extranjeros.

Finalmente, la política del Gobierno Federal, orientada al fomento de la industrialización sustitutiva de importaciones, estimuló la introducción de tecnología desincorporada. La protección del mercado interno en favor del productor incipiente implicó la conformación de un cuasi monopolio tecnológico a nivel local.

Algunos efectos

Las transacciones tecnológicas tienen la ventaja del acceso al desarrollo tecnológico hecho por decenios, en un plazo breve. También se puede estimular una inspiración innovadora. Pero estas ventajas no parecen superar las consecuencias desfavorables derivadas de las circunstancias en que se importa y se usa la tecnología.

Primero: si bien se han presentado oportunidades para aprender haciendo, se encontró en el estudio que el aprovechamiento de las mismas depende no sólo de la acumulación de experiencias, sino también del grado de autodeterminación de la empresa receptora y su infraestructura técnica. Las evidencias sugieren que hay poca autodeterminación tecnológica a nivel de firma y que la IDE es escasa y sujeta a cierto control por el oferente. En consecuencia, se ha logrado sólo la asimilación de algunas innovaciones, pero no se ha acelerado el proceso productivo del aprendizaje compuesto de desarrollos técnicos.

Segundo: las FI y los FE han quedado marginados de las actividades tecnológicas en materia de poliéster o, más en general, en el ámbito de las fibras químicas. En particular, las FI podrían proporcionar sus servicios con eficiencia, dada su experiencia en la elaboración de estudios de factibilidad, la asesoría en la búsqueda, selección, adquisición y negociación de tecnología y el montaje de plantas.

Tercero: se detectaron rasgos de inadecuación, tales como la rigidez del proceso continuo utilizado por una empresa y la operación de varias plantas a pequeñas escalas con altos costos. Estas condiciones técnicas desfavorables reclaman en esfuerzo innovador de tipo adaptativo que podría provenir del personal técnico de la propia empresa receptora o de alguna FI local. Pero como la capacidad técnica interna está limitada, se tiende a depender de la política de IDE de la empresa oferente o de la disponibilidad de su personal para dirigir o supervisar los ajustes que se requieren.

Finalmente y a modo de resumen de implicaciones, la situación dependiente de las empresas locales tiene posibilidades de disminuir por las tendencias que muestra el mercado de tecnología. Pero para que tales probabilidades sean mayores, es necesario un esfuerzo interno de desarrollo tecnológico a partir de los conocimientos importados y posiblemente con la colaboración de FI y FE locales. De no ser así, los efectos adversos de la dependencia tenderán a ser mayores.

El caso de la Industria textil

Característica del mercado local de tecnología

El mercado de tecnología textil está integrado por una gran cantidad de oferentes internacionales, algunos oferentes locales y muchos demandantes nacionales. El tipo de competencia existente en este mercado es de tipo "monopólico".[1] Las características de la competencia entre los oferentes internacionales se han modificado levemente en el transcurso del tiempo y las situaciones de monopolio temporal logrado a través de innovaciones han sido relativamente escasas.

Los principales oferentes de conocimientos tecnológicos son los fabricantes extranjeros de maquinaria y equipo textil que, además de la

[1] Este concepto no se refiere al monopolio, sino a una estructura de mercado en la que operan muchos oferentes. Entre los extremos de competencia perfecta y monopolio, el oligopolio se sitúa más cerca del monopolio y la competencia "monopólica" se acerca más a la competencia perfecta.

tecnología incorporada, proporcionan servicios técnicos claves. Los productores de fibras sintéticas y los fabricantes de insumos químicos para el apresto y el acabado tienen una importancia creciente pero aún secundaria en la estructura de la oferta. Existen pocas empresas que se dediquen a la consultoría textil y son poco utilizadas.

La oferta local de tecnología está dominada por empresas intermediarias de los fabricantes de maquinaria extranjera. No ha sido posible la aceleración de una capacidad interna para ofrecer maquinaria y servicios técnicos de origen local.

Si bien hay pocas imperfecciones de mercado provenientes de la oferta de tecnología, hay algunas que se relacionan con la demanda. Por ejemplo, el tamaño promedio de los demandantes es pequeño. Las empresas pequeñas y algunas medianas afrontan dificultades de sobrevivencia. Esta situación las debilita frente a los oferentes de tecnología. Como resultado parece ser común la práctica de buscar y depender de un sólo proveedor que proporcione la maquinaria, algunos servicios técnicos y facilidades financieras, en paquete.

Algunos factores determinantes de la naturaleza del mercado

El ritmo lento de innovación textil, las políticas de comercialización de los oferentes, la evolución y estructura de la industria textil mexicana, así como las deficiencias de la política gubernamental en este campo, son elementos que han conformado las características que presenta el mercado de tecnología.

De 1950 a la fecha actual se intensificaron las actividades de IDE emprendidas por fabricantes de maquinaria y equipo textil. Esta actividad, sin embargo, fue de menor intensidad que la observada en otras ramas industriales, en cuanto a los recursos utilizados e innovaciones desarrolladas. Pero la poca innovación textil dio lugar a cambios en la estructura del mercado tecnológico.

Surgieron empresas líderes en la innovación tecnológica. Puesto que éstas han sido de tamaño mediano, su limitación de recursos las condujo a la especialización en determinado tipo de tecnología textil. En esta tendencia se observa un abandono del diseño y la construcción de máquinas de las "cosechas" anteriores. En cambio, las empresas que no se han destacado por encabezar la innovación fueron adoptando una actitud "seguidora". Estas son empresas de diversos tamaños, entre las cuales las mayores son las dominantes. Las empresas seguidoras cubren una gama amplia de máquinas y tienden a no abandonar la producción y comercialización de máquinas de "cosechas" anteriores, particularmente las de tipo convencional de relativo éxito. En ambos casos, sobre todo en el último, los oferentes adoptaron mecanismos indirectos para comercializar su equipo y diversos servicios técnicos. En este esquema, se instalaron los intermediarios que dominan en la actualidad la "oferta local".

En el caso mexicano, las políticas comerciales de los proveedores extranjeros, con la ayuda del intermediario, han tendido a ejercer presiones a la baja en los precios de las máquinas, y han exigido la solidez financiera de los oferentes (para la concesión de crédito) y la formación de cuadros técnicos (para ofrecer un apoyo técnico posterior a la venta del equipo). Las compañías que mayor penetración han alcanzado en los años recientes son las que han ofrecido los menores precios y las mayores facilidades crediticias.

El lento dinamismo de la industria textil local y su estructura compuesta de muchas empresas pequeñas y medianas han resultado en una demanda poco dinámica de tecnología convencional. También han conducido a la búsqueda de "paquetes" tecnológicos y financieros, como se apuntó anteriormente.

Hasta antes de 1977, la política gubernamental hacia la industria textil se proponía evitar una sobrecapacidad productiva y fomentar la modernización. En este esquema de política, virtualmente se prohibió la importación de maquinaria usada, y se restringió la importación de máquinas nuevas. La importación casi nula de equipo de segunda mano redujo considerablemente los servicios de reconstrucción, adaptación y manufactura de partes componentes. A partir de estas tareas técnicas, otros países —por ejemplo, Japón, Colombia— desarrollaron una destreza propia y ahora producen maquinaria a precios y con calidad que les permite competir en el mercado internacional. El efecto de dicha medida de política ha sido restrictivo para el desarrollo de una oferta local de tecnología. La otra medida, consistente en racionar los permisos de importación de equipo nuevo, no ha demostrado haber reducido la sobrecapacidad productiva (que no sólo es un problema de oferta sino también de mercado), pero ha estimulado —sin proponérselo— otros intentos más por fabricar equipo textil en el país, con tecnología desincorporada importada. Se concibe, otra vez, la posibilidad de ofrecer equipo y servicios técnicos a nivel local.

Consecuencias

Las ventajas que el demandante de tecnología puede derivar de la competencia monopólica, en cuanto a que puede seleccionar el proveedor y el tipo de equipo más conveniente, son por lo general aprevechadas. También se logran concesiones en los precios de las máquinas y facilidades de adquirirlas a crédito. Pero el ambiente estructural y de política en el que han estado operando los demandantes locales y algunas empresas que podrían desarrollar y ofrecer tecnología propia, han ocasionado efectos desfavorables para la economía nacional de una importancia mayor que la correspondiente al margen amplio de selección y negociación de tecnología incorporada.

La compraventa de paquetes tecnológicos, más agregados en los casos de empresas pequeñas y medianas técnicamente débiles, da lugar a sobrevaluar el precio de refacciones, partes componentes y algunos servicios técnicos (como los de montaje del equipo). Aunque el equipo se obtuviera a precios bajos, los costos derivados del resto del paquete tecnológico minan la estructura financiera de la empresa receptora.

Ha habido oportunidades de "aprender haciendo" que no han sido aprovechadas. Un caso claro es el de la falta de acumulación de experiencias de tipo metalmecánico partir de máquinas usadas, como ya se apuntó anteriormente. Otro caso es el del aprendizaje derivado de la observación e intervención auxiliar en el montaje de equipo y la solución de problemas técnicos de importancia. Sin el desarrollo de habilidades técnicas en la manufactura de máquinas textiles, por lo menos a nivel de reconstrucción, el usuario mexicano tiende a rechazar la manufactura local. Además, una eventual producciòn nacional de maquinaria textil quedaría condicionada a tener una alta dependencia tecnológica por la falta de capacidad de asimilación.

La práctica de los demandantes de tecnología textil consistente en adquirir "paquetes" técnicos y mediante ese canal depender de uno o pocos oferentes, ha marginado a diversas fuentes tecnológicas locales, tales como algunas consultoras de ingeniería textil, institutos de educación superior e investigación en este campo, incluso los proveedores de materias primas químicas para uso textil.

El caso de la ropa

La estructura del mercado tecnológico local y sus causas

El mercado de tecnología para la producción de prendas de vestir hechas de productos textiles blandos está compuesto por los demandantes que fabrican ropa y los oferentes, que son los fabricantes de maquinaria y equipo, sus agencias intermediarias establecidas en el país, los subcontratistas de la confección y algunos centros de capacitación.

La estructura de este mercado es de tipo monopólico y no presenta el dinamismo del mercado de tecnología del poliéster. La oferta está diversificada, pero dominan los proveedores de máquinas. Hay una fuerte competencia entre éstos, aunque se pueden distinguir acerca de diez empresas dominantes a escala mundial. La competencia existente en la época posterior a la segunda guerra mundial y otros factores (como la limitación de recursos financieros de las empresas) han conducido a una especialización de tipos de máquinas. Son pocos los fabricantes de una gama amplia. Además, la aguda competencia entre los oferentes estimuló un proceso de innovación reductor de costos, la adopción de canales de ventas indirectos —con empleo de intermediarios— y la oferta de servicios técnicos cada vez mejores y en cierta forma atados a la comercialización de la maquinaria.

Las características de la oferta internacional de equipo también se observa en la intermediación local. La competencia entre intermediarios, el control gubernamental de la importación de maquinaria y las características estructurales de la industria mexicana del vestido han venido condicionando su comportamiento. Sus políticas mercadotécnicas han sido flexibles, particularmente en la determinación de precios, la oferta de servicios técnicos y el otorgamiento de crédito. También dicha competencia, las dificultades burocráticas que afronta la importación de maquinaria para la confección, el creciente mercado interno y las posibilidades de exportación para el resto de la región latinoamericana, estimularon recientemente la producción local de máquinas de coser industriales sencillas y de velocidad media (5 000 puntadas por minuto).

Aunque quizá no sea la principal fuente de transmisión de conocimientos técnicos, la subcontratación es un canal importante de transferencia tecnológica. Las características de homogeneidad y discontinuidad del proceso productivo de ropa y las ventajas económicas de reducir los costos por el empleo de mano de obra poco remunerada (que es de gran importancia para la estructura total de costos, sobre todo en la sección de costura) han estimulado la adopción generalizada de la subcontratación como forma organizativa de producción intraindustrial. A través de las relaciones de maquila se transfiere el diseño, se dan instrucciones sobre el tipo de costuras y de tela a usar, se exige un mínimo de calidad y, ocasionalmente, la maquinaria.

La oferta de tecnología a través del adiestramiento de personal en centros de capacitación es escasa. Los principales agentes de capacitación formal son las empresas intermediarias vendedoras de máquinas y algunos centros de adiestramiento (en ocasiones ambos tipos de agentes se han coordinado). Además de la falta de cursos de capacitación, su éxito no ha sido el esperado debido a la falta de vinculación de estos programas con el aparato productivo y por la larga duración de los mismos sin percepción de ingresos en un ambiente de desempleo. La capacitación informal a nivel de fábrica de ropa es la forma de entrenamiento más difundida, pero se ha descuidado la formación de mecánicos.

En este mercado monopólico, los demandantes podrían tener un fuerte poder de negociación y aprovechar las libertades para desarrollar una tecnología propia. Pero si estas posibilidades provienen de la oferta, en la mayoría de los casos se reducen por la estructura de la demanda. La circunstancia, por ejemplo, de que una gran cantidad de empresas demandantes sea de tamaño pequeño, sin infraestructura técnica de tipo mecánico, genera actitudes pasivas en relación con los aspectos técnicos durante las fases de selección y negociación de máquinas. Esta actitud tiende a reducir tanto el poder de negociación del demandante como sus oportunidades de aprender haciendo.

Consecuencias de la naturaleza del mercado de tecnología

El alto grado de competencia en el mercado de tecnología y la demanda local creciente han estimulado la producción nacional de máquinas industriales y la tecnología requerida para ello posiblemente inspire un propósito innovador adecuado a los requerimientos locales. Por otro lado, la fuerte competencia entre los principales oferentes de tecnología (los vendedores de máquinas) ha dado lugar a la obtención de facilidades para la adquisición de equipo y servicios técnicos. Además, la subcontratación ha tendido a desagregar el paquete tecnológico y con ello reducir la relación de dependencia hacia uno o pocos oferentes de maquinaria. Sin embargo se observan algunos problemas en la organización del mercado que resultan desventajosos para el desarrollo económico y tecnológico del país.

Por el lado de la oferta, los intermediarios locales no han formado cuadros técnicos que pudieran apoyar la producción local de máquinas industriales, a pesar de que se tenga la experiencia de fabricar máquinas de coser de tipo doméstico. La falta de experiencia es crítica en la ingeniería básica y de detalle, así como en las técnicas de fundición y ensamblaje de piezas de características físicas precisas. La dependencia de tecnología desincorporada podría ser considerable.

En lo que se refiere a la subcontratación, ésta es —en el caso de la ropa— poco dinámica (con un ritmo bajo de difusión de innovaciones). Debido a esta circunstancia y a que la situación económica y tecnológica de las empresas maquiladoras es débil, el estímulo de sus potencialidades técnicas a partir de la transferencia de tecnología vía la subcontratación es limitado y, en cambio, dicho mecanismo de transferencia tiende a consolidar el estado de subdesarrollo y dependencia de las maquiladora-

La estructura del mercado da lugar a que el demandante logre obtener reducciones en el precio de las máquinas. Pero el oferente puede recuperar tales concesiones a través de la sobrefacturación de otros activos que el mismo proporcione como parte de un paquete. Esto se observa en el caso de demandantes que son "pasivos" en la desagregación del paquete, los que a su vez son empresas pequeñas y medianas que no tienen relaciones de maquila. En este tipo de casos, el grado de dependencia y sus consecuencias desfavorables para el demandante tienden a aumentar.

Para las empresas solicitantes de tecnología, hay pocas oportunidades de acumulación de experiencias técnicas de mantenimiento y adecuación de maquinaria. Es lento el desarrollo de estas habilidades debido a la falta de capacitación formal de mecánicos, las deficiencias del adiestramiento informal (falto de sistematización y de tipo rutinario) y la escasez de recursos de la mayoría de los fabricantes de ropa para tener un departamento mecánico o un técnico mecánico de planta. Lo acostumbrado es que las tareas de mantenimiento preventivo las realicen los operarios del equipo y que la reparación y la adecuación sean hechas por el oferente de la maquinaria o por talleres mecánicos especializados. Como consecuencia, las mayores posibilidades de desarrollo técnico las tienen los oferentes de máquinas o los talleres mencionados, pero no la mayoría de las empresas usuarias del equipo.

Comparación de resultados

En la columna de producción textil del poliéster se reducen las imperfecciones del mercado tecnológico conforme se pasa de la producción de insumos a la fabricación del producto final (vestido). Este resultado se debe a que el impacto del invento del poliéster ha sido considerable y su producción es comúnmente innovadora, a diferencia de los casos de los productos textiles y el vestido.

Algo similar ocurre con los cambios observados en la estructura del mercado tecnológico para diversos tipos de productos. En el caso del poliéster las tendencias se orientan a una competencia cada vez menos imperfecta, porque la innovación del poliéster está perdiendo importancia con el tiempo al que surge otro cambio de su tecnología de gran impacto y así su ciclo vital se viene consumiendo.

Las mayores imperfecciones del mercado de la tenología más dinámica existen posiblemente por el alto valor económico del elemento tecnológico clave que conduce a la empresa propietaria a protegerse contra eventualidades externas y a controlar dicho elemento (ya sea reteniéndolo, como solía suceder en otros casos previos a la segunda guerra mundial, o comercializándolo con cautela). En estas circunstancias, el impacto de la política tecnológica y empresarial del oferente de tecnología en la dependencia tecnológica del país receptor, tiende a ser mayor que el de los proveedores de tecnología poco dinámica.

En los casos examinados se puede concluir que cuantas mayores imperfecciones tenga el mercado de tecnología, menor poder de negociación tendrá el demandante, habrá menores oportunidades de aprendizaje, surgirán mayores dificultades de "marginación" del sistema científico y tecnológico local, y la situación de dependencia tecnológica será más compeja y se desarrollará en términos menos favorables. Estas relaciones se acentúan más con las deficiencias de la política tecnológica local.

Algunas implicaciones de política

El análisis contenido en este estudio sugiere que las fuerzas del mercado de tecnología estimulan algunos efectos desfavorables para la economía mexicana y por lo tanto reclama la acción de una política tecnológica explícita orientada a minimizar tales consecuencias adversas y a estimular un mayor desarrollo tecnológico interno a partir de experiencias propias y ajenas. Para tales fines parece conveniente implementar algunos lineamientos de política como los siguientes:

a) Estimular una mayor vinculación de firmas de ingeniería y fabricantes de equipo nacionales con proyectos de inversión para producir artículos derivados del petróleo como las fibras poliéster. Esta medida puede combinarse con otra consistente en desagregar el paquete tecnológico (no sólo para diversificar la oferta externa de tecnología, sino para reducir la marginación de las fuentes locales y estimular un aprendizaje técnico). La situación actual de la fibra poliéster y su tendencias parecen ofrecer una oportunidad propicia para hacer efectivo este lineamiento. La intervención de las fuentes técnicas locales puede ocurrir desde las fases preliminares de búsqueda de oferentes y concepción del proyecto, hasta las tareas de adecuación.

b) Modificar la política restrictiva de la importación de maquinaria tex-

til usada. Las evidencias sugieren la conveniencia tecnológica de permitir la entrada de máquinas de segunda mano y estimular (o condicionar) tal importación a su reconstrucción y modificación en plantas o talleres nacionales. Esto podría impulsar un desarrollo de habilidades técnicas y así generar oportunidades para el análisis y mejora de la experiencia acumulada con efectos favorables para la demanda interna de máquinas y bara la construcción local delas mismas.
mas.

c) Regular los contratos de compraventa de tecnología y bienes de capital de tal manera que se reduzcan las oportunidades de sobrevalorar los costos de insumos, refacciones y servicios técnicos que puedan estar ofreciéndose en paquete. A mayor desagregación, se debería contar con información —y difundirla— sobre los precios de partes componentes de máquinas, costos de servicios técnicos, etc., así como evitar la sobrevaloración de estos activos.
de servicios térnicos, etc., así como evitar la sobrevaloración de estos activos.

d) Fomentar mayores vínculos entre el aparato productivo textil y de la confección con los centros de capacitación, investigación y educación media (técnica) y superior relacionados con estas ramas industriales.

Anexo 1
Cuadros estadísticos

Cuadro 1. Encuesta sobre el mercado de tecnología en México, 1976-1977

Rama manufacturera	No. de empresas visitadas		
	Oferentes de tecnología	Demandantes de tecnología	Total
1. Poliéster	14	3	17
2. Textiles	16	20	36
3. Camisas	11	12	23
TOTAL	41	35	76

Cuadro 2. Pagos por compra de tecnología no incorporada en la economía mexicana. 1973 (millones de pesos)

Sector	Asistencia técnica importada	Regalías a empresas extranjeras	Regalías a empresas nacionales	Total	
				Absoluto	%
Primario	0.7			0.7	0.0
Industria extractiva	16.3	0.5	66.2	83.0	3.4
Manufacturas	1 058.4	783.7	96.7	1 938.8	79.6
Construcción	12.5	1.1	0.4	14.0	0.6
Comercio	93.0	130.2	19.1	242.3	10.0
Servicios	70.8	58.4	18.8	148.0	6.1
Otros	2.8	3.8	0.7	7.3	0.3
TOTAL	1 254.5	977.7	201.9	2 434.1	100.0

FUENTE: Dirección de Programación y Descentralización Administrativa, Subdirección de Estudios de Impuestos Directos de la Secretaría de Hacienda y Crédito Público.

Cuadro 3. Gastos en investigación y desarrollo experimental (IDE) por sectores de aplicación, 1973 (millones de pesos)

Sector	IDE
Primario	305.2
Extractiva y energía	256.9
Manufacturas	137.2
Construcción	46.5
Transportes y comunicaciones	15.0
Medicina y salud	129.9
Educación	39.6
Multisectoriales	27.2
TOTAL	957.5

FUENTE: CONACYT, *Plan Nacional Indicativo de Ciencia y Tecnología*, Pág. 293. México, 1976.

Cuadro 4. Gasto en investigación aplicada y desarrollo experimental a la industria manufacturera, 1973[a] (millones de pesos)

Tipo de institución	Productos de consumo no duraderos	Productos intermedios	Productos de consumo duradero y de capital	Total
Pública	5.1	31.4	3.5	40.0
Privada nacional	23.4	32.9	0.7	57.0
Privada extranjera	0.2	12.3	0	12.5
TOTAL	28.7	76.6	4.2	109.5

FUENTE: CONACYT, *op. cit.*

[a] Los centros de enseñanza superior no se incluyeron en este cuadro.

Cuadro 5. Pagos por compra de tecnología no incorporada en la industria manufacturera mexicana, 1973 (millones de pesos)

Rama	Asistencia técnica importada	Regalías a empresas extranjeras	Regalías a empresas nacionales	Total	
				Absoluto	%
Alimentos	57.5	32.2	16.4	106.1	5.5
Bebidas	5.2	70.5	4.0	79.7	4.1
Tabaco	7.6	4.8	2.7	15.1	0.8
Textiles	50.7	11.5	26.1	88.3	4.6
Calzado y vestido	11.3	11.9	1.0	24.2	1.2
Cuero y piel	6.1	3.9	—	10.0	0.5
Madera y corcho	1.9	1.9	1.7	5.5	0.3
Muebles de madera	1.0	1.6	0.3	2.9	0.1
Celulosa y papel	13.8	7.6	7.6	29.0	1.5
Editorial e imprenta	3.0	10.2	3.6	16.8	0.9
Química	406.9	369.0	11.1	787.0	40.6
Derivados del petróleo	3.6	1.4	0.3	5.3	0.3
Minerales no metálicos	43.3	8.8	1.4	53.5	2.8
Metálicas básicas	43.9	6.0	1.4	51.3	2.6
Productos metálicos	53.3	34.8	1.4	89.5	4.6
Maquinaria y equipo no eléctrico	52.2	32.3	3.5	88.0	4.5
Maquinaria eléctrica	87.6	65.2	3.7	156.5	8.1
Equipo de transporte	191.3	87.0	0.6	278.9	14.4
Equipo profesional e instrumentos científicos	12.6	5.1	0.1	17.8	0.9
Otras manufacturas	5.6	18.0	9.8	33.4	1.7
TOTAL	1 058.4	783.7	96.7	1 938.8	100.0

FUENTE: Dirección de Programación y Descentralización Administrativa, Subdirección de Estudios de Impuestos Directos de la Secretaría de Hacienda y Crédito Público.

Cuadro 6. Producción mundial de fibras blandas, 1951-1975 (millones de toneladas métricas)

Año	Algodón	Lana	Rayón y acetato	Fibras sintéticas	Total
1951	8.50	1.86	1.82	0.10	12.28
1954	9.10	2.11	2.03	0.19	13.43
1957	9.30	2.29	2.48	0.41	14.48
1960	10.08	2.54	2.60	0.70	15.92
1961	9.63	2.58	2.68	0.83	15.72
1962	10.48	2.57	2.86	1.04	16.95
1963	11.07	2.63	3.05	1.32	18.07
1964	11.26	2.60	3.31	1.67	18.84
1965	11.91	2.63	3.37	2.05	19.96
1966	11.93	2.68	3.38	2.47	20.46
1967	10.72	2.73	3.34	2.86	19.65
1968	11.46	2.81	3.56	3.75	21.58
1969	11.54	2.80	3.59	4.36	22.29
1970	11.79	2.77	3.46	4.87	22.89
1971	12.70	2.71	3.48	5.78	24.67
1972	13.62	2.52	3.57	6.55	26.26
1973	13.82	2.48	3.67	7.82	27.79
1974	13.96	2.62	3.55	7.68	27.81
1975-[a]	12.33	2.59	3.01	7.46	25.39

FUENTE: Naciones Unidas, *Statistical Yearbook*, Department of Economic and Social Affairs, clave de serie ST/ESA/STAT/SER.S/1, Nueva York. Números de los años 1960, 1969, 1973, 1974 y 1976.

[a] Cifras preliminares.

Cuadro 7. Participación de la producción de fibras sintéticas en la producción de fibras blandas y naturales a nivel mundial, 1951-1975 (en porcientos)

Año	Participación en la producción de fibras blandas	Participación en la producción de fibras blandas naturales
1951	0.8	1.0
1963	7.3	9.6
1969	19.6	30.4
1972	24.9	48.0
1975	29.4	50.0

FUENTE: Cuadro 6

Cuadro 8. Participación del poliéster en la producción mundial de fibras sintéticas, 1969-1975.

Año	Producción mundial de poliéster (miles de toneladas)	Participación del poliéster en las fibras sintéticas (por ciento)
1969	1 369	31.4
1970	1 644	33.7
1971	2 120	36.6
1972	2 508	38.3
1973	3 170	40.5
1974	3 200	41.5
1975	3 390	45.4

FUENTES: Fibras poliéster. De 1969 a 1974, ANIQ, *Memorias del VIII Foro,* México, 1975. La cifra de 1975 fue tomada en Boon, G.K., *International Technology Transfer Dynamics,* Noordwijk aan Zee, Holanda, 1978 (mimeo). Fibras sintéticas, cuadro 6

Cuadro 9. Tasas de crecimiento de la producción mundial de fibras sintéticas y poliéster, 1969-1975 (en porcientos)

Período	Fibras sintéticas	Poliéster
1969/1970	12	20.1
1970/1971	19	29.0
1971/1972	13	18.3
1972/1973	19	26.4
1973/1974	-2	1.0
1974/1975	-3	5.9

FUENTES: Cuadros 6 y 8.

Cuadro 10. **Valor de la producción nacional y tasas de crecimiento de algunas materias primas industriales, 1960-1976**

Material	Producción nacional bruta					Tasa de crecimiento (porciento anual)			
	1960	1965	1970	1973	1976	1960 a 1965	1965 a 1970	1970 a 1973	1973 a 1976
Algodón, despepite y empacado	441	498	335	364	231	2.4	(—)7.5	2.8	(—)14
Productos químicos básicos, orgánicos e inorgánicos	1 061	1 816	3 467	4 423	4 398	11.3	13.8	8.3	(—)0.2
Fibras sintéticas y artificiales	483	1 059	2 652	4 886	6 429	17	20	22	9.6
Resinas y materiales plásticos, elastómeros y hule sintético	227	457	1 113	1 734	2 073	15	19.4	15.9	6.1
Hierro y acero, fundición y laminación	3 333	5 533	8 817	10 927	12 446	10.6	9.8	7.4	3.3
Cobre o sus aleaciones fundición, refinación, laminación, extrusión y estiraje.	424	627	735	801	1 063	8.1	3.2	2.9	9.9

FUENTE: Banco de México, *Cuentas nacionales 1960-1976*, Oficinas de Cuentas de Producción, documento CP (E) 77/22, México, 1977.

Cuadro 11. Producción nacional de fibras textiles blandas, 1951-1976 (miles de toneladas métricas)

Año	Algodón, fibra empacada	Lana, fibra limpia	Fibras químicas textiles		Total de fibras blandas	
			Absoluto	Tasa de creci miento anual (%)	Absoluto	Tasa de creci-miento anual (%)
1951	278	2.5	11.6		292.1	
1954	377	2.6	14.0	9.0	393.6	10.4
1957	461	2.8	15.4	3.2	479.2	6.8
1960	457	3.0	20.2	9.4	480.2	0.1
1961	443	3.1	19.2	(–)5.0	465.3	(–) 3.1
1962	477	3.2	21.2	10.4	501.4	7.8
1963	490	3.2	23.7	11.8	516.9	3.1
1964	488	ND	28.6	20.7	516.6[a]	
1965	515	ND	38.6	35.0	553.6[a]	
1966	560	ND	41.1	6.5	601.1[a]	2.3
1967	447	ND	46.0	11.9	493.0[a]	
1968	525	2.8	50.6	10.0	578.4	
1969	418	2.7	60.0	18.6	480.7	(–) 16.9
1970	324	1.4	73.9	23.2	399.3	(–) 16.9
1971	352	1.3	92.4	25.0	445.7	11.6
1972	396	1.7	112.4	21.7	510.1	14.5
1973	363	1.1	144.0	28.1	508.1	(–) 0.4
1974	502	1.0	153.7	6.7	656.7	29.3
1975	228	1.0	172.3	12.1	401.3	(–) 38.9
1976 P	204	1.0	187.6	8.9	392.6	(–) 2.2

FUENTE: del algodón, de 1951 a 1960, Naciones Unidas *Statistical Yearbook, 1960*, Nueva York, con datos del International Cotton Advisory Committee; de 1961 a 1964, Valladares E. *El consumo de textiles 1968*, Banco de México, México, 1968, con datos del Comité Consultivo Internacional del Algodón; de 1965 a 1970, ICME-NAFIN-ONUDI, *Study on the Possibilities of manufacturing Textile Machinery in Mexico*, México, 1975, con datos de la Unión de Productores de Algodón de la República Mexicana, A.C.; de 1969 a 1976; Valladares, E., *El consumo de textiles 1976*, Banco de México, México, 1976, con datos de la Unión Nacional de Productores de Algodón de la República Mexicana, A.C. De la la, de 1951 a 1963, Banco de México, *Las fibras artificiales en el consumo de productos textiles*, México, 1965 (los datos publicados fueron modificados: el coeficiente de rendimiento del volumen de lana sucia era de 40% y se adoptó el de 45% con lo cual se logra un coeficiente uniforme con respecto a las cifrsa de los siguientes años); 1968, Cámara de la Industria Textil, *III Memorias Estadísticas 1976*, México, 1976; de 1969 a 1976, Valladares, E. (1976) *op. cit.* De las fibras químicas. Cuadro 12

[a] No incluye lana. [P] Cifras preliminares.

Cuadro 12. Producción nacional de fibras químicas textiles, 1951-1976[a]
(miles de toneladas métricas)

Año	Fibras celulósicas (artificiales)	No celulósicas (sintéticas)	Total de fibras químicas textiles
1951	11.6	0	11.6
1954	14.0	0	14.0
1957	15.3	0.1	15.4
1960	19.5	0.7	20.2
1961	18.1	1.1	19.2
1962	19.1	2.1	21.2
1963	20.5	3.2	23.7
1964	23.3	5.3	28.6
1965	29.9	8.7	38.6
1966	30.9	10.2	41.1
1967	33.0	13.0	46.0
1968	30.1	20.5	50.6
1969	32.8	27.2	60.0
1970	33.9	40.0	73.9
1971	35.1	57.3	92.4
1972	34.4	78.0	112.4
1973	37.0	107.0	144.0
1974	34.5	119.2	153.7
1975	32.9	139.4	172.3
1976[p]	33.3	154.3	187.6

FUENTES: De 1951 a 1964, Banco de México, *Las fibras artificiales en el consumo de productos textiles,* México, 1965. De 1965 a 1968, Secretaría de Industria y Comercio, Dirección General de Estadística, *Revista de Estadística,* México 1967, 1968 y 1970. De 1969a 1976, Asociación Nacional de la Industria Química (ANIQ), *Anuario de la industria química mexicana, 1977,* México, 1977.

[a]No se incluyen los filamentos industriales de alta tenacidad ni las cuerdas çara llantas ni otros productos industriales como el celofán.

[p]Cifras preliminares.

Cuadro 13. **Producción nacional y tasas de crecimiento de fibras químicas, 1965-1976**[a] **(absolutos en miles de toneladas métricas)**

Año	Total de fibras químicas		Fibras químicas textiles[b]		Fibras textiles celulósicas[b] (artificiales)		Fibras textiles no celulósicas[b] (sintéticas)	
	Absoluto	T.[c] (%)	Absoluto	T.[c] (%)	Absoluto	T.[c] (%)	Absoluto	T.[c] (%)
1965	45.7		38.6		29.9		8.7	
1966	48.0	5.0	41.1	6.5	30.9	3.3	10.2	17.2
1967	53.2	10.8	46.0	11.9	33.0	6.8	13.0	27.5
1968	58.4	9.8	50.6	10.0	30.1	(—)8.8	20.5	57.7
1969	68.3	17.0	60.0	18.6	32.8	9.0	27.2	32.7
1970	82.2	20.4	73.9	23.2	33.9	3.4	40.0	47.1
1971	101.3	23.2	92.4	25.0	35.1	3.5	57.3	43.3
1972	122.5	20.9	112.4	21.7	34.4	(—)2.0	78.0	36.1
1973	155.4	26.9	144.0	28.1	37.0	7.6	107.0	37.2
1974	165.4	6.4	153.7	6.7	34.5	(—)6.8	119.2	11.4
1975	185.5	12.2	172.3	12.1	32.9	(—)4.6	139.4	17.0
1976[p]	202.9	9.4	187.6	8.9	33.3	1.2	154.3	10.7

FUENTE: Las mismas del cuadro 12, en lo referente al período 1965-1976.
[a] Excluye la película de celulosa regenerada (celofán)
[b] Excluye filamentos continuos de alta tenacidad y cuerdas para llantas
[c] Tasa anual de crecimiento.
[d] Cifras preliminares.

Cuadro 14. Tasas de crecimiento anual de la producción mundial y nacional de fibras sitéticas, 1951-1975 (en porciento)

Período	Producción mundial	Producción nacional
1951/1954	24	—
1954/1957	29	—
1957/1960	19.5	—
1960/1961	19	57.1
1961/1962	25	90.9
1962/1963	27	52.4
1963/1964	27	65.6
1964/1965	23	64.2
1965/1966	20	17.2
1966/1967	16	27.5
1967/1968	31	57.7
1968/1969	16	32.7
1969/1970	12	47.1
1970/1971	19	43.3
1971/1972	13	36.1
1972/1973	19	37.2
1973/1974	−2	11.4
1974/1975	−3 [p]	17.0
1975/1976	ND	10.7 [p]

FUENTE: Cuadros 6 y 12.

[p] Estimado con cifras preliminares.

Cuadro 15. **Participación de los varios tipos de fibras sintéticas producidas en el total nacional, 1969-1976 (en porcientos)**

Año	Fibras sintéticas	Nylon filamento textil	Nylon fibra corta	Poliéster fibra corta	Poliéster filamento textil	Fibra acrílica corta	Polipropileno filamento textil
1969	100.0	44.1	1.2	21.5	11.1	22.1	—
1970	100.0	39.0	0.9	20.0	18.9	21.2	—
1971	100.0	24.3	0.6	23.4	30.1	21.6	—
1972	100.0	20.7	0.6	19.8	41.7	17.2	—
1973	100.0	19.8	0.5	15.6	46.7	17.4	—
1974	100.0	17.6	0.3	14.6	47.2	20.0	0.3
1975	100.0	14.0	0.4	12.7	50.6	20.9	1.4
1976 p	100.0	15.4	0.4	13.8	44.7	23.2	2.5

FUENTE: Asociación Nacional de la Industria Química, *Anuario de la industria química mexicana, 1977*, México, 1977.

p Estimado con cifras preliminares.

Cuadro 16. Producción nacional de poliéster para uso textil, 1969-1976 (absolutos en toneladas métricas)

Año	Poliéster fibra corta		Poliéster filamento textil		Total de poliéster para uso textil	
	Absoluto	(%)	Absoluto	(%)	Absoluto	(%)
1969	5,850	65.9	3,026	34.1	8,876	100.0
1970	7,988	51.3	7,584	48.7	15,572	100.0
1971	13,393	43.7	17,248	56.3	30,641	100.0
1972	15,436	32.2	32,508	67.8	47,944	100.0
1973	16,662	25.0	50,000	75.0	66,662	100.0
1974	17,411	23.6	56,294	76.4	73,705	100.0
1975	17,687	20.0	70,577	80.0	88,264	100.0
1976 P	21,262	23.6	68,977	76.4	90,239	100.0

FUENTE. Las mismas del cuadro 15.
P Cifras preliminares.

Cuadro 17. Producción mundial de poliéster por tipo de fibra, 1968 y 1975 (millones de toneladas métricas)

Producto	1968	1975
Fibra corta poliéster	0.7	1.7
Filamento poliéster	0.3	1.7
Total	1.0	3.4

FUENTE: Boon, G.K., *op. cit.*

Cuadro 18. Importancia de la Producción Nacional de Poliéster en la Producción Mundial, 1969-1975 (en porcientos)

Año	Participación de la producción nacional en la mundial	Tasas de crecimiento anual	
		Producción mundial	Producción nacional
1969	0.65	20.1	75.4
1970	0.95	29.0	96.7
1971	1.45	18.3	56.5
1972	1.91	26.4	39.0
1973	2.10	1.0	10.6
1974	2.30	5.9	19.8
1975	2.60	N.D.	2.2 [p]

FUENTES: Cuadros 8, 9 y 16.

[p] Valor estimado a partir de una cifra preliminar.

Cuadro 19. Precios promedio del poliéster y el algodón, 1954-1976 (en pesos por kilogramo de fibra)

Años	Fibras nacionales		Poliéster, fibra corta de 3 denier en Estados Unidos (centavos de dólar por libra de fibra)	
	Algodón	Poliéster	Precio	Tasa de crecimiento (%)
1954	ND	ND	161.7	
1961	6.92	ND	127.0	(—) 3.4
1962	6.85	ND	114.8	(—) 9.6
1963	7.12	ND	114.0	(—) 0.7
1964	7.12	ND	99.3	(—) 12.9
1965	6.99	34.0	85.2	(—) 14.2
1966	6.98	32.5	82.0	(—) 3.8
1967	7.49	34.0	65.0	(—) 20.7
1968	7.34	31.2	61.0	(—) 6.2
1969	6.79	32.1	61.0	0
1970	7.36	31.4	61.0	0
1971	8.76	29.6	61.0	0
1972	9.20	28.9	61.0	0
1973	15.20	29.1	61.0 [a]	0
1974	16.03	35.7	ND	—
1975	13.56	36.9	ND	—
1976	25.28	ND	ND	—

FUENTE: Para el algodón, Valladares, E., *El consumo de textiles en 1976*, Banco de México, México, 1976, cuadro 6 Pá. 26. Para el poliéster nacional, Dirección General de Estadística, *Revista de Estadística*, México, números de 1966 a 1976. Para el poliéster, fibra corta de Estados Unidos, Commodoty Research Bureau, *Commoditi Yearbook*, Nueva York, 1968 y 1977.

[a] Cifra preliminar

Cuadro 20. Importaciones de fibras sintéticas textiles, 1952-1966 (en toneladas métricas)

Año	Total	Fibras cortas	Filamento
1952	447	4	443
1953	718	16	702
1954	756	17	739
1955	952	23	929
1956	1,344	31	1,313
1957	1,336	89	1,247
1958	1,440	48	1,392
1959	1,891	96	1,795
1960	2,669	282	2,387
1961	3,146	434	2,712
1962	3,722	471	3,251
1963	1,997	788	1,209
1964	3,411	1,572	1,839
1965	4,929	2,032	2,897
1966	3,031	2,454	577

FUENTE: Dirección General de Estadística, *Anuario Estadístico de Comercio Exterior de los Estados Unidos Mexicanos,* México, números de 1952 a 1966.

Cuadro 21. Participación del poliéster en la importación de fibras sintéticas, 1961-1966 (toneladas)

Año	Total de fibras sintéticas	Poliéster	% de poliéster en el total
1961	3,146	528	17.3
1962	3,722	412	11.1
1963	1,997	1,308	65.5
1964	3,411	1,192	34.9
1965	4,929	1,342	27.2
1966	3,031	485	16.0

FUENTE: (Poliéster) Valladares, E., *El consumo de textiles en 1968,* México, 1969. (Fibras sintéticas) Cuadro 20.

Cuadro 22. Evolución del mercado interno de la fibra corta de poliéster, 1969-1976 (toneladas)

Año (1)	Producción nacional (2)	Importación (3)	Exportación (4)	Consumo nacional aparente (C.A.) (5) = (2) + (3)-(4)	Tasa de crecimiento anual del C.A. (%) (6)
1969	5,850	32.3	—	5,882.3	
1970	7,988	38.5	—	8,026.5	36.5
1971	13,393	25.3	—	13,418.3	67.2
1972	15,436	19.0	46.4	15,408.6	14.8
1973	16,662	142.1	1,847.2	14,956.9	(—) 2.9
1974	17,411	343.7	272	17,482.7	16.9
1975	17,687	420.0	—	18,107.0	3.6
1976	21,262	504.0	—	21,766	20.2

FUENTE: ANIQ. *Anuario de la industria química mexicana, 1977,* Méxzico, 1977; excepto los datos de importación de 1969 a 1974, que fueron tomados del cuadro 28.

Cuadro 23. Evolución del mercado interno del filamento continuo de poliéster, 1969-1976 (toneladas)

Año (1)	Producción acional (2)	Importación (3)	Exportación (4)	Consumo Nacional Aparente (C.A.) (5)-(2) + (3)-(4)	Tasa de crecimiento anual del C.A. (%) (6)
1969	3026.	56.9	—	3,082.9	
1970	7,584	150.5	—	7,734.5	150.9
1971	17,248	133.2	592.3	16,788.9	117.1
1972	32,508	188.3	0.4	32,695.9	94.8
1973	50.000	2,967.3	5.0	52,962.3	62.0
1974	56,294	8,512.0	—	64,806.0	22.4
1975	70,577	1,254	—	71,831	10.8
1976	68,977	652	2.0	69,627	( ) 3.2

FUENTE: ANIQ, *Anuario de la industria química mexicana, 1977* México, 1977; excepto los datos de importación de 1969 a 1974, cuya fuente es el cuadro 28.

Cuadro 24. Evolución del mercado mexicano del poliéster, 1966-1976 (miles de toneladas)

Año	Consumo nacional aparente (CA)	Tasa de crecimiento anual del CA (%)
1966	2.7	
1967	3.8	40.7
1968	5.8	52.6
1969	9.0	55.2
1970	15.8	75.6
1971	30.2	91.1
1972	48.1	59.3
1973	67.9	41.2
1974	82.3	21.2
1975	89.9	9.2
1976	91.4	1.7

FUENTES: De 1966 a 1968, D.G.E., *Revista de estadística* (producción nacional) y *Anuario estadístico de comercio exterior* (importaciones).
De 1969 a 1976 ANIQ, *Anuario de la industria química mexicana, 1977*, México, 1977.

Cuadro 25. **Permisos petroquímicos concedidos para producir polimero de poliéster o chips, de 1964 a junio de 1975**

Fecha del Diario Oficial	Planta nueva por instalar	Tamaño inicial (tons. l año)	Planta por ampliar	Aumento del tamaño (tons./año)	Tamaño total (tons/año)
28 Jun. 1962	I. Nylon de México, Monterrey, N.L. [a]	5,000			
29 Jul. 1964	II. Celanese Mexicana, Toluca, Mex.	5,250			
1° Ago. 1970	III. Nylon de México, La Leona, N.L.	1,600			
14 Nov. 1970	IV. Fibras Químicas, Monterrey, N.L.	4,000			
30 Nov. 1970			II	14,350	19,600
29 Jun. 1971	V. Fibras Sintéticas, México, D.F.	5,400			
31 Ago. 1971			III	4,900	6,500
25 Sep. 1971			IV	5,000	9,000
9 Oct. 1971	VI. Kimex, Tlanepantla, Méx.	2,500			
29 Oct. 1971	VII. Industria Petroquímicas Mexicana, El Salto, Jal.	6,900			

	VIII. Celanese Mexicana, Ocotlán, Jal.	9,900			
			I	20,000	25,000
			III	11,450	17,950
			V	24,600	30,000
			VI	3,500	6,000
			VI	6,000	12,000
	IX. Celanese Mexicana, Querétaro, Qro.	16,000	IV	9,000	18,000
			VI	4,000	16,000
6 Sep. 1974			IV	12,000	30,000
26 Dic. 1974			II	4,000	23,600
19 Jun. 1975			IX	28,000	44,000
Número total de plantas autorizadas	9				
Número total de ampliaciones concedidas			13		

FUENTE: ANIQ, *Anuario de la industria química mexicana 1975*, México, 1975.

[a] La empresa que obtuvo el permiso fue Policrón de México, S.A., pero como fue absorbida por Nylon de México en 1974, se modificó el nombre a favor de esta empresa.

Cuadro 26. Capacidad productiva de las plantas procesadoras de poliéster, 1974 (miles de toneladas anuales de fibras)

Tipo de fibra	Planta	Capacidad máxima autorizada (hasta 31/XII/74)	Capacidad instalada estimada (1974)
1. Fibra corta	I	25.0	8.7
	II	23.6	10.5
	V [a]	15.0	3.6
TOTAL FIBRA CORTA		63.6	22.8
2. Filamento	III	17.9	15.0
	IV	30.0	22.0
	V [a]	15.0	3.6
	VI	16.0	10.0
	VII	6.9	5.8
	VIII, IX	25.9	16.3
TOTAL FILAMENTO		111.7	72.7
TOTAL FIBRAS POLIESTER		175.3	95.5

FUENTE: Cuadro 25 sobre la capacidad autorizada.
Investigación propia, acorde con los totales publicados por la ANIQ, sobre la capacidad instalada.

[a] La planta V estimaba tener un 50% de sus instalaciones para fibra corta y otro 50% para filamento textil aunque en 1975 y 1976 produjo únicamente filamento.

Cuadro 27. Tamaños de plantas de chips autorizados por el Gobierno Federal Mexicano hasta junio de 1975

	Planta	Tamaño máximo concedido (en toneladas/año de producción)	Destino principal (poliéster)
I.	Nylon de México, Monterrey, N.L.	25,000	Fibra corta
II.	Celanese Mexicana, Toluca, Méx.	23,600	Fibra corta y filamento industrial
III.	Nylon de México, La Leona, N.L.	17,950	Filamento textil
IV.	Fibras Químicas, Monterrey, N.L.	30,000	Filamento textil y filamento industrial
V.	Fibras Sintéticas, México, D.F.	30,000	Filamento textil y fibra corta
VI.	Kimex, Tlalnepantla, Méx.	16,000	Filamento textil
VII.	Industrias Petroquímicas Mexicanas, El Salto, Jal.	6,900	Filamento textil
VIII.	Celanese Mexicana, Ocotlán, Jal.	9,900	Filamento textil
IX.	Celanese Mexicana, Querétaro, Qro.	44,000	Filamento textil
TOTAL DE CAPACIDAD MAXIMA AUTORIZADA		203,350	

FUENTE: ANIQ, *Anuario de la industria química mexicana 1975*, México, 1975.

Cuadro 28. Volumen de importaciones de poliéster de tipo de fibra, 1966-1974 (toneladas)

Año	Total	Filamento continuo			Fibra corta		
		Total	Sin procesar	Procesado	Total	Sin estar ordenada	Ordenada en mecha para hilarse
1966	83.0	73.9	58.7	15.2	9.1	9.1	0
1967	49.6	49.2	42.0	7.2	0.4	0.3	0.04
1968	62.3	56.1	46.9	9.2	6.2	0.8	5.4
1969	89.1	56.8	44.1	12.7	32.3	1.3	31.0
1970	189.0	150.5	124.7	25.8	38.5	28.0	10.5
1971	158.5	133.2	100.8	32.4	25.3	3.3	22.0
1972	207.3	188.3	160.1	28.2	19.0	1.6	17.4
1973	3,109.4	2,967.3	1,846.5	1,120.8	142.1	132.5	9.6
1974	8,854.7	8,511.0	2,560.4	5,950.6	343.7	267.8	75.9

FUENTE: Dirección General de Estadística, *Anuario estadístico de comercio exterior de los Estados Unidos Mexicanos*, números correspondientes a los años respectivos, México, D.F.

Cuadro 29. Ventas totales de las empresas locales productoras de poliéster, 1969-1976[a] (millones de pesos)

Año	Celanese	Fibras Químicas	Nylon de México-b	FISISA	Kimex
1969	1,235	283	134	N.D.	N.D.
1970	1,418	350	168	45	N.D.
1971	1,539	464	310	40	N.D.
1972	1,766	603	435	125	N.D.
1973	2,130	783	696	206	N.D.
1974	2,734	865	792	383	N.D.
1975	3,055	1,122	949	N.D.	476
1976	3,854	1,205	999	N.D.	546

FUENTE: *Expansión*, Nov. 1975, Sep. 1976 y Ago. 1977, e investigación directa.

[a] Se incluye la venta de poliéster y otros productos. No se incluyó a Industrias Petroquímicas Mexicanas por falta de datos.

[b] De 1969 a 1972, se tomaron las cifras de los períodos de 1969/70 a 1972/73.

Cuadro 30. Importancia del poliéster en las ventas totales de las empresas productoras, 1974

Concepto	Número de empresas
Empresas en cuyas ventas el poliéster es el principal producto	5
Empresa en cuya venta el poliéster es el segundo producto importante	1
TOTAL	6

FUENTE: Investigación directa.

Cuadro 31. Jerarquización de las tasas de ganancias de empresas productoras de poliéster, 1969-1974 [a]

Año	A	B	C [b]	D
1969	2	1	N.D.	3
1970	2	1	4	3
1971	2	1	4	3
1972	2	1	4	3
1973	2	N.D.	3	1
1974	1	N.D.	2	N.D.

FUENTE: Investigación directa.

[a] La jerarquía correspondiente al número 1 indica el mayor porcentaje de utilidades netas con respecto a las ventas netas. Tanto las utilidades como las ventas se refieren no solo al poliéster sino a la gama completa de productos vendidos por la empresa respectiva. En el cuadro faltan dos empresas de tamaño pequeño. No se incluyeron por falta de información.

[b] Las tasas de ganancias se refieren a los períodos de 1969/70 a 1973/74.

Cuadro 32. Prosperidad de las empresas productoras de poliéster, según el crecimiento de las ventas netas totales, 1969-1976 [a] (en porcientos)

Empresa	Jerarquía de prosperidad	Tasas de crecimiento de las ventas		
		De 1969 a1970	De 1973 a 1974	De 1975 a 1976
Celanese	1	14.8	28.4	26.2
Fibras Químicas	2	23.7	10.5	7.4
Nylon de México	3	25.4	13.8	5.3
FISISA	4	N.D.	85.9	N.D.
Kimex	5	N.D.	N.D.	14.7

FUENTE: Cuadro 29

[a] No se incluyó a la empresa Industrias Petroquímicas Mexicanas por falta de datos.

Cuadro 33. Participación de las empresas en el mercado de poliéster, según su tamaño, 1976 (en porcientos)

Jerarquía de las empresas según su tamaño	Cantidad demandada del poliéster para uso textil	Demanda del filamento textil	Demanda de la fibra corta
1	29.5	24.0	50
2	16.7	21.2	—
3	27.2	21.2	50
4	7.7	9.8	0
5	11.9	15.1	—
6	6.9	8.7	—
TOTAL	100.0	100.0	100

FUENTE: Investigación directa.

El número uno indica la empresa de mayor tamaño. La distribución de tamaños se determinó según el monto de las ventas totales, utilidades netas y empleo de las empresas (no se refiere sólo a las instalaciones para producir el poliéster, sino a la compañía completa).

Cuadro 34. Cobertura de países por los principales productores de poliéster en el mundo[a]

Nombre de la empresa	Nùmero total de países	Principal región cubierta
Akzo International	14	Europa
Du Pont	10	Europa
I.C.I.	9	Europa
Celanese	8	América Latina
Courtaulds	8	Europa
Rhône-Poulec, S.A.	8	Europa
Teijin Ltd	8	Asia
Hoechst AG	7	Europa
Toray Ind.	7	Asia
TOTAL DE EMPRESAS EN VARIOS PAISES	79	

FUENTE: Boon, K.K., *op. cit.*

[a] Se incluyen empresas en las que las grandes empresas químicas enlistadas tienen participación mayoritaria o minoritaria en las acciones de aquéllas.

Cuadro 35. Precios promedio del poliéster importado, al llegar a la frontera mexicana, 1966-1974 (pesos mexicanos por un kilogramo de fibra)

		Filamento			Fibra corta		
	Total de poliéster	Total	Procesado [a]	Sin procesar	Total	Fibra corta	Mecha para hilar
1966	50.09	52.87	85.94	44.30	27.61	27.61	
1967	49.95	50.16	106.19	40.51	21.57	17.01	53.84
1968	51.26	54.60	83.77	48.91	21.21	20.85	21.27
1969	46.08	62.07	110.08	48.23	17.89	17.63	17.90
1970	47.48	54.61	120.69	40.93	19.68	19.23	20.89
1971	49.63	56.28	111.07	38.68	14.60	11.55	15.06
1972	40.82	43.23	75.32	37.58	16.99	16.01	17.08
1973	30.99	31.77	37.47	28.31	14.64	13.49	30.42
1974	37.17	37.88	40.41	31.99	19.73	17.89	26.24

FUENTE: Cifras estimadas con base en Dirección General de Estadística, *Anuario estadístico de comercio exterior de los Estados Unidos Mexicanos,* números correspondientes a los años de 1966 a 1974

[a] Procesado; es decir, acabado; por ejemplo, hilo texturizado.

Cuadro 36. Principales productos fabricados en 1976 y 1977 por empresas contenidas en la encuesta de fabricantes de equipo

Productos principales	Número de productores
Intercambiadores de calor	9
Recipientes a presión	6
Torres y columnas de destilación	5
Evaporadores	5
Sistemas de secado	5
Molinos	3
Mezcladores	3
Enfriadores	3
Reactores	3
Calderas	2
Instrumentos de medición y control	1
TOTAL DE PRODUCTORES	11

FUENTE: Investigación directa.

Cuadro 37. Estructura de propiedad de las empresas productoras de equipo, 1977

Tipos de propiedad	Número de empresas
Empresas 100% nacionales privadas	5
Empresas 100% extranjeras privadas	3
Empresas con participación extranjera menor de 50%	2
Empresas Mixtas (extranjera-nacional privada y nacional estatal) con participación extranjera menor de 50%	1
TOTAL	11

FUENTE: Investigación directa.

Cuadro 38. Origen de la tecnología utilizada por once fabricantes de equipo

Origen	Número de empresas
Licencias y tecnología adquiridas unicamente a través de la asociación con una empresa extranjera	3
Adquirida por la asociación con una empresa extranjera (con licencias) y algunos desarrollos propios	3
A través de licencias de tecnología de origen extranjero sin existir asociación con la proveedora y algunos desarrollos propios	3
Proporcionada por la casa matríz (incluyendo licencias) y algunos desarrollos propios	1
Principalmente desarrollos propios	1
TOTAL	11

FUENTE: Investigación directa.

Cuadro 39. Factores que influyen en ocho empresas para fabricar equipo bajo licencia hasta 1977

Factores	Número de empresas
Por falta de tecnología propia	5
Por razones de mercado tales como el prestigio, confiabilidad, marca y nombre, del proveedor de las licencias entre los demandantes de equipo	4
Otras razones	2
TOTAL	8

FUENTE: Investigación directa.

Cuadro 40. Contenido de los contratos de tecnología declarados por tres fabricantes de equipo

Elementos contractuales	Empresas receptoras
Exclusividad del uso de la tecnología	3
Confidenciabilidad sobre lo adquirido	3
Acceso a mejoras	3
Uso de patentes	2
Uso de marcas	2
Delimitación del ámbito territorial a cubrir	3
Ventas conjuntas de equipos y procesos	1
TOTAL DE EMPRESAS RECEPTORAS	3

FUENTE: Investigación directa.

Cuadro 41. Tipo de IDE[a] efectuada por algunos fabricantes de equipo, 1977

Tipo de IDE	Número de empresas
Desarrollo experimental	5
Diseño y dibujo ingenieril	6
Solución de problemas técnicos específicos	6
Control de calidad	5
Nada de IDE	2
TOTAL DE EMPRESAS	10

FUENTE: Investigación directa.

[a] IDE, investigación y desarrollo

Cuadro 42. Relaciones de los fabricantes de equipo con firmas de ingeniería hasta 1977

Concepto	Número de empresas
No se tienen contactos con firmas de ingeniería (FI)	1
Contactos sólo con FI locales	2
Contactos sólo con FI extranjeras	1
Contactos con FI nacionales y extranjeras	4
TOTAL	8

FUENTE: Investigación directa.

Cuadro 43. Mecanismos a través de los cuales se dan a conocer los equipos en el mercado, 1977

Mecanismo	Número de empresas que lo adoptan
Revistas y catálogos (folletos)	6
Comunicación o visitas directas a clientes	8
Prestigio o calidad del producto	1
Uso de exposiciones por films	1
A través de firmas de ingeniería	2
Exposiciones o seminarios industriales	1
TOTAL DE EMPRESAS QUE DECLARARON	10

FUENTE: Investigación directa.

Cuadro 44. Principales elementos de promoción de ventas utilizados por los fa bricantes de equipos hasta 1977

Elementos mencionados	Número de empresas
Ofrecer servicios de ingeniería básica	7
Ofrecer servicios de ingeniería de detalle	8
Flexibilidad para satisfacer el diseño del cliente	8
Garantía del diseño	9
Garantía de funcionamiento	9
Capacitación para el manejo del equipo y algunos materiales	7
Asistencia para adaptaciones	7
Instalación de los equipos	8
Servicios de reparación y mantenimiento	7
Suministro ágil de repuestos y accesorios	7
Calidad, prestigio, confianza	5
Tiempo de entrega	3
TOTAL	10

FUENTE: Investigación directa.

Cuadro 45. Elementos tecnológicos buscados y seleccionados por tres fabricantes locales de poliéster hasta 1977

Elementos técnicos	Empresa A	Empresa B	Empresa C
Proceso	NO	NO	SI
Ingeniería básica (fundamento ingenieril)	NO	NO	SI
Ingeniería de detalle	SI	NO	SI
Equipo y máquinas	SI	NO	SI
Asistencia técnica	NO	NO	SI
Asesoría sobre organización mercadotécnica	NO	NO	NO[a]

FUENTE: Investigación directa.
[a] La empresa C no buscó este elemento porque no lo necesitaba.

Cuadro 46. Aspectos de los elementos tecnológicos que determinaron su selección en tres empresas fabricantes de poliéster hasta 1977

Determinantes	Frecuencia de respuesta
Confiabilidad	2
Modernidad	1
Costo de la tecnología	1
Decisión de la matriz	1
Otros:	
– Eficiencia	1
– Calidad del producto	1
TOTAL DE EMPRESAS	3

FUENTE: investigación directa.

Cuadro 47. Tipo de procesos utilizados por tres productores de poliéster en 1976 y 1977

Empresas y producto	Por tipo de materia prima		Por el grado de continuidad	
	DMT	TPA	Intermitente	Continuo
Empresa A	X	X		
— Filamento			X	X
— Fibra corta			X	X
Empresa B	X			
— Filamento			X	
Empresa C	X	X		
— Filamento			X	X
— Fibra corta			X	X

FUENTE: Investigación directa.

Cuadro 48. **La Producción bruta de la industria manufacturera por ramas de actividad, 1965-1970 y 1975 (en miles de millones de pesos)**

Ramas manufactureras	1965	1970	1975
Alimentos	23.8	38.9	84.9
Bebidas	6.6	11.8	26.2
Tabaco	1.7	3.0	6.4
PRODUCTOS TEXTILES	11.5	15.4	29.4
Ropa y otras confecciones	2.7	6.0	12.0
Calzado y cuero	1.7	3.4	6.4
Productos de madera y corcho, excepto muebles	1.5	2.4	4.8
Muebles excepto de metal y plástico moldeado	0.9	2.1	4.2
Papel	4.2	7.4	16.0
Editorial e impresión	3.4	5.4	10.1
Productos químicos	13.9	24.6	60.5
Refinación de petróleo y derivados del carbón mineral	0.6	1.3	3.5
Productos de hule y plástico	3.2	7.0	15.5
Productos de minerales no metálicos, exc. del petróleo y del carbón mineral	4.6	8.6	20.1
Industria metálica básica	12.1	24.1	46.7
Productos metálicos, excepto maquinaria y equipo	6.5	11.7	25.3
Maquinaria y equipo no eléctricos	2.9	6.3	18.1
Maquinaria, equipo y artículos eléctricos y electrónicos	5.5	10.4	23.0
Equipo de transporte	6.9	15.4	42.6
Otras manufacturas	1.0	2.2	5.5
Industria manufacturera [a]	115.4	207.3	461.2

FUENTE: 1965, 1970: Dirección General de Estadística, *X censo industrial*, Avance de resultados por clase de actividad, México, D.G.E., 1976.
1975: Dirección General de Estadística, *X censo industrial, 1976*, Resumen general, México, D.G.E., 1979.
[a] La diferencia entre el total y la suma de las ramas industriales se debe al redondeo de las cifras.

Cuadro 49. Distribución de husos de las hilanderías de algodón y sus mezclas con fibras sintéticas y artificiales en 1962.

Número de husos	Algodón 100%				Mezclas de algodón con fibras sintéticas y artificiales			
	Empresas		Husos		Empresas		Husos	
	Número	%	Número	%	Número	%	Número	%
Hasta 10,000	172	83.5	720,328	50.9	18	68.2	91,104	47.0
10,001 a 20,000	24	11.6	349,998	24.7	3	13.1	45,104	23.2
20,001 y más	10	4.9	345,876	24.4	2	18.7	57,825	29.8
TOTAL	206	100.0	1.416,202	100.0	23	100.0	194,033	100.0

FUENTE: Naciones Unidas, *La industria textil en América Latina, México*, Nueva York, CEPAL, Vol. XI, 1966, págs. 15 y 17.

Cuadro 50. Distribución de husos de las hilanderías o departamentos de hilatura en 1973

Número de Husos	Fábricas		Husos	
	Número	%	Número (miles)	%
Hasta 10,000	278	80.0	956.6	43.1
10,001 a 20,000	42	12.2	605.1	27.3
20,001 a 35,000	21	6.1	521.7	23.5
35,001 y más	3	0.9	136.0	6.1
Sub-total	344	100.0	2,219.4	100.0
Fábricas y husos no clasificados	104		231.6	
TOTAL	448		2.451.0	

FUENTE: Cámara Nacional de la Industria Textil, *III Memoria Estadística,* México, D.F., 1976. Pág. 158.

Cuadro 51. Distribución de telares de las tejedurías de algodón y sus mezclas con fibras sintéticas y artificiales en 1962

Número de Telares	Algodón 100%				Mezclas de algodón con fibras sintéticas y artificiales			
	Empresas		Husos		Empresas		Husos	
	Número	%	Número	%	Número	%	Número	%
Hasta 100	195	66.3	5,879	17.2	57	72.1	2,211	28.7
101 a 500	90	30.6	20,084	58.9	22	27.9	5,486	71.3
501 y más	9	3.1	8,146	23.9				
Total	294	100.0	34,109	100.0	79	100.0	7,697	100.0

FUENTE: Naciones Unidas, *La industria textil en América Latina, México,* Nueva York, CEPAL, vol. XI, 1966 , págs. 15 y 17.

Cuadro 52. Distribución de telares de las tejedurías o departamentos de tejido pie y trama en 1973

Número de telares	Fábricas		Telares	
	Número	%	Número	%
1 – 100	349	72.6	10,697	22.6
101 – 300	91	18.9	16,131	34.0
301 – 500	24	5.0	9,212	19.4
501 – 800	15	3.1	9,332	19.7
801 y más	2	0.4	2,015	4.3
Sub-total	481	100.0	47,387	100.0
Fabricas y Telares no clasificados	528		11,437	
TOTAL	1,009		58,824	

FUENTE: Cámara Nacional de la Industria Textil (CANAINTEX), *III Memoria Estadística,* México, D.F., 1977. Pág. 159.

Cuadro 53. Grado de integración de fábricas textiles de algodón, fibras sintéticas y artificiales (1962)

Grado de Integración[a]	Empresas		Obreros	Husos	Telares
	Número	%	%	%	%
No integradas	372	67.3	27.8	24.3	28.3
Integradas parcialmente.	134	24.2	36.5	75.7	71.7
Integradas totalmente	47	8.5	35.7		
TOTAL	553	100.0	100.0	100.0	100.0

FUENTE: Naciones Unidas, *La industria textil en América Latina, México*, Nueva York, CEPAL, vol. XI, 1966.

[a] Las empresas no integradas son las que realizan únicamente la operación de hilado, tejido o acabado. Las fábricas que aparecen como integradas parcialmente son aquéllas que hilan y tejen. Las empresas totalmente integradas son las que cuentan con hilados, tejido y acabado.

Cuadro 54. Grado de integración de las hilaturas de fibras blandas en 1973

Grado de integración-[a]	Empresas		Husos	
	Número	%	Miles	%
No integradas	127	36.9	676.3	30.5
Parcialmente integradas	146	42.5	1,010.4	45.5
Totalmente integradas	71	20.6	532.6	24.0
Sub-total	344	100.0	2,219.3	100.0
Empresas y husos no clasificados	104		231.6	
TOTAL	448		2,450.9	

FUENTE: CANAINTEX, *III Memoria Estadística*, México, 1976.

[a] Las hilanderías que aparecen como parcialmente integradas son aquellas que además del hilado cuentan con departamento de tejido, mas no de acabado. Las hilaturas totalmente integradas son las que realizan además el tejido y el acabado. Las hilaturas no integradas cuentan solamente con la operación de hilado o hilado y acabado, mas no están integradas al tejido.

Cuadro 55. Grado de integración de las tejedurías de fibras blandas en 1973

Grado de integración-[a]	Empresas		Telares	
	Número	%	Número	%
No integradas	274	57	15,875	33
Integradas parcialmente	149	31	20,800	44
Integradas totalmente	58	12	10,712	23
Sub-total	481	100	47,387	100
Empresas y telares no clasificados	528		11.437	
Total	1,009		58,824	

FUENTE: CANAINTEX, *III Memoria Estadística*, México, 1976.

[a] Las tejedurías que aparecen como totalmente integradas, cuentan con las operaciones de hilado, tejido y acabado. Las tejedurías parcialmente integradas cuentan con hilado y tejido, mas no acabado. Las tejedurías no integradas no realizan el hilado, aunque pueden efectuar el acabado.

Cuadro 56. Oferentes internacionales de algunos tipos de máquinas para hilado y el tejido en el mercado latinoamericano en 1976

Empresa	Tipo de máquina [a]				
	CA	CS	HC	HR	T
Aguila Santagostino					X
Ashworth Bros.	X	X			
Bahan					X
Barriquand			X		X
Carding Specialists	X	X			
A. Carniti			X		
Crompton & Knowles					X
Cognetex	X		X		
Davis & Furber		X			
Draper (Rockwell)					X
English Card Clothing Co.	X				
Enshu					X
George Fischer					X
Fukushima			X		
Galileo					X
Carlo Giani					X
Gregori Hnos.					X
John Haig & Sons		X			
Heberlein Hispano			X		
Hirano Loom Works					X
Houget Duesberg Bosson	X	X	X		
Ingolstadt	X		X		
Investa				X	X
Itamasa			X		X
Jean Güsken					X
Kyowa	X	X			
Lentz					X
Lindauer Dornier					X
Maco Algodón					X
James Mackie Sons			X		
Mageba					X
Matesa-Iwer					X
Memmingen		X			
Merriman			X		
Metalexport			X		X
Metalmeccanica					X
Mitsui			X		
Nebiolo					X
Nichimen					X
Nuova San Giorgio	X		X		X
Nuovo Pignone					X
Omita					X

Empresa		Tipo de Máquina				
		CA	CS	HC	HR	T
Picañol						X
Platt Int'l		X	X	X		
Platt Saco Lowell		X	X	X		
Proctor & Schwartz			X			
Ribeiro						X
Rieter				X		
Roberts		X	X	X		
Rockwell Int'l. Textile Mach. Div.						X
Rüti						X
SACM		X		X		X
Adolph Saurer						X
Saurer-Diederichs						X
Schlumberger			X	X		
Spintex Spinnerei-Maschinenbau,						
Stiehl Fromm & Co.		X				
Sulzer Bros.						X
Tamm						X
William Tatham		X	X			
Trützchler		X	X			
Tsudakoma						X
Unitechna						X
Varimex				X		X
Whitin Mach. Works		X	X	X		
Carl Zangs						X
Zinser		X		X		
TOTAL DE EMPRESAS	66	17	15	22	1	39

FUENTE: *Textiles Panamericanos*, Vol. XXXVI N° 7, Atlanta, Ga., E.U.A., julio de 1976.

[a] Los tipos de máquinas incluidos en el cuadro son: CA, Cardas para algodón; CS, cardas para fibras sintéticas; HC, hiladoras continuas; HR, hiladora sin husos o de rotor; y T, telares con o sin lanzadera.

Cuadro 57. **Oferentes internacionales de algunos tipos de máquinas y equipos para teñir textiles, orientados al mercado Latinoamericano en 1976**

Empresa	Tipo de bienes ofrecidos [a]									
	A	B	J	ÑB	ÑR	ÑH	ÑM	ÑT	ÑU	ÑO
Adams-Zeller										X
Andrew Engineering		X								
Argelich, Termes y Cía.				X	X			X	X	
Barriquand				X			X			
Batson Machinery				X						
Benninger Engineering			X							
Ernest Benz		X	X					X		
Böhler & Weber								X		
Brückner	X	X		X		X		X		X
Brugman								X		
Burlington Engineering	X	X		X						
Butterworth Manufacturing		X	X							
C.I.M.I.	X									
Callebaut de Blicquy								X		
Clermont-Bonte	X		X							
Cocker Mach. & Foundry		X						X	X	
Gebr. Dhole								X		
Dudley, Garland & Jensen										X
ESPA				X			X			
Fleissner				X						
Frauchiger				X			X		X	
Gaston County Dyeing Mach.	X			X	X		X		X	
Gerber & Co.			X					X		

Empresa	Tipo de bienes ofrecidos									
	A	B	J	ÑB	ÑR	ÑH	ÑM	ÑT	ÑU	ÑO
Greenville Steel & Foundry	X									
Heliot, Maurice										
Vald. Heriksen			X	X	X		X			
Rodney Hunt Text. Mach. Div.		X		X				X	X	
James Hunter	X	X	X	X	X			X		
Hussong-Walker-Davis						X				X
IKM de México										X
Ilai							X			
Ilma	X	X		X		X	X			
Indsteel				X			X			
Inter-America Services								X		
Klauder-Weldon Giles		X					X	X		
H. Krantz				X						X
Küsters			X	X						
L.A.I.P.	X			X						
Leemetals		X		X				X		
Charles Mackenzie	X			X						
Marshall & Williams										X
Mather & Platt				X						
Measurex										X
Metalexport								X		
Metalmeccanica			X							
Milnor								X		
Mitsui				X						
Mitter				X						
Mohr Machinen		X		X						
Moliné	X	X					X			

Morrison Machine									X		
Morton Mach. Works											X
Nichimen							X				
Nippon				X	X						
Sir James Farmer Norton			X								
Obermaier								X	X		
Omez			X						X		
Paramount Southern	X				X						
Passat-Textil-Maschinen	X										
Samuel Pegg				X						X	
Platt-Ellison									X		
Platt-Int'l				X							
Platt-Longclose				X							
Gebr. Poensgen			X								
Riggs & Lombard	X	X							X		
C.G. Sargent's Sons	X	X			X						
Scholl				X	X				X		
F. Smith & Co.			X								
Rudolf Then		X		X	X			X	X		
Thies				X					X		
Traversa		X		X	X						
Turbo	X			X	X						X
Varimex				X							
Venango Engineering				X							
John Verduin									X		
Wakayama											X
Werner Mach			X								
Werner Mathis			X								
TOTAL	78	16	17	16	34	11	4	12	24	6	11

FUENTE: *Textiles Panamericanos. Op. cit.* Los tipos de bienes de capital para teñir son: A, autoclaves; B, barcas de teñir; J, jiggers para tintura y acabado; ÑB, máquinas para el teñido en bobina y plegador; ÑR, máquinas para teñir fibras en rama; ÑH, máquinas para teñir hilados; ÑT, máquinas para teñir telas en pieza; NU, máquinas para el teñido de urdimbres; y ÑO, otras máquinas de teñir (incluyen equipos de termofijado y máquinas de teñir en paquetes y materia en rama).

Cuadro 58. Concentración de la oferta de algunas máquinas textiles por especialidad, 1976

Concepto	Número de oferentes	
	Absoluto	%
Sólo venden máquinas para el hilado	25	18.2
Sólo venden máquinas para el tejido	30	21.9
Sólo venden máquinas para el teñido	71	51.8
Venden máquinas para el hilado y tejido	4	2.9
Venden máquinas para el hilado y teñido	2	1.5
Venden máquinas parael tejido y teñido	2	1.5
Venden máquinas para el hilado, tejido y teñido	3	2.2
TOTAL	137	100.0

FUENTES: Cuadros 56 y 57.

Cuadro 59. Fraccionamiento de la oferta de algunas máquinas para los departamentos de hilados y tejidos, 1976

Concepto	Número de empresas	
	Absoluto	%
A. Especialización por departamento		
— Ofrecen hiladoras y/o cargas pero no telares	27	40.9
— Ofrecen telares pero no cardas ni hiladoras	32	48.5
— Ofrecen telares, cardas e hiladoras	7	10.6
TOTAL DE OFERENTES	66	100.0
B. Especialización en el departamento de hilados		
— Ofrecen cardas pero no hiladoras	11	32.3
— Ofrecen hiladoras pero no cardas	7	20.6
— Ofrecen hiladoras y cardas	16	47.1
TOTAL DE OFERENTES	34	100.0

FUENTE: Cuadro 56.

Cuadro 60. Tipos de máquinas textiles ofrecidas por las empresas comprendidas en la encuesta de ofrentes intermediarios en México, de 1970 a 1976

Empresa	Apertura y limpieza	Preparación del hilado	Hiladoras	Telares	Máquinas para el teñido
A	X	X	X		X
B	X	X	X	X	
C	X	X	X		
D				X	X
E				X	X
F	X	X	X	X	
G					X
H	X	X	X	X	X[a]
I				X	
9	5	5	5	6	5

FUENTE: Investigación directa.
[a] La empresa H representa tres marcas de diferentes equipos para el teñido.

Cuadro 61. Mecanismos de difusión y propaganda adoptados por las empresas comprendidas en la encuesta de oferentes intermediarios de maquinaria textil hasta 1976

Medios de difusión	Número de empresas
Agentes de ventas	9
Catálogos y folletos	9
Ferias y exposiciones	6
Anuncios o artículos en publicaciones periódicas	5
Propaganda por correo	2
TOTAL DE EMPRESAS	9

FUENTE: Investigación directa.

Cuadro 62. Origen del financiamiento y determinación de los mecanismos de difusión de maquinaria textil, utilizados por los intermediarios hasta 1976

Empresa que decide los mecanismos / Empresa que financía los mecanismos	El fabricante extranjero	El intermediario	Ambas partes	TOTAL
El fabricante extranjero	1	0	1	2
El intermediario	0	1	1	2
Ambas partes	0	3	2	5
TOTAL	1	4	4	9

FUENTE: Investigación directa.

Cuadro 63. Elementos tecnológicos y económicos ofrecidos con la venta de máquinas textiles por las empresas comprendidas en la encuesta de intermediarios hasta 1976

	Número de empresas
Calidad o garantía de funcionamiento [a]	9
Servicio de montaje	8
Servicio de mantenimiento correctivo y preventivo [b]	9
Asistencia técnica	8
— Para efectuar adaptaciones de máquinas y sistemas	5
— Para resolver algunos problemas técnicos específicos	8
Suministro de partes componentes y refacciones [c]	8
Capacitación de operarios o mecánicos	6
Servicio de crédito [d]	8
TOTAL DE EMPRESAS	9

FUENTE: Investigación propia

[a] Este elemento fue mencionado con mayor frecuencia (89%) como de los más críticos para el logro de ventas de máquinas.

[b] Este elemento se señaló como de los más claves para la venta de máquinas con una frecuencia de 67%.

[c] Este fue el tercer elemento crítico de la oferta de máquinas, mencionando como tal por el 44% de las empresas.

Este fue el cuarto elemento clave, mencionado en el 22% de los casos.

Cuadro 64. Factores externos que afectan las ventas de cada empresa incluida en la encuesta de intermediarios de máquinas textiles

Concepto	Número de empresas afectadas
Tamaño de la industria textil	3
Dinámica de la industria textil	5
Condiciones económicas generales	4
Control de importaciones por permisos gubernamentales	8
Cuotas arancelarias	6
Control de precios	2
Comportamiento de los intermediarios rivales	5
TOTAL	9

FUENTE: Investigación directa.

Cuadro 65. Intensidad de la oferta de crédito en la venta de maquinaria textil por empresas incluidas en la encuesta de intermediarios

Proporción de las ventas efectuadas a crédito (%)	Número de empresas
De 0 a 50	0
De 50 a 75	2
De 75 a 85	3
De 85 a 100	4
TOTAL	9

FUENTE: Investigación directa.

Cuadro 66. Incidencia del precio de los telares en la intensidad del crédito para su venta, 1975 (número de empresas)

Precios de los telares \ Intensidad relativa del crédito	Alta [a]	Media [b]	Baja [c]	Total
Bajos	2	0	0	2
Medios	1	2	0	3
Altos	0	0	1	1
TOTAL	3	2	1	6

FUENTE: Investigación directa.
[a] De 85 a 100% de las ventas son a crédito.
[b] De 75 a 85% de las ventas son a crédito.
[c] De 50 a 75% de las ventas son a crédito.

Cuadro 67. Fuentes de financiamiento para el crédito en la venta de maquinaria textil hasta 1976

Fuentes	Número de empresas
Facilidades provenientes del fabricante	7
Créditos de bancos extranjeros	1
Recursos del intermediario u otras fuentes	0
TOTAL	8

FUENTE: Investigación directa.

Cuadro 68. Factores en los que se apoyan más los oferentes intermediarios de maquinaria textil para competir en el mercado mexicano, 1975- 1976

Empresa	Servicio de financiamiento	Calidad y garantía de la máquina.	Servicios de apoyo técnico-[a]	Surtido ágil de refacciones
A		X	X	
B	X			
C		X		
D	D		X	
E		X		
F		X	X	
G			X	
H[b]		X	X	X
I		X		X

FUENTE: Investigación directa.

[a] Servicios de capacitación de operarios y mecánicos, asistencia técnica, montaje y mantenimiento de la maquinaria.

[b] La empresa H enfrenta limitaciones para conceder financiamiento a los clientes.

Cuadro 69. Jerarquización de algunos aspectos técnicos y comerciales de los telares ofrecidos por las empresas comprendidas en la encuesta de intermediarios, 1976

Empresa	Versatilidad o flexibilidad		Telar de reciente representación	Contenido tecnológico sencillo[d]	Telar conocido[c]	Telar barato
	en sistema[b]	en anchos				
B	5	3	1	2	5	3
D	1	1	2	1	3	1
E	3	2	5	1	1	2
F	6	4	3	2	4	3
H	2	4	4	2	2	3
I	4	5	3	3	4	4

FUENTE. Investigación directa.

[a] El número 1 representa la mayor jerarquía.

[b] Los sistemas son con lanzadera y sin lanzadera. También se considera la diversidad de modelos disponibles bajo cada sistema.

[c] Los telares más conocidos por lo gereneral corresponden a los ofrecidos por representantes con más tiempo de estar operando en el país, salvo el caso de la empresa D, cuyos telares por ser muy baratos se estiman ser más conocidos que los de las empresas F e I.

[d] Por contenido tecnológico sencillo se da a entender que los telares correspondientes trabajan con el sistema de inserción de lanzadera, no tienen instrumentos de control electrónico avanzados ni otros aditamentos modernos, son sencillos y de poca capacidad productiva.

Cuadro 70. Jerarquización de la participación de las empresas contenidas encuesta de intermediarios en el mercado hasta 1976

Empresa	Jerarquía
B	5
D	2
E	1
F	4
H	3
I	3

FUENTE: Investigación directa.

Cuadro 71. Inconvenientes que dificultan la producción local de maquinaria textil, según la opinión de intermediarios, 1976

Inconvenientes	Número de empresas
El tamaño del mercado es pequeño	5
Altas inversiones	5
Rechazo de los usuarios locales	4
La competencia es difícil	2
Falta de *know-how*	1
Falta de materias primas	1
TOTAL DE EMPRESAS ENCUESTADAS	9

FUENTE: Investigación directa

Cuadro 72. Algunos fabricantes locales de equipos y partes de máquinas textiles, 1977

Empresa	E	PH	PT	PA	RN
A.T.I.P., S.A.					X
Acomex, S.A.					X
Acomtex (Zinser)		X			
Almeira de Fauchts, Luz				X	
Artículos Metálicos Pegaso			X		
Astro Textil	X				
Bandas el Tigre					X
Bobinas Puelles, S.A.		X			
Cardespa, S.A.		X			
Cía. Mexicana de Refacciones Textiles, S.A.			X		
Domínguez e Hijos Carlos					X
Draper de México, S.A. de C.V. (Rockwell International)			X		
Especialidades Textiles, S.A.	X				X
Fabricaciones Industriales de México, S.A.					
González, José Ramón				X	
Industrias "Arra", S.A.					X
Industrias F.B., S.A.			X		
Lanzaderas Nacionales, S.A.			X		
Lanzaderas San José			X		
Lanzamex, S.A.			X		
Manufactura de Refacciones					X
Manufacturas El Elefante					X

Maquinaria Marlasca Mexicana, S.A.					X
Mecánica Universal, S.A. de C.V.	X				X
Mexicana de Maquinaria, S.A.					X
Morales Marcos					
Plásticos Micami, S.A.		X	X		
Ramírez Castañeda, Juan					X
Reel Química Ingeniería, S.A.	X				
Refacciones Textiles Canet, S.A.		X	X		X
Refacciones Textiles El Porvenir					X
Retes de Puebla, S.A.					
Stehedco Mexicana, S.A. de C.V.			X		
Suero y Morato, S.A.					X
TKF, Engineering and Trading de México, S.A.					X
Taller de Fundición y Acabado El Trebol					X
Taller Mecánico de Torno					X
Taller Mecánico Jesús García					X
Trueba Olmos José					X
Villavicencio Díaz Guillermo					X
Zepeda Vázquez Guadalupe					X
TOTAL DE EMPRESAS: 41	4	5	10	2	22

FUENTES: *Directorio Industrial de Puebla*, 1977, *Directorio Telefónico de la Ciudad de México*, 1977 e investigación directa. La letra E significa fabricantes de equipos de acabado; PH indica productores especializados en partes de máquinas para hilado; PT se refiere a la producción de partes de telares; PA significa fabricación de partes de máquinas de acabado textil; RN indica producción de refacciones textiles no especificadas.

Cuadro 73. Algunos fabricantes mexicanos de equipos y partes de máquinas textiles por tipo de especialidad, 1977

Concepto	Número de empresas
Fabricantes de equipo para el acabado textil	4
Fabricantes especializados en partes componentes de máquinas para el hilado	3
Fabricantes especializados en partes componentes de telares	8
Fabricantes especializados en partes componentes tanto de telares como de máquinas para el hilado	2
Fabricantes especializados en partes componentes de máquinas para el acabado	2
Fabricantes de refacciones textiles, sin especificar especialización	22
TOTAL	41

FUENTE: Cuadro 72.

Cuadro 74. Servicios técnicos ofrecidos por tres productores locales de equipo textil, 1978

Servicios / Departamento textil	Hilado	Tejido	Teñido
Diseño de máquinas	0	1[a]	3
Construcción de máquinas	0	1[a]	3
Reparación de máquinas	0	0	2
Adaptación de máquinas	0	1	3
Manufactura de refacciones	0	1	3
Asistencia técnica	0	0	3

FUENTE: Investigación directa.

[a] Máquinas de preparación para el tejido y control de calidad, como engomadoras, apresto de hilados y revisadoras de telas.

Cuadro 75. Tareas técnicas efectuadas por tres productos de equipo textil hasta 1978

Actividades	Número de empresas
Diseño y dibujo ingenieril	3
Fundición de materiales	0
Soldadura	3
Torno y fresado	3
Hojalatería	2
Acabado	3

FUENTE: Investigación directa.

Cuadro 76. Origen de la tecnología textil de tres productores de equipo, 1978

Origen	Número de empresas
Desarrollos propios a base de investigaciones de su personal	2
Desarrollos a partir de imitaciones	3
Desarrollos a partir de la experiencia de adaptaciones hechas	1
Otro origen	0

FUENTE: Investigación directa.

Cuadro 77. Distribución de tamaños e integración de las empresas textiles contenidas en la encuesta de demanda de tecnología, 1977 (número de empresas)

	Tamaño [a]			
Integración	Chico	Mediano	Grande	total
Total (3 departamentos)	0	1	1	2
Parcial (2 departamentos)	2	3	2	7
No integradas (un departamento)	6	3	2	11
TOTAL	8	7	5	20

FUENTE: Investigación directa.
[a] Véase la definición de los tamaños en el anexo III.

Cuadro 78. Actividad de búsqueda de proveedores alternativos de maquinaria textil hasta 1977

Concepto	Número de empresas
Buscaron oferentes alternativos	9
No fue necesario buscar pero se consideraron proveedores alternativos	10
No buscaron ni consideraron oferentes alternativos	1
TOTAL	20

FUENTE: Investigación directa.

Cuadro 79. Fuentes utilizadas para tener opciones de técnicas

Tipo de fuentes	Número de empresas
Revistas y catálogos	12
Consultas con oferentes intermediarios	8
Ferias y exposiciones	7
Experiencia propia	3
Visitas a fábricas textiles	2
Visitas a fabricantes de máquinas en el extranjero	1
TOTAL DE EMPRESAS QUE DECLARARON	16

FUENTE: Investigación directa.

Cuadro 80. Jerarquización de factores considerados en empresas de textiles para evaluar alternativas y seleccionar maquinaria hasta 1977

Tipo de factores	Jerarquización [a]
Precio de la máquina	1
Versatilidad de la máquina	2
Calidad del producto	3
Volúmen total de la producción	4
Costo del trabajo	4
Especificaciones físicas del producto	5
Velocidad de la máquina	6
Tipo de materias primas a usar	6

FUENTE: Investigación directa.

[a] El número 1 indica el factor que fue señalado con más frecuencia por 20 empresas.

Cuadro 81. Relación entre los criterios de selección y los niveles tecnológicos de las máquinas escogidas para 20 fabricantes de textiles hasta 1977

Factores utilizados en la evaluación de opciones / Nivel tecnológico de las máquinas seleccionadas	Alto [a]	Medio [b]	Bajo [c]	Número total de respuestas
Precio de la máquina	1	5	10	16
Versatilidad	2	5	6	13
Calidad del Producto	2	3	5	10
Volúmen de la producción	1	4	4	9
Costo del trabajo	2	4	3	9
Características físicas del producto	2	2	4	8
Velocidad de la máquina	1	1	2	4
Tipo de materias primas	1	2	1	4
TOTAL DE EMPRESAS	3	5	12	20

FUENTE: Investigación directa.

[a] Incluye hiladoras open-end y telares sin lanzadera.

[b] Incluye máquinas convencionales automatizadas, de alta producción.

[c] Incluye máquinas convencionales de baja capacidad de producción.

Cuadro 82. Relación de algunas características de 20 fabricantes de textiles con la versatilidad y nivel tecnológico de la maquinaria seleccionada, 1978 (número de empresas)

Características	Niveles tecnológicos [c]			Versatilidad [a]		
	Alto	Medio	Bajo	Alta	Menor	Total
A. *Tamaño* [c]						
Grande	1	0	4	4	1	5
Mediano	2	2	3	6	1	7
Pequeño	0	3	5	4	4	8
TOTAL	3	5	12	14	6	20
B. *Diversificación de la producción* [c]						
Relativamente alta	0	1	4	5	0	5
Menor	3	4	8	9	6	15
TOTAL	3	5	12	14	6	20
C. *Grado de integración* [c]						
Total	0	1	1	2	0	2
Parcial	2	0	5	5	2	7
Solo un departamento	1	4	6	7	4	11
TOTAL	3	5	12	14	6	20
D. Antigüedad [b]						
Entre 40 y 21 años (vieja)	0	2	7	8	1	9
Entre 20 y 11 (nueva)	1	1	5	3	4	7
10 o menos años (nueva)	2	1	0	2	1	3
TOTAL	3	4	12	13	6	19

FUENTE: Investigación directa.

[a] La versatilidad o flexibilidad técnica relativamente alta se refiere a la disposición de máquinas correspondientes a varios sistemas (telares con y sin lanzadera) o máquinas con flexibilidad para ajustarse a la producción de varios artículos de diferentes especificaciones.

[b] El total de empresas sobre las que se obtuvo información con relación a su antigüedad fue 19.

[c] Véanse las definiciones correspondientes en el anexo III.

Cuadro 83. Primeras compras de máquinas textiles efectuadas por 19 empresas hasta 1978

Epoca de las primeras compras	Número de empresas			
	Grandes [a]	Medianas [a]	Pequeñas [a]	Total
De 1941 a 1950	3	3	1	7
De 1951 a 1960	2	2	1	5
De 1961 a 1970	0	0	4	4
De 1971 a 1978	0	2	1	3
TOTAL	5	7	7	19

FUENTE: Investigación directa.

[a] Véanse las definiciones en el anexo III.

Cuadro 84. Relación del tamaño y la antigüedad de 19 empresas textiles con la versatilidad y los niveles tecnológicos de la maquinaria seleccionada, 1978 (número de empresas)

Tamaño y antigüedad de las empresas [a]	Niveles tecnológicos [a]			Flexibilidad técnica [a]		
	Alto	Medio	Bajo	Alta	Menor	Total
Grande y vieja	0	0	4	3	1	4
Grande y madura	1	0	0	1	0	1
Mediana y vieja	0	2	2	4	0	4
Mediana y madura	0	0	1	1	0	1
Mediana y nueva	2	0	0	1	1	2
Pequeña y vieja	0	0	1	1	0	1
Pequeña y madura	0	1	4	2	3	5
Pequeña y nueva	0	1	0	1	0	1
TOTAL	3	4	12	14	5	19

FUENTE: Investigación directa.

[a] Véanse las definiciones correspondientes en el anexo III.

Cuadro 85. Relación del tamaño y la diversificación de 20 empresas textiles con la versatilidad y los niveles tecnológicos de la maquinaria seleccionada, 1978 [a]
(número de empresas)

Tamaño y diversificación de la producción	Niveles tecnológicos			Versatilidad		
	Alto	Medio	Bajo	Alta	Menor	Total
Grande y altamente diversificada	0	0	2	2	0	2
Grande y medianamente diversificada	1	0	2	2	1	3
Mediana y altamente diversificada	0	0	2	2	0	2
Mediana y medianamente diversificada	2	2	1	4	1	5
Pequeña y altamente diversificada	0	1	0	1	0	1
Pequeña y medianamente diversificada	0	2	5	3	4	7
TOTAL	3	5	12	14	6	20

FUENTE: Investigación directa.

[a] Véanse las definiciones correspondientes en el anexo III.

Cuadro 86. **Relación del grado de integración y diversificación de 20 empresas textiles con la versatilidad y los niveles tecnológicos de la maquinaria seleccionada, 1978**[a]

(número de empresas)

Grado de integración y diversificación de la producción	Niveles tecnológicos			Flexibilidad técnica		
	Alto	Medio	Bajo	Alta	Menor	Total
Totalmente integrada y altamente diversificada.	0	0	1	1	0	1
Totalmente integrada y medianamente diversificada	0	1	0	1	0	1
Parcialmente integrada y altamente diversificada.	0	0	2	2	0	2
Parcialmente integrada y medianamente diversificada.	2	0	3	3	2	5
No integrada y altamente diversificada.	0	1	1	2	0	2
No integrada y medianamente diversificada.	1	3	5	5	4	9
TOTAL	3	5	12	14	6	20

FUENTE: Investigación directa.
[a] Véanse las definiciones contenidas en el anexo III.

Cuadro 87. Sensibilidad de modificar la selección de maquinaria si se tuviera que aumentar el volumen de producción textil, 1977 (número de empresas)

Tipo de empresas [a]	No cambiarían la selección	Seleccionarían otras máquinas	Total
A. *Según su tamaño y antigüedad*			
Grande y antigua	3	1	4
Grande y madura	0	1	1
Mediana y antigua	1	3	4
Mediana y madura	1	0	1
Mediana y nueva	2	0	2
Pequeña y antigua	0	1	1
Pequeña y madura	1	4	5
Pequeña y nueva	0	1	1
TOTAL	8	11	19
B. *Según su tamaño y diversificación*			
Grande y altamente diversificada	1	1	2
Grande y medianamente diversificada	2	1	3
Mediana y altamente diversificada	0	2	2
Mediana y medianamente diversificada	4	1	5
Pequeña y altamente diversificada	0	1	1
Pequeña y medianamente diversificada	1	6	7
TOTAL	8	12	20
C. *Según el nivel tecnológico*			
Alto	2	1	3
Medio	2	3	5
Bajo	4	8	12
TOTAL	8	12	20
D. Según la versatilidad			
Relativamente alta	5	9	14
Menor	3	3	6
TOTAL	8	12	20

FUENTE: Investigación directa.

[a] Véanse las definiciones en el anexo III.

Cuadro 88. Sensibilidad de modificar la selección de maquinaria si aumenta la diversificación de la producción, 1977 (número de empresas)

Tipo de empresas [a]	No cambiarían la selección	Seleccionarían otras máquinas	Total
A. *Según su tamaño y antigüedad*			
Grande y antigua	4	0	4
Grande y madura	0	1	1
Mediana y antigua	4	0	4
Mediana y madura	1	0	1
Mediana y nueva	1	1	2
Pequeña y antigua	1	0	1
Pequeña y madura	1	3	4
Pequeña y nueva	1	0	1
TOTAL	13	5	18
B. *Según su tamaño y diversificación*			
Grande y altamente diversificada	2	0	2
Grande y medianamente diversificada	2	1	3
Mediana y altamente diversificada	2	0	2
Mediana y medianamente diversificada	4	1	5
Pequeña y altamente diversificada	1	0	1
Pequeña y medianamente diversificada	3	3	6
TOTAL	14	5	19
C. *Según el nivel tecnológico*			
Alto	1	2	3
Medio	4	0	4
Bajo	9	3	12
TOTAL	14	5	19
D. *Según la versatilidad*			
Relativamente alta	11	3	14
Menor	3	2	5
TOTAL	14	5	19

FUENTE: Investigación directa.

[a] Véanse las definiciones del anexo III.

Cuadro 89. Sensibilidad de modificar la selección de maquinaria si aumenta el costo del trabajo, 1977 (número de empresas)

Tipo de empresas [a]	No cambiarían la selección	Seleccionarían otras máquinas	Total
A. *Según su tamaño y antigüedad*			
Grande y antigua	4	0	4
Grande y madura	0	1	1
Mediana y antigua	1	3	4
Mediana y madura	1	0	1
Mediana y nueva	2	0	2
Pequeña y antigua	0	1	1
Pequeña y madura	1	3	4
Pequeña y nueva	0	1	1
TOTAL	9	9	18
B. *Según su tamaño y diversificación*			
Grande y altamente diversificada	2	0	2
Grande y medianamente diversificada	2	1	3
Mediana y altamente diversificada	1	1	2
Mediana y medianamente diversificada	3	2	5
Pequeña y altamente diversificada	0	1	1
Pequeña y medianamente diversificada	1	5	6
TOTAL	9	10	19
C. *Según el nivel tecnológico*			
Alto	2	1	3
Medio	0	4	4
Bajo	7	5	12
TOTAL	9	10	19
D. *Según la versatilidad*			
Relativamente alta	7	7	14
Menor	2	3	5
TOTAL	9	10	19

FUENTE: Investigación directa.

[a] Véanse las definiciones del anexo III.

Cuadro 90. Servicios técnicos que acompañan la compra de máquinas textiles hasta 1977

Elementos	Número de empresas
Suministro de partes y refacciones	16
Servicios de mantenimiento	5
Servicios de reparación	5
Asistencia técnica sobre el manejo de las máquinas	10
Instalación de las máquinas	18
Adaptaciones	7
Asesoría para la organización fabril (lay out)	4
Capacitación de operarios y/o técnicos	2
Ninguno	1
TOTAL	20

FUENTE: Investigación directa.

Cuadro 91. Condicionamiento de paquetes tecnológicos declarados por 18 empresas de textiles hasta 1977

Naturaleza de los paquetes	Número de empresas
Condicionado por el oferente y solicitado por el demandante	3
Condicionado por el proveedor pero no solicitado por la receptora	9
Solicitado por la empresa receptora	6
TOTAL	18

FUENTE: Investigación directa.

Cuadro 92. Factores considerados y negociados en la compra de máquinas texti les hasta 1977

Factores	Número de empresas
Precio de la máquina	17
Surtido de refacciones y partes	16
Adquirir las características técnicas de la máquina buscadas (por ejem., versatilidad, velocidad, facilidad de manejo, solidez o calidad)	14
Instalación	13
Capacitación de operarios técnicos	12
Facilidades de pago (crédito y plazos de pago)	11
Servicios posteriores a la compra	8
Adquirir del proveedor servicios de mantenimiento correctivo	1
Entrega pronta de la máquina	1
TOTAL	20

FUENTE: Investigación directa.

Cuadro 93. Uso de crédito en la compra de máquinas textiles hasta 1977

Modalidad de las compras	Número de empresas
Compraron de contado	1
Compraron de crédito	17
Compraron de contado y a crédito	1
TOTAL	19

FUENTE: Investigación directa.

Cuadro 94. Actividades técnicas efectuadas en algunas plantas textiles con relación al uso de maquinaria, 1977

Tipo de actividad técnica	Número de empresas
Mantenimiento preventivo	20
Mantenimiento correctivo	20
Adaptaciones	12
TOTAL	20

FUENTE: Investigación directa.

Cuadro 95. Sistemas de adiestramiento utilizados por 20 empresas textiles para el desarrollo de habilidades técnidas de su personal hasta 1977

Tipo de adiestramiento	Número de empresas
Sistemas formales, principalmente [a]	6
Solo sistemas informales, "sobre la marcha del trabajo"	9
Ambos sistemas	5
TOTAL	20

FUENTE: Investigación directa.

a En los sistemas formales se incluyen cursos impartidos por la empresa (en colaboración con otros o sin colaboración) y por oferentes de máquinas textiles.

Cuadro 96. Adaptaciones hechas a máquinas textiles en uso hasta 1977

Concepto	Número de empresas
Sus máquinas no han sido adaptadas	8
Sus máquinas fueron adaptadas	12
TOTAL	20

FUENTE: Investigación directa.

Origen de las adaptaciones técnicas hechas hasta 1977

Origen	Número de empresas
Adaptaciones efectuadas únicamente por técnicos fuera de la empresa	1
Adaptaciones efectuadas dentro de la empresa con asesoría de técnicos ajenos a la empresa	2
Adaptaciones hechas por la empresa sin asesoría externa	9
TOTAL	12

FUENTE: Investigación directa.

Cuadro 98. Tipo de adaptaciones técnicas por empresas hasta 1977

Tipo de adaptaciones	Número de empresas
1. Adaptaciones relativamente mayores	
– Solucionar problemas mecánicos frecuentes mediante la modificación de las máquinas	2
– Modificar la velocidad de la máquina	2
– Cambio del ancho de telares	2
– Modificar el sistema de una máquina para convertirla en otra de diferente tipo	3
2. Adaptaciones relativamente menores	
– Incorporación de aditamentos y partes auxiliares	3
– Adaptaciones al manejo de otras materias primas o a la diferenciación del producto	2
TOTAL	12

FUENTE: Investigación directa.

Cuadro 99. Relaciones de algunas características de las empresas textiles con el tipo de adaptaciones técnicas hechas hasta 1977 (en número de empresas)

Características de las empresas	No adaptaron	Hicieron adaptaciones [c] Mayores	Menores	Total
1. *Según el tamaño* [a]				
Grande	2	2	1	5
Mediano	3	3	1	7
Pequeño	3	3	2	8
TOTAL	8	8	4	20
2. *Según la antigüedad* [a]				
Antiguas	3	5	1	9
Maduras	3	3	1	7
Nuevas	2	0	1	3
TOTAL	8	8	3	19
3. *Según el tipo de capacitación* [b]				
Con base solo en sistemas informales	4	3	2	9
Con sistemas formales al menos como puntos de partida	4	5	2	11
TOTAL	8	8	4	20
4. *Según la forma en que se efectuaron las adaptaciones*				
Con personal propio sin asesoría externa		6	3	9
Con personal propio con asesoría externa		1	1	2
Con personal externo a la empresa		1	0	1
TOTAL		8	4	12

FUENTE: Investigación directa. Véanse las definiciones del anexo III. Véase la nota [a] del cuadro 95. Véase la clasificación empleada en el cuadro 98.

Cuadro 100. Tasas del gasto en investigación y desarrollo experimental con respecto al valor agregado en manufacturas

País	Año	Ropa	Textiles	Promedio de la industria manufacturera
Reino Unido	1963	0.3	1.2	3.6
Estados Unidos	1967	0.2	0.2	4.7

FUENTE: Shepherd, G., *Informational Trade in Cotton-Type Textiles: A Case Study of Comparative Advantage*, 1974.

Cuadro 101 Participación de la producción de ropa en la industria manufacturera mexicana, 1965-1975

Año	Valor de la producción bruta (millones de pesos)		Participación de la rama del vestido en las manufacturas (porcientos)
	Industria manufacturera	Industria del vestido [a]	
1965	115,366	2,379	2.06
1970	207,262	5,128	2.47
1975	461,186	11,013	2.38

FUENTES: [a] Dirección General de Estadística, *VIII Censo industrial 1965* (Resumen General), *IX Censo industrial 1971* (Resumen general) y *X Censo industrial 1976*, (Resumen general), México, 1967, 1973 y 1979. Excluye artículos de tejido de punto, así como confecciones diversas como tapicería, mantelería, vendas, bordados, etc.

Cuadro 102. Tasas de crecimiento de los precios de camisas para hombre en los Estados Unidos de América y México, 1967-1976 (en porcientos)

Período	Estados Unidos		México (Camisas en general)
	Camisas para trabajadores	Camisas de vestir y para oficina	
De 1967 a 1972	15.2	12.1	
De 1968 a 1972			35.9
De 1972 a 1973	4.9	1.6	36.1
De 1973 a 1974	16.3	8.0	25.9
De 1974 a 1975	7.5	3.8	16.7
De 1975 a 1976	5.2	4.2	27.0

FUENTE: Precios de Estados Unidos: *Monthly Labour Review,* números editados en 1973, 1974, 1975, 1976 y 1977. Precios de México: Subdirección de Investigación Económica y Bancaria del Banco de México, Sistema Central de Información. Las tasas de crecimiento correspondientes a los dos países se calcularon a partir de los respectivos índices de precios al consumidor a nivel nacional.

Cuadro 103. Participación del comercio exterior en la producción nacional de prendas de vestir, 1965-1975

Años	Importaciones/Producción-[a]	Exportaciones/Producción-[a]
1965	0.01	0.01
1970	0.01	0.03
1975	0.03	0.05

FUENTES: Para la producción, las mismas del cuadro 101. Para las importaciones y las exportaciones, Banco de México, S.A., *Indicadores económicos,* Vol. III, N° 1, diciembre de 1974 y Vol. VI, N° 1, diciembre de 1977. [a] Las razones resultan de dividir millones de pesos entre millones de pesos.

Cuadro 104. Importancia relativa de varias especialidades en la producción nacional de ropa, 1965-1975 (en porcientos)

Especialidad	1965	1970	1975 Producción	1975 Establecimientos
Confección de ropa exterior, excepto camisas	67.1	67.0	73.1	91.7
Confección de camisas	14.2	14.6	12.7	3.7
Confección de ropa interior, excepto la tejida de punto	13.7	14.8	12.0	2.6
Fabricación de sombreros, gorras y similares	3.1	1.4	0.9	1.6
Fabricación de guantes, corbatas, mantillas y similares	1.9	2.2	1.3	0.4
TOTAL	100.0	100.0	100.0	100.0

FUENTES: Las mismas del cuadro 101.

Cuadro 105. Valor de los activos fijos por establecimiento en la producción de prendas de vestir en 1970 y 1975 (en miles de pesos por establecimiento)

Especialidad	1970	1975
Confección de ropa exterior, excepto camisas	59	112
Confección de camisas	370	538
Confección de ropa interior, excepto la tejida de punto	406	568
Fabricación de sombreros, gorros y similares	64	123
Fabricación de guantes, corbatas, mantillas y similares	284	539
TOTAL	85	142

FUENTES: Las mismas del cuadro 101.

Cuadro 106. Empleo y proporción de los activos fijos por trabajador en la industria del vestido, 1970 y 1975

Especialidad	Empleo (número de personas)		Activos fijos por trabajador (miles de pesos por persona)	
	1970	1975	1970	1975
Confección de ropa exterior, excepto camisas	52.979	60,940	9	14
Confección de camisas	10,589	10,218	12.4	16
Confección de ropa interior, excepto la tejida de punto	10,002	9,045	13.0	14
Fabricación de sombreros, gorras y similares	1,777	1,248	7.1	13
Fabricación de guantes, corbatas y similares	1,160	697	20.8	24
TOTAL	76,507	82,148	10	14

FUENTES: Las mismas del cuadro 101.

Cuadro 107. Evolución de la estructura de tamaños de la industria del vestido de 1965 a 1975 (en porcientos)

Concepto	1965		1970		1975	
	Empresas pequeñas-[a]	Empresas medianas y grandes-[b]	Empresas pequeñas-[a]	Empresas medianas y grandes-[b]	Empresas pequeñas-[a]	Empresas medianas y grandes-[b]
TOTAL						
No. de establecimientos	86	14	81	19	78	22
producción bruta total	13	87	7	93	5	95
Ropa exterior, excepto camisas						
No. de establecimientos	89	11	85	15	81	19
producción bruta total	17	83	10	90	7	93
Camisas						
No. de establecimientos	52	48	50	50	42	58
producción bruta total	3	97	2	98	2	98

FUENTES: Las mismas del cuadro 101.
[a] Empresas que ocupan hasta cinco personas
[b] Empresas que ocupan más de cinco personas.

Cuadro 108. Participación de las fábricas de vestido sin personal remunerado en el total de empresas por especialidad, 1965 y 1970 (en porcientos)

Especialidad	1965	1970	1975
Ropa exterior, excepto camisas			
Establecimientos	63	58	60
Producción	4.9	3.0	2.1
Camisas			
Establecimientos	36	34	27
Producción	0.9	0.2	0.4
Ropa interior, excepto la tejida de punto			
Establecimientos	23	22	17
Producción	1.8	0.4	0.1
Sombreros, gorras y similares			
Establecimientos	61	38	33
producción	5.1	2.4	2.2
Guantes, corbatas y similares			
Establecimientos	38	24	13
Producción	3.2	0.6	0.1
TOTAL			
Establecimientos	61	55	57
Producción	4.1	2.2	1.6

FUENTE: Dirección General de Estadística, *VIII Censo industrial, 1960.* (Resumen general) México, D.G.E., 1967.
D.G.E., *IX Censo industrial 1971* (Resumen general), México, D.G.E., 1973.
D.G.E., *X Censo industrial 1976* (Resumen general), México, D.G.E., 1979.

Cuadro 109. Estructura de Costos de la industria nacional manufacturera y del vestido en 1965, 1970 y 1975 (en porcientos)

Concepto	1965			1970			1975		
	Manufacturera	Del vestido	Camisas	Manufacturera	Del vestido	Camisas	Manufacturera	Del vestido	Camisas
1. *Producción bruta total*	100.0	100.0	100.0	100.0	100.0	100.0	100.0	100.0	100.0
2. *Costos:*									
Pagos al trabajo	15.5	19.5	20.2	15.4	18.8	20.7	16.6	20.8	21.9
Materias primas	45.2	44.6	45.9	43.4	42.7	40.2	44.8	45.2	41.8
Envases y empaques	2.4	0.6	1.5	2.4	0.8	1.7	2.8	0.7	1.0
Gastos por maquila	1.2	3.1	3.0	1.2	5.4	3.6	1.2	7.3	5.3
Refacciones	1.6	0.4	0.4	1.0	0.4	0.4	1.8	0.5	0.6
Energía eléctrica	1.0	0.4	0.4	0.3	0.4	0.4	1.0	0.4	0.4
Combustibles y lubricantes	1.1	0.2	0.2	0.9	0.1	0.1	0.9	0.2	0.1
Propaganda y publicidad	1.4	1.2	2.2	1.1	1.3	2.2	0.6	1.0	1.9
Otros gastos en servicios (comisiones para agentes de ventas, igualas, honorarios, gastos de mantenimiento y reparación, etc.)	8.9	6.0	6.8	10.0	8.0	9.6	8.7	7.1	6.9
Uso de patentes, marcas, licencias técnicas, etc.	0.4	0.2	0.4	0.5	0.3	0.5	0.7	0.2	0.7
Intereses sobre créditos	1.6	0.6	0.9	1.8	0.7	0.8	2.1	0.8	0.8
Rentas y alquileres	0.7	1.9	1.4	0.8	1.9	1.0	0.7	1.5	1.4
Otros conceptos no identificados	19.0	21.3	16.7	21.2	19.2	18.8	18.1	14.3	17.2

FUENTE: Dirección General de Estadística. *VIII Censo industrial 1965*, México, 1967. *X Censo industrial 1976*, México, 1979.

Cuadro 110. Actividad maquiladora en la frontera de México con Estados Unidos, 1976

Tipo de actividad	Número de establecimientos	Personal ocupado	cobrado por maquila (millones de pesos)
Artículos electrónicos y eléctricos	161	42,772	2,626
Vestido y calzado	114	13,730	666
Maquinaria y equipo de transporte	30	2,863	213
Muebles y partes	14	1,057	173
Alimentos y bebidas	10	1,059	148
Otras industrias	69	4,224	273
Servicios	8	1,827	97
TOTAL	406	67,532	4,196

FUENTE: Datos de la Dirección General de Estadística contenidos en Marynka Olizar, *Guía de los mercados de México,* Editorial Marynka, S.A., décima edición, 1977-1978, México (sin fecha).

Cuadro 111. Oferta mundial de maquinaria y equipo para la confección de ropa para países latinoamericanos en 1976

Empresa	Maquinaria y equipo[a]								
	T	AT	C	E	M	O	B	R	A
1. Akerlunds	X								
2. Batson		X							
3. Charles Beck	X								
4. Brother Industries			X						
5. Campo Ind. Reece-Adler Div.				X					
6. Camsco	X								
7. Consew Division			X		X				
8. Cutters Exchange	X		X						
9. Cutting Room Appliances		X							
10. Chandler Mach.			X				X		
11. Chattanooga Tufters			X						
12. Dürkoppwerke			X			X			
13. Eastman Mach.	X								
14. Erhardt & Leimer	X								
15. J.M. Feighery	X								
16. J.A. Firsching & Son	X								
17. Ginsberg Mach.	X	X							
18. ITM	X								
19. Industry Werke			X						
20. Jentschmann			X						
21. Oscar I. Judelshon	X								
22. Juki		X	X						
23. Kondo Sewing Mach.			X						
24. Krauss U. Reichert	X								
25. Laroche	X								
26. Maimin	X								
27. Merrow Mach.			X						
28. Mima Sewing Mach.			X						
29. Nesi & Pugi			X						
30. Neumünstersche	X								
31. Joseph Paulus	X								
32. Pfaff			X		X				
33. Pransky Sewing Mach.					X		X		
34. Reece Corp.			X	X		X			X
35. Reliable Attachment			X						
36. Virginio Rimoldi			X						
37. G. Rosner	X								X
38. Simplex Cloth Cutting Mach.	X								
39. The Singer Co. y Singer Sweing Mach. Co.	X	X	X		X	X	X		

Empresa	Maquinaria y equipo[a]								
	T	AT	C	E	M	O	B	R	A
40. Sunbrand		X			X			X	
41. J. Strobel & Söhne			X						
42. Teledyne Amco		X		X	X				
43. Tokyo Juki			X						
44. Union Special Mach.			X				X		
45. Utica Mill Speciality Mach.	X								
46. West Point Foundry & Mach. Co.	X								
47. Whitin Mach. Works				X					
48. Wilcox & Gibbs			X		X				
49. Wolf Machine	X								
TOTAL	22	7	22	4	7	3	4	1	2

FUENTE: *Textiles Panamericanos,* Vol. XXXVI, Atlanta, Ga., E.U.A., julio de 1976.

[a] Las máquinas y los equipos incluidos en el cuadro son los siguientes:

T, Cortadoras de tela
AT, Mesas y otros equipos para salas de corte
C, Máquinas industriales de coser
E, Equipo para formar cuellos, bolsillos y puños
M, Motores especiales para máquinas de coser
O, Máquinas para hacer ojales, incluyendo ojaladoras automáticas
B, Máquinas para coser botones
R, Repuestos para máquinas de coser
A, Equipo auxilir de camisería

Cuadro 112. Estructura de la oferta internacional de maquinaria para la manufactura de ropa en el mercado latinoamericano, 1976

Estructura por tipos de oferentes	Número de empresas
Ofrecen cosedoras industriales, cortadoras, botonadoras y ojaladoras	1
Ofrecen cosedoras industriales, botonadoras y/u ojaladoras, pero no cortadoras	5
Ofrecen cosedoras industriales pero no cortadoras ni botonadoras ni ojaladoras	15
Ofrecen cortadoras, pero no cosedoras industriales, ni botonadoras ni ojaladoras	20
Ofrecen cosedoras industriales y cortadoras, pero no botonadoras ni ojaladoras	1
TOTAL	42

FUENTE: Cuadro 111.

Cuadro 113. Canales de propaganda utilizados por nueve empresas intermediarias de máquinas para la confección, 1976

Canales	Número de empresas
Agentes de ventas	9
Catálogos y folletos	8
Exposiciones y ferias	7
Anuncios en publicaciones periódicas	5
TOTAL	9

FUENTE: Investigación directa.

Cuadro 114. Origen del financiamiento y determinación de los canales de propaganda de máquinas para la confección usados por nueve empresas intermediarias, 1976

Tipo de empresa que financía los canales de propaganda	Empresa que decide los canales de propaganda			
	El fabricante	El intermediario	Ambas partes	Total
El fabricante	0	0	0	0
El intermediario	0	5	0	5
Ambas partes	0	4	0	4
TOTAL	0	9	0	9

FUENTE: Investigación directa.

Cuadro 115. Elementos tecnológicos y comerciales ofrecidos por nueve vendedores de máquinas para la confección hasta 1976

Elementos	Número de empresas
Suministro de refacciones	9 [a]
Servicios de mantenimiento correctivo y preventivo	9 [b]
Calidad o garantía de funcionamiento	8 [c]
Financiamiento	8 [d]
Asistencia técnica	8
– Asistencia para hacer adaptaciones	5
Demostración de máquinas	8
Capacitación de operarios	7 [a]
Suministro de equipos accesorios	6
TOTAL DE EMPRESAS	9

FUENTE: Investigación directa.

[a] Este elemento fue mencionado con mayor frecuencia (67%) como de los más críticos para el logro de ventas de máquinas.

[b] Este elemento se señaló como de los más claves para la venta de máquinas con una frecuencia de 56%.

[c] Este fue otro elemento crítico para las ventas, señalado por el 56% de las nueve empresas encuestadas.

[d] El 22% de las empresas encuestadas señaló este elemento como uno de los que deciden ventas.

[e] El 33% de las empresas visitadas identificó este elemento como uno de los más críticos para el logro de ventas.

Cuadro 116. Factores que afectan las ventas de nueve empresas vendedoras de máquinas para la confección hasta 1976

Factores determinantes	Número de empresas afectadas
Control de importaciones por permisos gubernamentales	8
El tamaño de la industria del vestido	7
La dinámica de la industria del vestido	7
El comportamiento de los intermediarios rivales	5
Las características estructurales de la industria del vestido	5
Cuotas arancelarias	4

FUENTE: Investigación directa.

Cuadro 117. Intensidad de la oferta de crédito en la venta de máquinas para la confección 1975

Proporción de las ventas efectuadas a crédito (%)	Número de empresas
De 0 a 50	1
De 50 a 75	2
De 75 a 85	3
De 85 a 100	1
TOTAL	7

FUENTE: Investigación directa.

Cuadro 118. Incidencia del precio de las máquinas para confección en la intensidad del crédito para su venta, 1975 (número de empresas)

Precios de las máquinas	Intensidad relativa del crédito-a/			
	Alta	Media	Baja	Total
Bajos	1	1	0	2
Medios	0	3	1	4
Altos	0	1	0	1
TOTAL	1	5	1	7

FUENTE: Investigación directa.

[a] Alta, de 85 a 100% de las ventas son a crédito.
Media, de 50 a 85% de las ventas son a crédito.
Baja, menos de 50% de las ventas son a crédito.

Cuadro 119. Fuentes de financiamiento para ofrecer facilidades crediticias en la venta de máquinas para confrección hasta 1976

Fuentes de financiamiento	Número de empresas
Recursos únicamente del propio intermediario	4
En parte recursos del intermediario y en parte créditos de bancos privados	2
Recursos propios del intermediario y facilidades del fabricante	1
Recursos del intermediario, de bancos privados y del fabricante	1
TOTAL	8

FUENTE: Investigación directa.

Cuadro 120. Características de las empresas contenidas en la encuesta de demanda de tecnología para la producción de camisas hasta 1977

Características	Número de empresas
1. *Tamaño* [a]	
Grande	3
Mediano	4
Pequeño	5
TOTAL	12
2. *Grado de integración.*	
Total – no maquila ni envía a maquilar	6
Total – maquila	1
Total – envía a maquilar	2
Parcial – maquila	1
Un solo departamento – envía a maquilar	2
TOTAL	12
3. *Diversificación de la producción.* [a]	
Alta	6
Media	5
Baja	1
TOTAL	12
4. *Infraestructura tecnológica.*	
Relativamente sólida	
Regular	
Débil	

TOTAL	12
5. *Antigüedad*	
Antiguas (21-50 años)	6
Maduras (11-20 años)	1
Nuevas (10 o menos años)	3
SUBTOTAL	10
6. *Segmento del mercado cubierto.*	
Exportación y mercado interno de ingresos medios y altos	1
Consumidores de altos ingresos	1
Consumidores de ingresos medios	5
Consumidores de bajos ingresos	2
Consumidores de ingresos medios y altos	1
Consumidores de todos los estratos sociales	1
SUBTOTAL	11

FUENTE: Investigación directa.
Véanse las definiciones en el anexo III.

Cuadro 121. Actividad de búsqueda de proveedores alternativos de maquinaria para la confección

Concepto	Número de empresas
Buscaron opciones	10
No fue necesario buscar opciones pero se consideraron alternativas	1
No buscaron ni consideraron diversos oferentes.	1[a]
TOTAL	12

FUENTE: Investigación directa.
Una empresa no consideró proveedores alternativos, pero analizó diferentes máquinas de un solo proveedor.

Cuadro 122. Fuentes utilizadas para tener opciones de técnicas

Fuentes utilizadas	Número de empresas
Revistas y catálogos	9
Ferias y exposiciones	4
Consultas con proveedores locales	2
Anuncios en periódicos	1
TOTAL	11

FUENTE: Investigación directa.

Cuadro 123. Jerarquización de elementos de evaluación de opciones técnicas hasta 1977

Tipo de factores	Jerarquización
Precios de las máquinas	1
Volumen total de la producción	1
Versatilidad de las máquinas	2
Calidad o solidez de las máquinas	2
Calidad del producto	2
Suministro ágil de refacciones	2
Tamaño de los lotes de producción	3
Fácil manejo	3

FUENTE: Investigación directa.

Cuadro 124. Máquinas de coser seleccionadas por 10 productores de camisas hasta 1977

Tipos de máquinas	Número de empresas
Máquinas especiales	
convencionales	10
avanzadas	0
Máquinas sencillas	
no de alta velocidad	7
veloces y no veloces	3
TOTAL	10

FUENTE: Investigación directa.

Cuadro 125. Relación entre los criterios de selección y los tipos de máquinas de costura recta seleccionadas por 10 fabricantes de camisas hasta 1977

Factores considerados en la evaluación de opciones	Tipos de máquinas de costura recta seleccionadas		
	No veloces [a]	Veloces y no veloces [a]	Número total de respuestas
Precio de las máquinas	5	2	7
Volumen total de la producción	5	2	7
Versatilidad de las máquinas	4	0	4
Calidad o solidez de las máquinas	2	2	4
Sencillez de las máquinas	2	1	3
Suministro ágil de refacciones	3	1	4
Tamaño de los lotes de producción	2	1	3
Calidad del producto	3	0	3
TOTAL DE EMPRESAS	7	3	10

FUENTE: Investigación directa.

[a] Las máquinas no veloces son las que cosen menos de 5 000 puntadas por minuto y las de velocidad o veloces cosen a 5 000 y más puntadas por minuto.

Cuadro 126. Relación de algunas características de 12 fabricantes de camisas con el nivel tecnológico de la maquinaria seleccionada, 1978 (número de empresas)

Características de las empresas [a]	Tipos de máquinas elegidas		
	No veloces	Veloces y no veloces	Total
A. *Tamaño*			
Grande	1	2	3
Mediano	3	1	4
Pequeño	3	0	3
TOTAL	7	3	10
B. *Integración*			
Total sin enviar a maquila ni maquilar	2	3	5
Total y envían a maquilar	3	0	3
Total y maquilan	1	0	1
Parcial y maquilan	1	0	1
TOTAL	7	3	10
C. *Diversificación de la producción*			
Alta	2	3	5
Media	4	0	4
Baja	1	0	1
TOTAL	7	3	10
D. *Infraestructura técnica*			
Relativamente sólida	1	2	3
Regular	1	1	2
Débil	5	0	5
TOTAL	7	3	10
E. *Antigüedad*			
Antigua	4	2	6
Madura	1	0	1
Nueva	1	1	2
TOTAL	6	3	9

FUENTE: Investigación directa.

[a] Véanse las definiciones de estos términos en el anexo III.

Cuadro 127. Sensibilidad de modificar la selección de máquinas si aumenta el volumen de producción, 1977 (número de empresas)

Características de las empresas [a]	No cambiarían la selección	Seleccionarían otras máquinas	Total
A. *Tamaño*			
Grande	1	2	3
Mediana	1	3	4
Pequeña	2	1	3
TOTAL	4	6	10
B. *Grado de integración*			
Total — no maquila ni envía a maquilar	2	4	6
Total y maquila	1	0	1
Total y envía a maquilar	1	1	2
Parcial y maquila	0	1	1
TOTAL	4	6	10
C. *Infraestructura tecnológica*			
Relativamente sólida	1	2	3
Regular	0	2	2
Débil	3	2	5
TOTAL	4	6	10
D. *Aprovechamiento de la capacidad instalada*			
Alto	0	2	2
Medio	3	2	5
Bajo	1	2	3
TOTAL	4	6	10
E. *Máquinas de coser elegidas.*			
No de alta velocidad	3	4	7
Veloces y no veloces	1	2	3
TOTAL	4	6	10

FUENTE: Investigación directa.

a Véanse las definiciones del anexo III.

Cuadro 128. Sensibilidad de modificar la selección de maquinaria si aumenta la diversificación de la producción (número de empresas)

Características de las empresas [a]	No cambiarían la selección	Seleccionarían otras máquinas	Total
A. *Tamaño*			
Grande	2	1	3
Mediano	3	1	4
Pequeño	3	0	3
TOTAL	8	2	10
B. *Diversificación de la producción*			
Alta	5	1	6
Media	3	1	4
TOTAL	8	2	10
C. *Infraestructura técnica*			
Relativamente sólida	2	1	3
Regular	2	0	2
Débil	4	1	5
TOTAL	8	2	10
D. *Aprovechamiento de la capacidad instalada*			
Alto	2	0	2
Medio	3	2	5
Bajo	3	0	3
TOTAL	8	2	10
E. *Máquinas de coser elegidas*			
No de alta velocidad	6	1	7
Veloces y no veloces	2	1	3
TOTAL	8	2	10

FUENTE: Investigación directa.

[a] Véanse definiciones del anexo III.

Cuadro 129. Sensibilidad de modificar la selección de máquinas si aumenta el costo del trabajo, 1977 (número de empresas)

Características de las empresas [a]	No cambiarían la selección	Seleccionarían otras máquinas	Total
A. *Tamaño*			
Grande	1	2	3
Mediano	0	4	4
Pequeño	2	1	3
TOTAL	3	7	10
B. *Aprovechamiento de la capacidad instalada*			
Alto	0	2	2
Medio	1	4	5
Bajo	2	1	3
TOTAL	3	7	10
C. *Infraestructura técnica*			
Relativamente sólida	1	2	3
Regular	0	2	2
Débil	2	3	5
TOTAL	3	7	10
D. *Máquinas de coser elegidas*			
No de alta velocidad	2	5	7
Veloces y no veloces	1	2	3
TOTAL	3	7	10

FUENTE: Investigación directa.

[a] Véanse las definiciones del anexo III.

Cuadro 130. Intensidad de la adquisición de elementos tecnológicos mediante la compra de máquinas hasta 1977

Cantidad de elementos tecnológicos obtenidos [a]	Número de empresas
Ninguno	1
Uno o dos	10
Tres o cuatro	0
Cinco	1
TOTAL	12

FUENTE: Investigación directa.

[a] Los elementos tecnológicos son:

(1) Asistencia técnica para el manejo de máquinas y/o solución de problemas técnicos específicos.
(2) Adaptación de máquinas.
(3) Servicios de mantenimiento preventivo.
(4) Servicios de reparación.
(5) Organización de la fábrica (lay-out).

Cuadro 131. Tipos de elementos tecnológicos que han acompañado a la adquisición de máquinas hasta 1977

Tipos de elementos	Número de empresas
1. Asistencia técnica para el manejo de máquinas y/o solución de problemas técnicos	6
2. Adaptación de máquinas	2
3. Mantenimiento preventivo	7
4. Reparaciones	6
5. Organización de la fábrica (lay-out)	1
TOTAL	12

FUENTE: Investigación directa.

Cuadro 132. Relación entre la amplitud de los "paquetes" técnicos obtenidos y el tipo de empresas receptoras, 1977 (número de empresas)

Características de las empresas	"Paquetes" relativamente amplios [a]	"Paquetes" pequeños [b]	Ningún "Paquete"	Total
A. *Tamaño*				
Grande	2	1	0	3
Mediano	3	1	0	4
Pequeño	3	1	1	5
	8	3	1	12
B. *Infraestructura técnica*				
Relativamente fuerte	2	1	0	3
Regular	2	0	0	2
Débil	4	2	1	7
TOTAL	8	3	1	12
C. *Integración*				
Total	8	1	0	9
Parcial	0	1	0	1
Nula	0	1	1	2
TOTAL	8	3	1	12

FUENTE: Investigación directa.

[a] Se refiere a los casos en que se recibieron de dos a cinco elementos técnicos adjuntos a la compra de máquinas.

[b] Comprende casos en que se recibió sólo un elemento técnico extra en la adquisición de máquinas.

Consúltense las definiciones del anexo III.

Cuadro 133. Relación entre la forma en que se determinan paquetes tecnológicos y la extensión de los mismos, 1977 (número de empresas)

Determinación de los "paquetes"	Extensión de los "paquetes"		
	Amplia [a]	Reducida [b]	Total
Ofrecidos por el proveedor y no solicitados por la receptora	5	1	6
Solicitados por la receptora	3	2	5
TOTAL	8	3	11

FUENTE: Investigación directa.

[a] Incluyen dos o más elementos tecnológicos adjuntos a la máquina.

[b] Incluye sólo un elemento tecnológico además de la máquina

Cuadro 134. Matriz de factores considerados en la negociación de máquinas y formas de determinación de paquetes tecnológicos hasta 1977 (número de empresas)

Factores en la negociación	Determinación de paquetes				
	Ofrecidos por el proveedor de máquinas		Solicitados por la receptora		Total
	Absoluto	%	Absoluto	%	
Precio de las máquinas	3	75	4	100	7
Surtido de refacciones	3	75	4	100	7
Características técnicas de las máquinas (versatilidad o sencillez o calidad)	2	50	3	75	5
Facilidades de pago	1	25	3	75	4
Servicios de reparación	0	0	1	25	1
Capacitación de operarios	1	25	0	0	1
TOTAL	4	100	4	100	8

FUENTE: Investigación directa.

Cuadro 135. Actividades técnicas de mantenimiento de la maquinaria 1977

Concepto	Número de empresas
1. Técnicos mecánicos calificados	
No tienen	6
El propietario es el único mecánico	1
Tienen uno o dos mecánicos	2
Tienen de tres a seis mecánicos	3
Tienen más de seis mecánicos	0
2. Tipo de mantenimiento proporcionado por técnicos mecánicos o por operarios	
Preventivo	10
Correctivo	9
Adaptaciones	7
No dan mantenimiento a sus máquinas	2
TOTAL DE EMPRESAS	12

FUENTE: Investigación directa.

Cuadro 136. Actividades de capacitación técnica en 12 fábricas de camisas hasta 1977

Concepto	Número de empresas
No usan sistemas formales de capacitación.	7
En parte se usaron cursos formales de adiestramiento y en parte la experiencia del trabajo.	5
TOTAL	12

FUENTE: Investigación directa.

Cuadro 137. Sistemas bajo los cuales los operarios y mecánicos de las empresas han desarrollado sus habilidades hasta 1977

Tipo de adiestramiento	Número de empresas
1. Se han capacitado mediante cursos formales impartidos en la empresa	5
a) Operarios	(4)
b) Mecánicos	(2)
2. Se capacitaron mediante cursos formales impartidos por la empresa en colaboración con otras instituciones	3
a) Operarios	(1)
b) Mecánicos	(2)
3. Se capacitaron mediante cursos formales impartidos por proveedores de máquinas	1
a) Operarios	(0)
b) Mecánicos	(1)
4. Se adiestraron bajo el sistema informal "sobre la marcha del trabajo"	12
a) Operarios	(12)
b) Mecánicos	(1)
5. Se han capacitado en otra forma	0
TOTAL DE EMPRESAS	12

FUENTE: Investigación directa.

Cuadro 138. Adaptaciones hechas a máquinas en uso hasta 1977

Concepto	Número de empresas
Sus máquinas no han sido adaptadas	5
Sus máquinas fueron adaptadas	7
TOTAL	12

FUENTE: Investigación directa.

Cuadro 139. Origen de las adaptaciones técnicas hasta 1977

Origen	Número de empresas
Adaptaciones efectuadas únicamente por técnicos fuera de la empresa	4
Adaptaciones efectuadas dentro de la empresa con asesoría de técnicos ajenos a la empresa	1
Adaptaciones hechas por la empresa sin asesoría externa	2
TOTAL	7

FUENTE: Investigación directa.

Cuadro 140: Tipo de adaptaciones técnidas por empresa hasta 1977

Tipo de adaptaciones	Número de empresas
Adaptaciones no especificadas	1
Modificar los controles de dos máquinas para que sean operadas por una sola persona	2
Solucionar problemas mecánicos frecuentes mediante la modificación de las máquinas	1
Incorporación de aditamentos y partes auxiliares	2
Modificar la velocidad de la máquina	1
Adaptaciones al manejo de otras materias primas o a la diferenciación del producto	3
Modificar el sistema de una máquina para convertirla en otra de diferente tipo	0

FUENTE: Investigación directa.

Anexo II

Descripción de procesos

A. El proceso tecnológico del poliéster [1]

Las fibras de poliéster se producen a partir de materiales derivados del petróleo (véase el diagrama 1) y su procesamiento cubre varias fases de tratamiento químico y posteriormente de técnicas mecánicas. A continuación se presentan las transformaciones que se operan en las materias primas y el uso de equipos específicos, a través de las fases mencionadas.

Policondensación

Un tanque de depósito de etilenglicol (EG) y otro tanque de depósito de TPA (ácido tereftálico) o DMT (tereftalato de dimetilo) alimentan a una mezcladora a fin de mezclar tales sustancias. Si esta mezcla está compuesta por DMT y EG, pasa a un esterificador a través de un equipo de bombeo, a la vez que dicho esterificador es alimentado por varios recipientes de acetato de zinc, silicato de antimonio y trióxido de antimonio para despojar de metanol a la mezcla. Si esta contiene TPA y EG, no se lleva a cabo dicha esterificación porque no hay metanol. La mezcla sin metanol es bombeada a un autoclave con aditamento de boquilla extrusora. Al mismo tiempo, el autoclave es alimentado por un recipiente de dióxido de titanio y a través de una bomba de vacío se crea un vacío casi absoluto, se agita la mezcla, se presuriza con gas inerte y con la ayuda de un rebolier y un horno se realiza una polimerización y se obtiene un material viscoso. El polímero sale en forma de cinta del autoclave por un orificio de la boquilla extrusora

[1] La descripción del proceso se basa en la observación directa efectuada en plantas procesadoras de poliéster y en la consulta de: Fundación para la Educación Superior y el Desarrollo, *Mercados de tecnología en sectores específicos: sector textil del poliéster*, Bogotá, 1978 (mimeo). También se contó con la asesoría de los ingenieros Anáhuac Pastor y Mariano González.

Diagrama 1.— Derivación petroquímica de la fibra de poliéster

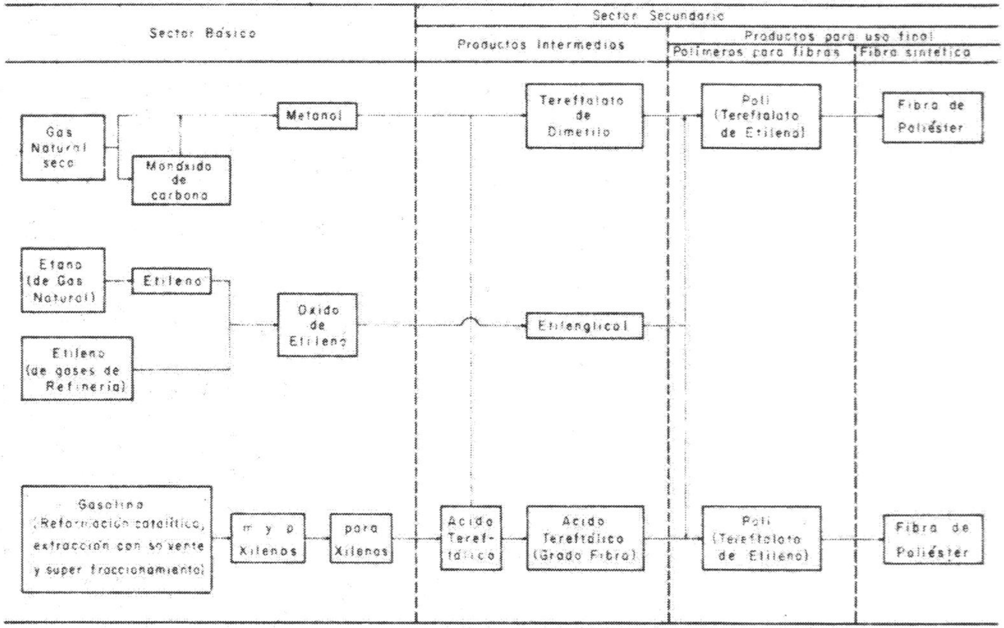

Fuente: Instituto Mexicano del Petróleo, *Desarrollo y Perspectivas del Sector Secundario de la Industria Petroquímica*, I.M.P., Subdirección de Estudios Económicos y Planeación Industrial, 1a. Ed., México, D.F., 1973 (Deducido de la Gráfica I.1, entre las páginas 1-32 y 1-33).

y pasa por un equipo de enfriamiento y por un secador, con el auxilio de una banda transportadora. Posteriormente, la cinta ya sólida es cortada en sucesivas placas por una guillotina y es convertida en pequeños pedazos por una trituradora. Estos trocitos o gránulos son llamados chips o pelets. Los chips al salir de la trituradora caen en una tolva de almacenamiento, con lo cual se da por terminada la fase de policondensación. (Véase el diagrama 2).

Extrusión o filamentación para el caso de filamento

Si el tipo de proceso de producción del poliéster consta de lotes intermitentes, la fase de filamentación es independiente de la fase de policondensación y muy bien ambas fases pueden llevarse a cabo en dos plantas separadas. En este caso, la fase de extrusión comienza con la alimentación de chips. Pero si el proceso es continuo, entonces las tolvas de almacenamiento de chips son conducidas por un sistema de transporte neumático a la fase de filamentación.

Los chips son depositados en una tolva pesadora para que su peso quede controlado y pasen a un secador con aditamento de ducto flexible. Este secador reduce la humedad presente en los gránulos o chips, con la ayuda de un soplador de turbina que impulsa aire a través de un calentador de vapor (serpentín y caldera). El polímero seco es transportado por aire a unas tolvas de almacenamiento. Estas tolvas llevan el polímero a otras denominadas múltiples de las cuales el polímero cae por gravedad a través de un ducto cerrado hasta el sistema de extrusión en donde se efectúa la fusión y posteriormente el hilado. Este sistema está constituido por un tornillo sin fin que alimenta el polímero a una velocidad constante hasta un sistema de calentamiento en donde se funde. Este sistema de calentamiento está constituído por un plato de plata calentado por resistencias eléctricas y con una serie de acanalamientos que permiten el flujo continuo del polímero una vez fundido.

El polímero fundido pasa a través del plato de plata hasta un ducto múltiple que distribuye el polímero en aproximadamente ocho corrientes iguales que alimentan las bombas de hilado. La bomba medidora recoge el polímero que recibe del ducto múltiple y lo entrega a una velocidad constante al elemento filtrante. El elemento filtrante colocado inmediatamente a continuación de la bomba, tiene como funciones principales filtrar las impurezas dispersas en el polímero fundido, dispersar las burbujas de gas en la masa fundida y forzar las moléculas del polímero a adoptar una posición paralela unas con respecto a otras. Finalmente se encuentra una boquilla, que básicamente es un disco metálico con una serie de orificios dispuestos en forma circular y con dimensiones muy precisas a través de los cuales fluye el polímero fundido para pasar en forma de un fluido fino a la atmósfera. Allí se encuentra con una región relativamente fría y por la acción de la temperatura se solidifica. En la parte inferior de la hiladora los fluidos finos solidificados y por consiguiente en forma de filamentos, son

Diagrama 2.— El equipo principal utilizado en la policondensación del Poliéster*
(Proceso continuo)

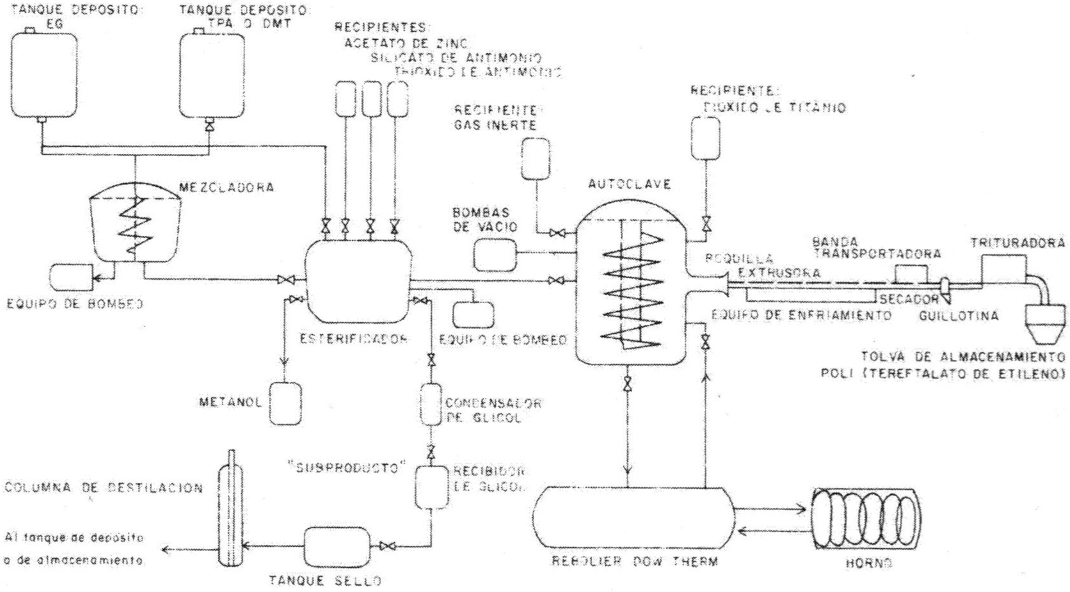

* *Nota: No se incluye el equipo eléctrico, el de tratamiento de agua, ni el de energéticos (combustible).*

recogidos a velocidad constante por un tubo sobre el cual se enrollan. El grueso o calibre del hilo depende de la relación que exista entre la entrega de la bomba y la velocidad de enrollado del hilo sobre el tubo.

Inmediatamente después de la unidad de enfriamiento, el filamento llega a las guías atrapamotas. Estas hacen que los hilos converjan y pasen juntos por el sistema de aplicación de acabado, remover materiales extraños de los filamentos y recoger filamentos que se rompan. A partir de las guías atrapamotas, el hilo pasa al sistema de acabado. Este sistema tiene por objeto impregnar el hilo con una mezcla de diferentes componentes para facilitar la procesabilidad posterior del filamento. Entonces, el hilo pasa al sistema de enrollado. El hilo se enrolla sobre tubos de plástico que pueden girar libremente. El enrollado cumple dos funciones principales. Facilita la recolección posterior del filamento continuo o hilo en paquetes para el proceso de torción y estirado y determina su calibre. Los filamentos son trasladados a una máquina torcedora y estiradora. La máquina torcedora-estiradora da torciones a los filamentos para formar una unidad (el hilo) y posteriormente lo estira. El estirado se lleva a cabo básicamente entre un par de rodillos que giran a velocidades diferentes. El rodillo recogedor, situado en la parte inferior, gira a una velocidad mayor que el rodillo que entrega, realizando de esta manera el estiramiento. Posteriormente el hilo se embobina para inspección y finalmente se empaca para su despacho. (Véase el diagrama 3).

Extrusión o filamentación para el caso de fibras cortas

La extrusión de fibras cortas es similar a la del filamento, hasta el sistema de enrollado. Hasta entonces, la diferencia radica fundamentalmente en la boquilla extrusora la cual, en el caso de fibra corta, tiene un número mayor de orificios, de tal manera que se pueda obtener una gran cantidad de filamentos que posteriormente sean cortados y formen madejas a semejanza del algodón. A partir del sistema de enrollado, los filamentos pasan a una fileta y posteriormente al tren de estiraje. Una vez realizado el estirado (posiblemente sin torción), los filamentos pasan por un sistema de lavado, una máquina rizadora y un sistema de secado. A continuación,los filamentos llegan a una máquina cortadora que los corta y los deposita en toneles. Los toneles de filamentos cortados o fibras cortas son trasladados a una máquina prensadora que prensa las fibras cortas, formando pacas que son atadas por obreros. Finalmente se despachan las pacas de fibras. (Véase el diagrama 4).

B. El proceso textil para el caso del poliéster y sus mezclas con el algodón[2]

La mezcla de poliéster con algodón ha venido siendo una combinación usual, particularmente en telas para la confección de camisas. El objeto de

[2] Esta sección se basa en observaciones directas efectuadas en fábricas textiles y en la con-

Diagrama 3.— El equipo principal utilizado en la filamentación del poliéster. filamento continuo

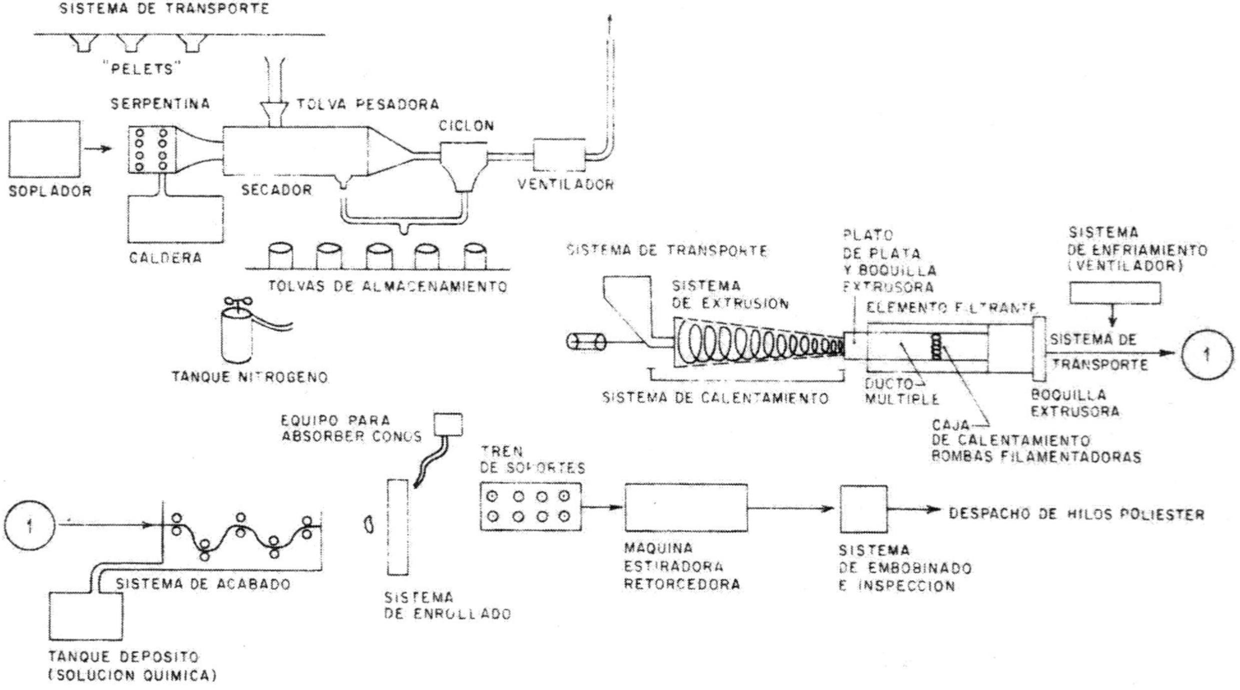

Diagrama 4.— El equipo principal de la filamentación del poliéster, fibra corta*

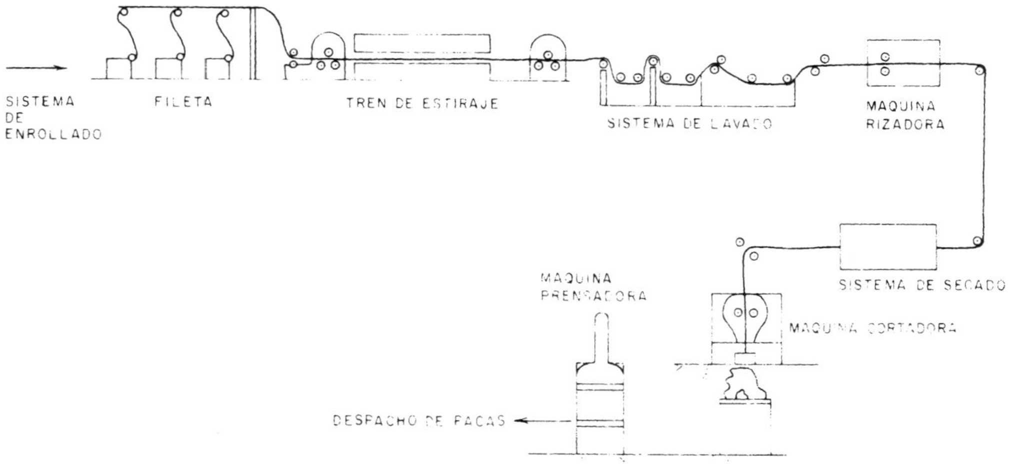

*El equipo utilizado para la extrusión de fibra corta es el mismo que para la obtención de hilo poliéster hasta la fase de enrollado, cambiando únicamente la boquilla extrusora; el acabado se lleva a cabo posteriormente. A partir del enrollado el equipo empleado es el que se presenta en este diagrama.

esta mezcla es complementar las propiedades de ambas fibras. Las características físicas más importantes del algodón son la higroscopocidad (capacidad para absorber humedad), afinidad a las materias colorantes, su menor estática relativa y su mayor suavidad al tacto. Estas propiedades dan confort a la tela y facilitan la confección. Por su parte, el poliéster tiene como características más importantes su baja recuperación de humedad y su alta resistencia a la abrasión, a los agentes químicos y a los ataques de microorganismos e insectos. Estas cualidades proporcionan a las telas estabilidad dimensional, permanencia del planchado, recuperación a las arrugas, buena resistencia y durabilidad, fácil lavado, rápido secado y retención de apariencia nueva de las prendas con el uso continuo.

Se considera que las propiedades del poliéster y el algodón son altamente complementarias cuando el porcentaje de poliéster en la mezcla es de 50% hasta un 80%. Las proporciones más usuales en las mezclas poliéster-algodón son 50-50%, 65-35 y 80-20%. Sin embargo, existe una mezcla 35-65% poliéster-algodón que se ha denominado "mezcla inversa" y cuyo uso final es la fabricación de telas para forros y entretelas, comúnmente denominadas poquetín. La mezcla 50-50% se emplea usualmente para títulos 36/1 al 50/1 inglés. Con tal mezcla se elaboran popelinas y batistas, así como gabardinas finas. En cuanto a la mezcla 80-20%, se acostumbra en hilos finos 55/1 al 60/1 inglés, empleados para confeccionar telas de popelina muy finas. De todas estas mezclas, la de uso más común es la de 65-35%. Este tipo de mezcla se utiliza en diversos hilos, generalmente finos, y se manufacturan principalmente popelinas y batistas.

El proceso textil de la mezcla poliéster-algodón puede ser relativamente simple si la combinación se efectúa en el telar, puesto que el hilado del algodón se haría conforme a su sistema convencional y el hilado del poliéster podría provenir de una planta química. Es poco común hacer la mixtura de esta forma. Lo más usual es que la mezcla se lleve a cabo en el hilado. En este caso, el proceso textil se complica. la fibra de algodón contiene materias extrañas y no tiene uniformidad en cuanto a la longitud, resistencia y fineza de sus hebras. Estos problemas no los tiene el poliéster. Las diferencias físicas de las fibras determinan el que el sistema de hilado convencional se maneje de manera diferente a lo usual. Este punto quedará más claro en la explicación de las diversas etapas que componen el proceso textil para este caso.

sulta de las siguientes fuentes: Instituto Latinoamericano de Planificación Económica y Social (ILPES), *Apuntes para el curso de planificación industrial-industria textil,* ILPES, Santiago, Chile, 1967 (mimeo). Muñoz, A., *Teñido y acabado de telas de poliéster algodón y poliéster fibras artificiales,* Seminario Técnico Textil de Poliéster y su Mezcla con Algodón y Fibras Sintéticas, México, D.F., 1969 (mimeo). Segura, N., "Avances en el teñido por agotamiento con colorantes reactivos sobre fibras celulósicas", *Cromos,* Asociación Mexicana de Químicos y Coloristas Textiles, A.C. (AMQCT), No. 21, pp. 3-10 México, D.F., 1976. Weigold, S., "Colorantes a la cuba", *Cromos,* AMQCT, No. 21, pp. 12-25. México, D.F., 1976. Pister, J., "Examen de las posibilidades de tintura de la mezcla de fibras poliéster celulósicas". *Cromos,* AMQCT. No. 21, pp. 26-38, México, D.F., 1976. Galiana, T. de, *Pequeño Larousse Técnico,* Editorial Larousse, México, D.F., 1976.

El hilado

Todas las fibras discontinuas más o menos cortas requieren de algunas operaciones esenciales, como el esponjamiento y depuración de la masa de fibras, la orientación de las mismas para que todas sean sensiblemente paralelas, la formación de una mecha continua y delgada, y la torsión final de la mecha para constituir el hilo. Estos son los principales rasgos del sistema convencional. Un sistema nuevo llamado *open-end* elimina operaciones y utiliza una fase de plegado de fibras, a diferencia del método anterior.

El sistema tradicional

Cuando se introduce el poliéster (a mediados del decenio de 1950) se encontró con los métodos convencionales del hilado. El procesamiento textil de la fibra corta adoptó tales métodos pero fue posible prescindir de algunas operaciones. Dada la uniformidad de esta fibra y la ausencia de impurezas, no se necesitó del uso de máquinas de limpieza. Su mezcla con el algodón puede hacerse desde la apertura de las fibras o bien en otras máquinas que intervienen posteriormente en el hilado. Parece ser que la mejor forma de efectuar la mezcla es combinar las fibras en la máquina estiradora o manuar, cuando el algodón se encuentra libre de impurezas y con un grado de homogeneidad aceptable en cuanto a la longitud de las fibras. (Véase el diagrama 5).

Los fardos o pacas de algodón deben permanecer algún tiempo libres de la presión a que habían sido sometidos para que puedan absorber o perder humedad y requieren de acondicionarse a los niveles de humedad y temperatura existentes en la fábrica. A través de muestras, se analizan las fibras de algodón en cuanto a longitud, resistencia, uniformidad y finura. Se clasifican según los números a fabricar. Posteriormente, se procede a su apertura y limpieza. Por otra parte, las fibras cortas de poliéster deben someterse también a operaciones preparatorias para su combinación con el algodón, toda vez que aquéllas se entregan al departamento de hilados en pacas. Estas operaciones básicamente son de apertura y paralelización de las fibras. La maquinaria que se utiliza con este objeto y con los ajustes que requiere el caso, es la misma que la utilizada en el proceso de transformación textil de algodón; es decir, la abridora, el batán o batiente y la carda. El producto obtenido de las cardas es sometido junto con el algodón a las etapas siguientes del proceso de hilatura.

a) *Apertura y limpieza.* Estas operaciones se realizan en las máquinas abridoras y batanes. Las máquinas abridoras esponjan y separan las fibras en copos que sean tan pequeños de tal manera que se puedan desprender las impurezas más pesadas (palos, semillas, hojas, piedras) que se hayan incorporado a la fibra durante la cosecha y el despepitamiento. Simultáneamente, se trata de mezclar el algodón de distintas pacas para uniformar el lote, en cuanto a longitud de la fibra y otras características físicas. Hay

Diagrama 5.— Sistema convencional de hilado de mezclas poliéster-algodón (Hilos peinados)

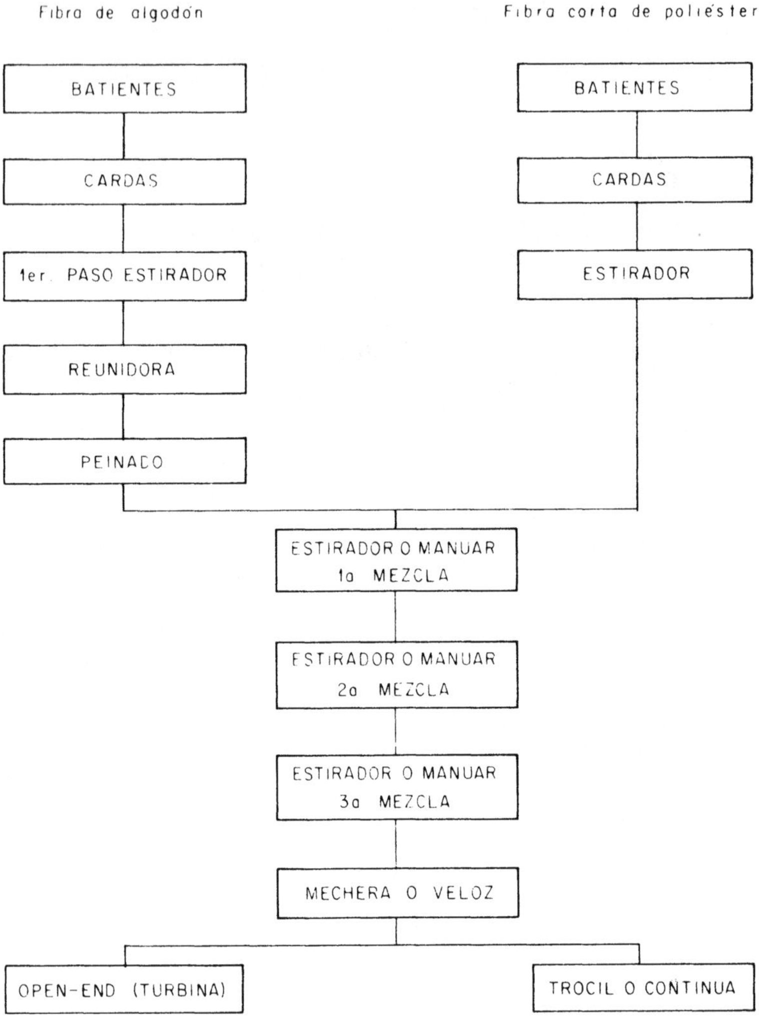

dos tipos de abridoras: abridora de balas y abridora de tolva. La abridora de balas es alimentada de fibras en bruto por una cinta. Una correa de púas recoge las fibras y las conduce a cilindros erizados que abren las fibras. Las fibras abiertas son tomadas por un cilindro desprendedor que permite que sean extraidas por aspiración. La abridora de tolva es semejante a la de balas, pero es de eje horizontal. De las máquinas abridoras sale una guata continua de fibra que pasa a los batanes. En el batán quedan los copos perfectamente deshechos y las fibras empiezan a ordenarse bajo la acción complementaria de los golpes dados por unas barras y del estiramiento efectuado por rodillos erizados de púas.

Con la operación de las máquinas batanes, al deshacerse los copos de fibras, se despojan las impurezas más livianas que han permanecido adheridas a las fibras. En esta máquina se forma una "napa" o cinta (capa de fibras paralelas, normalmente de 40 pulgadas de ancho y 1 pulgada de espesor) la cual toma forma de cilindro. Cada napa debe tener un peso uniforme previamente establecido. El peso debe ser constante con el objeto de que el hilo que de ellas se obtenga sea del mismo número para toda la partida manufacturada.

A la salida del batán se recoge la napa o cinta en forma de rollos, con los cuales se va alimentando la carda, que es la máquina de la siguiente operación.

b) *Cardado*. Las fibras que salen del batán, y que componen la napa se encuentran considerablemente "abiertas" pero están dispuestas en forma desordenada; es decir, se entrelazan una con otra. Es necesario, para que pueda tener su forma de hilado, paralelizarlas de tal manera que puedan desplazarse una sobre otra. La máquina que cumple con esta función es la carda.

En la carda se prosigue la depuración del algodón: millares de púas eliminan las últimas impurezas, tiran de las fibras y forman con ellas un velo amplio y fino que es recogido por un embudo y sale del mismo en forma de cinta estrecha que cae dentro de un bote giratorio.

La carda de chapones giratorios para algodón tiene por objeto separar minuciosamente unas fibras de otras, a la vez que las distribuye paralelamente. Con tal operación, las fibras útiles se apartan de las muertas o excesivamente cortas y se desprenden las impurezas que no fueron eliminadas en las operaciones anteriores.

El velo fino producido por la carda tiene una consistencia que se obtiene por la fricción de las fibras entre sí. Al salir de la máquina carda, este velo es reunido, comprimido y reducido a la forma de una cinta llamada "cinta de carda". Aunque esta cinta es irregular, constituye ya una forma rudimentaria de hilo. Los botes en los que la cinta es acondicionada son de 36 pulgadas de alto y con diámetro que puede variar entre 12 y 30 pulgadas. A partir de aquí, el proceso se bifurca según se trate de producción de hilo cardado o hilo peinado. (Véase el diagrama 6).

Diagrama 6.— Procesos de producción de hilos cardados y peinados

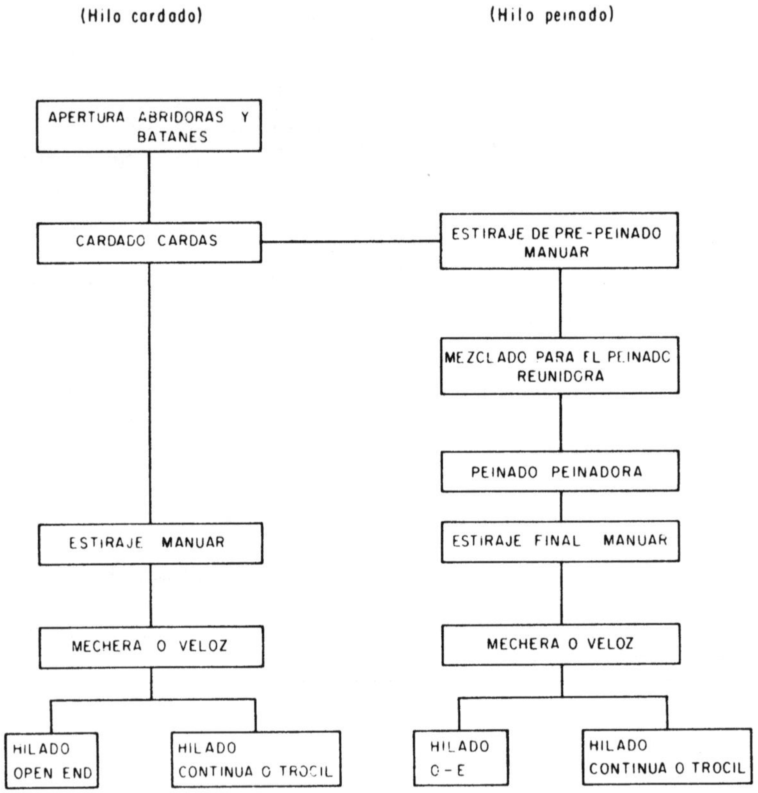

c) *Peinado.* El hilo peinado es de mayor calidad que el cardado. Puesto que en un mismo lote de algodón las fibras presentan una mayor o menor concentración en cuanto a valores de longitud, los hilos pueden resultar poco resistentes al esfuerzo de tracción efectuado en las máquinas de hilar, sobre todo si se trata de hilos de títulos muy bajos.[3]

Para superar la limitación que la calidad de la materia prima impone al título del hilado (y a su resistencia) se introdujo un procedimiento que permite separar una determinada cantidad de fibras cortas, con lo cual se aumenta la longitud media de la hebra y se disminuye la dispersión en la longitud. En otras palabras, se hace más homogéneo el lote. Este procedimiento se conoce con el nombre de "peinado" y se aplica prácticamente a todas las fibras naturales. Esta operación encarece los costos de producción del hilado. Se requieren más máquinas, más obreros, más energía y más espacio. Además, en la separación de las fibras cortas se elimina, en forma de desperdicios, una proporción considerable de materia prima que, en el caso del algodón, puede alcanzar hasta un 30% del material alimentado. A esto hay que agregarle el desperdicio normal que ocurre en el resto del proceso el cual es aproximadamente un 14%

Las operaciones adicionales que requiere el hilo peinado son las siguientes:

i) *Estiraje de pre-peinado..* Las cintas producidas por las cardas son procesadas en un manuar idéntico al que se usa en el hilo cardado y con la misma finalidad: regularizar la mecha y paralelizar las fibras para facilitar su procesamiento posterior.

ii) *Mezclado de cintas.* Prácticamente es una operación preparatoria al peinado. Se juntan en una máquina reunidora 16 y hasta 36 cintas que salen del manuar anterior y se forma una napa que alimenta las peinadoras. Esta napa es acondicionada en forma de rollo el cual puede tener entre 9 y 12 pulgadas de ancho.

iii) *Peinado.* La operación se efectua en máquinas peinadoras, cuya función es la de separar las fibras cortas. La máquina recibe de 8 a 12 napas de la reunidora y entrega 2 cintas (cada máquina tiene 2 "entregas", o sea, 2 unidades de producción) que son acondicionadas en botes, tal como en las cardas o en los manuales

En la peinadora, las fibras textiles se aislan de nuevo y se orientan paralelamente al mismo tiempo que se eliminan tanto las pocas impurezas que se contengan todavía, como las fibras demasiado cortas.

d) *Estiraje.* En el caso de hilados cardados, las cintas que salen de las cardas son reunidas en número de 8 a 12 y sometidas a un proceso que consiste en reducir la masa que forman tales cintas en una sola. Es decir varias

[3] Entre mayor sea la longitud media de la hebra y más regular su distribución por clases de longitud, más alto será el título del hilado que queda a obtenerse y más elevará en resistencia relativa.

cintas irregulares son pasadas por la máquina estiradora o manuar de la cual se obtiene una sola cinta que sufre un nuevo estirado, reduce considerablemente su diámetro y asegura el paralelismo de las fibras.

El manuar consta de varios pares de cilindros o rodillos entre los cuales es apretada la cinta de fibra. Entre los dos primeros pares de rodillos, la cinta es peinada por un cilindro erizado de púas, luego pasa por los dos otros pares que constituyen el órgano esencial de la máquina. De estos pares, el primero imprime a la cinta una velocidad superior a la del segundo, lo cual tiene por efecto correr aquellas fibras ya salidas de éste respecto a las que aún tienen su extremo apresado entre los rodillos, y ello se traduce prácticamente en un alargamiento de la cinta, al mismo tiempo que quedan ordenadas las fibras paralelamente.

El estiraje del manuar es decisivo en la calidad del producto que se desea obtener. La finalidad de la operación es perfeccionar la paralelización de las fibras iniciada en las cardas y uniformar las cintas en cuanto a su diámetro. Se trata de lograr que la cinta resultante mantenga el mismo peso en toda su extensión y en cada unidad de longitud. En el caso de hilados peinados las cintas de las peinadoras son sometidas a 2 pasajes en manuares idénticos a los usados en el proceso de cardado y con igual finalidad.

e) *Torsión.* La cinta pasa entonces por una mechera o veloz. En esta máquina, la cinta es estirada nuevamente y queda tan fina y floja que es necesario darle una torsión ligera para consolidarla, convirtiéndose así en mecha lista para ser hilada. Esta mecha puede ser cinco o hasta veinte veces más fina que la cinta proveniente del manuar, dependiendo del título del hilado que se quiera producir.

La torsión debe ser ligera para imprimirle a la mecha una resistencia suficiente, pero no tanto porque puede impedir el deslizamiento de las fibras necesario para el estiraje.

La mecha se arrolla finalmente en una doble fila de bobinas que cuando están llenas adquieren la forma de cilindros cónicos.

f) *Hilado.* Después de tan larga preparación, se procede al hilado propiamente dicho en máquinas de hilar continuas o tróciles. En las continuas, las operaciones de torcido, estirado y devanado se efectúan continuamente. En estas máquinas, la mecha que sale de la mechera recibe el estiraje (prestablecido de acuerdo con el título que se desea obtener) y la torsión definitivas que darán a las fibras la fricción necesaria para que se mantengan unidas. La torsión aplicada al hilado depende del título del mismo, de la longitud de las fibras empleadas y del uso a que se destina el hilado. La unidad de producción en las continuas es el huso.* Cada huso es alimentado por un pabilo y entrega una bobina de hilado. El número de

* El huso es un portabobinas giratorio. Hay tres tipos principales de husos: de aletas, de anillos y de campanas. El más común es el de anillos.

husos en las continuas puede variar entre 300 y 420 o más pero normalmente se sitúa alrededor de los 380.

Un sistema de rodillos estiran la mecha y un órgano que gira con gran rapidez en torno del huso tuerce el hilo antes de que sea devanado. Algunos de los órganos giran a velocidades de hasta más de 10 000 revoluciones por minuto.

Con el devanado, el hilo se retira de las bobinas de pequeña capacidad (aproximadamente 100 grs) que salen de las continuas, para condicionarlos en bobinas mayores (hasta de 2 kilogramos) generalmente de forma cónica, denominadas "coners". Durante la operación de devanado se eliminan, en la medida de lo posible, las imperfecciones que se han producido en el hilado durante el proceso.

El sistema de rotor

Las máquinas de apertura y limpieza convencionales pueden utilizarse en el nuevo sistema de rotor u *open-end*, como ya se había adelantado en el diagrama 5. Pero este nuevo concepto de hilatura ha demostrado mayor eficiencia con el uso de nuevos tipos de máquinas. Así, la velocidad de operación de las hiladoras de rotor es el cuádruple de la de hiladoras de anillos. Hasta mediados del decenio de 1970, el sistema de rotor seguía bajo investigación y desarrollo para perfeccionar la torción de los hilos y la versatilidad de las máquinas. Hasta entonces, el *open-end* se aplicaba para hilos gruesos. También se ha intentado reducir los costos de energía y de las propias máquinas. Según se puede observar en el siguiente cuadro las mayores desventajas relativas de la composición de costos ocurren en el uso de energía y en el costo de las máquinas, en comparación con los costos que se derivan de una hiladora de anillos.

Costos de producción de 500 kg. de hilo ne 20 por hora en hiladoras open-end y de anillos (En porcentajes)

Concepto	Hiladora open-end (40 000 RPM)	Hiladora de anillos (10 000 RPM)
Energía	14	10
Mano de obra	20	51
Refacciones	12	5
Edificio	8	6
Costo de la máquina	44	26
Otros	2	2
Total	100	100

FUENTE: ONUDI - ICME/Cóndor. *Study for producers of OE and Reingspinning Equipment, Unpublished*, 1973. Estimados para una fábrica de la República Federal Alemana.

Aunque el sistema puede ser modificado, a continuación se explica una versión del mismo. De acuerdo a tal versión, la operación convencional a cargo de la mechera o veloz queda eliminada. Tampoco son necesarios varios repasos de estiraje, y como se trata de una tecnología para hilos gruesos, no se requiere del peinado. (Compárese el diagrama 7 con el diagrama 5).

a) *Preparación del hilado.* En una fábrica de hilados bajo el sistema de rotor, es recomendable que las pacas de fibras (particularmente las de algodón) permanezcan por lo menos 24 horas en el salón de acondicionamiento, en un ambiente controlado donde la humedad relativa no sea inferior a 65%. Las pacas se trasladan por medio de un montacarga al salón de apertura en donde una máquina alimentadora llamada "karousel" recibe unas seis pacas. En la alimentadora se puede iniciar la mezcla de poliéster con algodón, puesto que el sistema *open-end* es continuo y automático. Esto no impide el que se logre alguna adecuación para que las fibras poliéster alimenten al sistema en otra máquina posterior. La alimentadora recibe las pacas de manera simultánea y en una proporción acorde con la combinación de fibras que se pretenda obtener. Esta máquina utiliza órganos abridores para desprender en partes las fibras de las pacas. Con esta primera separación de fibras se reduce la presión que había entre las hebras y se eliminan algunas impurezas de la fibra natural. El material entonces es movido hacia la siguiente máquina por medio de una corriente de aire. Esta máquina es una limpiadora llamada "monotambor". Tiene por objeto continuar la apertura de los copos y la limpieza del algodón, pero en una forma más intensa que en la máquina anterior.

La limpiadora monotambor está constituida esencialmente de: (i) un batidor giratorio dotado de fuertes aspas de metal colocadas en su periferia en forma de hélice, (ii) un juego de rejillas formado por reglas de metal colocadas paralelamente al eje del batidor y muy cercanas a la punta de las aspas, (iii) una caja de metal que cubre todo el conjunto y cuya parte inferior sirve de depósito de los desperdicios. Esta caja lleva una entrada y una salida para el material.

Las fibras entran por el extremo en donde empieza la hélice, merced a la corriente de aire generada por los ventiladores de los "distribuidores de copos", que sirven como medio de transporte de la fibra. Una vez en el interior de la limpiadora, las fibras son azotadas en todo el trayecto contra los barrotes de las rejillas. Por el choque y la fuerza centrífuga, las materias extrañas más pesadas se separan y son expulsadas a través de dichos barrotes. Las materias extrañas de poco peso son arrastradas por la corriente de aire junto con las fibras.

Con la acción combinada de aspas y rejillas sobre los copos de fibras, se produce una fragmentación de los mismos, por lo que al salir de esta máquina, las fibras quedan ordenadas en masas más pequeñas. Posteriormente, la fibra es conducida por medio de tubería a la siguiente máquina que es la "mezcladora aeromix". Las tuberías de dos karousel alimentan a la mezcladora. Las funciones principales de esta máquina consisten en

Diagrama 7.— Sistema de hilar open-end

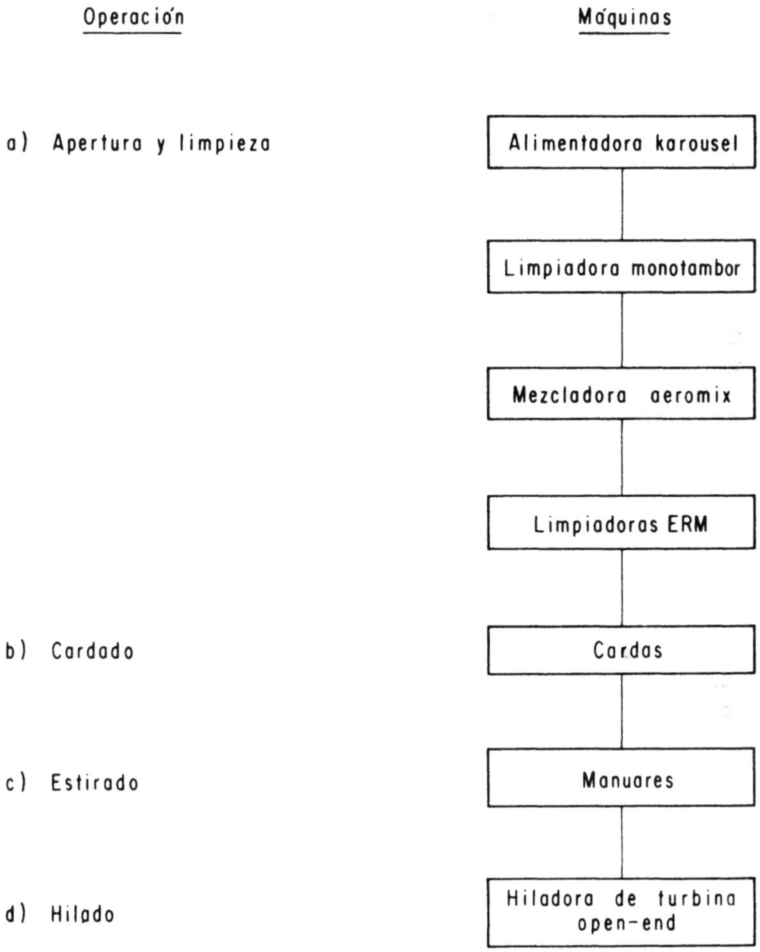

mezclar las fibras por medio de turbulencias de aire y obtener una homogeneidad en las capas de fibra.

Las corrientes de aire, que sirven como medio de transportación de la fibra, pasan en esta máquina a través de perforaciones muy pequeñas. A través de tales turbulencias logran separarse las impurezas del algodón. Las impurezas son conducidas a través de filtros en donde se depositan. El aire retorna descontaminado al salón en donde se encuentra la máquina.

La apertura y limpieza de los copos de fibras se continúa por medio de dos máquinas "limpiadoras ERM". Estas máquinas están colocadas en serie. Tienen un batidor que consiste en un tambor revestido de una guarnición de dientes de sierra. La acción de apertura y limpieza en estas limpiadoras ERM es mucho más intensa que en el caso de la máquina monotambor. Con la ayuda de su juego de rejillas efectúa la separación de impurezas en una forma similar al caso de la mezcladora.

Después de estas máquinas y utilizando la conducción neumática por medio de tuberías, las fibras son conducidas al "distribuidor de copos". A través de sistemas óptico-eléctricos, este equipo alimenta adecuadamente cada una de las seis líneas de cardado.

Las líneas de cardado están formadas por seis cardas que trabajan independientes. Cada una dispone de una torre de alimentación controlada, un sistema de conducción de las seis cintas reducidas por dichas cardas y una cabeza o entrega de manuar auto-regulador (estirador).

Cada una de las cardas que componen la línea de cardado realizan las operaciones más trascendentes de la preparación de hilado: (i) disgregación de los copos de fibras al grado de separar una de otra por medio de órganos revestidos de dientes o púas muy pequeñas; (ii) como consecuencia de esta disgregación y con auxilio de rejillas se efectúa una limpieza a fondo del material y la eliminación de gran parte de fibras demasiado cortas; (iii) condensación de las fibras hasta formar una cinta cilíndrica continua con resistencia suficiente para soportar los procesos siguientes.

Un mecanismo reúne las seis cintas producidas por las cardas y realiza una operación de doblado. Las seis cintas pasan al manuar o estirador "auto-regulador". Del manuar se obtiene una sola cinta de espesor aproximado al de cada una de las cintas que lo alimentaron. A través de un estiraje se adelgaza de manera controlada el espesor de la masa de las seis cintas.

La función del manuar auto-regulador es sumamente importante para la obtención de un hilo uniforme en su número o calibre. El adelgazamiento se efectúa de manera homogénea por la acción de un mecanismo autoregulador que detecta las partes gruesas y delgadas de las cintas alimentadas y las va compensando para mantener el espesor uniforme en toda su longitud.

La cinta que resulta de la salida de los manuares es debidamente colocada en botes adecuados y sirve para alimentar una turbina de la máquina que lleva a cabo la operación del hilado propiamente dicho.

Todas las operaciones hasta aquí descritas, empezando desde la alimentación a las máquinas karousel hasta la salida de la cinta de manuar, se realizan en forma continua y automática. El operario se dedica exclusivamente a vigilar el funcionamiento de las máquinas, operar el montacargas para alimentar a las karousel y retirar los botes llenos a la salida del manuar.

b) *Hilado*. Los botes que contienen las cintas producidas por el manuar se colocan en la parte inferior delantera de las máquinas de hilar *open-end*. Cada cinta alimenta una turbina, que a su vez producirá el hilo.

Las principales operaciones de la máquina hiladora de rotor pueden resumirse en tres: estiraje, torsión y plegado.

El estiraje consiste en adelgazar la cinta deslizando y entrelazando las fibras. Una vez obtenido el calibre previsto, por medio del estiraje, se procede a torcer. Se hace girar el hilo sobre su propio eje para que las fibras que originalmente estaban orientadas en sentido longitudinal, tomen la posición de hélice o "tornillo". De esta forma se logra una mayor cohesión entre las fibras y se obtiene un cuerpo flexible resistente a la tracción, que es el hilo.

El hilo así obtenido es plegado en bobinas de aproximadamente tres kilogramos cada una.

Las operaciones que se efectúan en la máquina de hilar se realizan en forma continua y simultánea; no sólo para un hilo, sino para 90 o más de ellos en la misma máquina.

El tejido

Características generales

El tejido es un producto que puede consistir simplemente en una delgada capa de fibras naturales o químicas sin haber sido hiladas y unidas por compresión o bien de fibras que habiendo sido previamente hiladas se entrecruzan. Los tejidos a base de hilos entrecruzados pueden ser de punto o planos. Los tejidos planos son telas en las que los hilos se disponen en línea recta y se entrecruzan perpendicularmente. Este es el tipo de tejidos que se explicará a continuación.

La tela se compone de una urdimbre y una trama. La urdimbre es como el esqueleto del tejido: consta de numerosos hilos que tienen aproximadamente la longitud de la futura pieza de tela y se hayan yuxtapuestos paralelamente, en forma de una cinta de la anchura del tejido. La trama no puede ser preparada de la misma manera. Consiste en un solo hilo que se hace pasar por entre los hilos de la urdimbre, perpendicularmente a los mismos, de un borde a otro del tejido, primeramente en un sentido y luego en la dirección opuesta y así sucesivamente.

Cuando la mezcla de poliéster con algodón se efectúa en el tejido y no en el hilado, se lleva a cabo en el telar. La operación no es compleja. Consiste en arreglar los hilos de la urdimbre y/o los de la trama de tal manera que sean algunos de algodón y otros de poliéster. Por ejemplo, la urdimbre puede ser de poliéster y la trama de algodón, o viceversa; o bien, el hilo de la trama puede ser de algodón y los de la urdimbre pueden ser algunos de poliéster y otros de algodón.

Hay un gran número de tipos de telas. Por ejemplo, la popelina —que es muy empleada para camisas de caballero además de la tela percal— es un tejido de algodón, y recientemente de mezclas algodón-poliéster, hecho con hilos finos, lisos y muy apretados. Tiene un ligamento* *tafetán,* a veces con un ligero canutillo transversal (en el sentido de la trama). Las más de las veces la popelina es blanca o teñida en pieza con colores claros.

El ligamento de tafetán es fundamental (como también lo son los de sarga y de satén) y el más simple de los empleados para cruzar hilos de los tejidos. Es tan común que se aplica a fibras finas y gruesas, tan variadas como las muselinas y batistas, los organdíes y crespones, las popelinas y las percales, y hasta las lonas más gruesas.

En un ligamento tan simple como el de tafetán, el entrecruzamiento de la trama con la urdimbre se hace de modo que el hilo de la trama pase por encima del primer hilo de urdimbre, luego debajo del segundo, encima del tercero y así sucesivamente. En la segunda pasada, al volver el hilo de trama hacia el borde de donde partió, se invertirá el orden,y así los hilos que en la pasada anterior quedaron bajo la trama, se dejarán encima de ella.

De los ligamentos fundamentales de tafetán, sarga y satén se han derivado unos 2 000 diferentes, merced a los cuales se confieren a las telas aspectos y cualidades muy variadas.

La gran diversidad de telas se comprende si se toma en cuenta que el hilo de la trama, en vez de pasar entre los de la urdimbre uno a uno, puede saltar varios de ellos en número regular o irregular, repitiendo la misma regla en la pasada siguiente o haciéndola variar (sarga, damasco y satén). Considérense también las posibilidades que presenta, por ejemplo, el empleo de: (i) hilos gruesos en la trama y finos en la urdimbre, o viceversa (tejidos "acanalados"); (ii) dos o más urdimbres, una de las cuales forma el tejido de base con la trama y otra, dejada durante varias pasadas por encima de ella, da efectos o dibujos (brochado, cara y piqué) o bucles que una vez cortados dejan la superficie del tejido revestida de mechones de pelos (panas y terciopelos); (iii) hilos fuertemente torcidos que, por tender a destorcerse una vez tejidos, curvan las mallas y confieren a las telas un aspecto finamente granulado (crespón). Además hay una gran variedad de combinaciones de colores de hilos pre-teñidos, a lo que se suman las posibilidades ilimitadas que ofrecen, en materia de coloridos, las técnicas de estampado. Incluso hay operaciones de acabado, que hacen invisibles los hilos en ciertos tejidos (año) y logran que otros sean inarrugables y tengan otras propiedades (apresto). Finalmente, el uso de las fibras químicas ha

* Ligamento, o modo de entrecruzar los hilos.

abierto, en cuanto a la calidad y la especialización de los tejidos, un nuevo campo que ofrece perspectivas más amplias de mejora y perfeccionamiento.

Operaciones del subproceso de tejido.

El subproceso de tejido, a semejanza del hilado, tiene operaciones preparatorias además de la del tejido propiamente dicho. (Véase el diagrama 8).

a) *Encanillado.* Esta operación tiene por objeto desenrollar el hilo de las bobinas o madejas que proceden del departamento de hilatura, y al mismo tiempo arrollarlo en diversos carretes, generalmente de madera y comunmente llamados canillas. En el encanillado, entonces, se preparan los hilos de trama que serán lanzados por un mecanismo en el telar.

La maquinaria que se utiliza en el devanado de los hilos para trama es la canillera. Sin embargo, no siempre tiene que ser utilizada puesto que existen adaptaciones en los propios telares, como el "unifil", el cual funciona con el mismo principio de la canillera pero integrado en el telar.

En algunas fábricas se suele acompañar el encanillado con el "purgado" de hilos, con lo cual se logra una depuración de imperfecciones adheridas al cuerpo del hilo, como basurillas de algodón y motas. No obstante, en otras fábricas que llevan a cabo tanto la hilatura como el tejido, el purgado suele hacerse en el arrollado del producto de las hiladoras continuas. El purgado, en este caso, se realiza en las coneras. La operación de limpieza del hilo se efectúa en máquinas que se denominan purgadoras.

b) *Urdido.* El urdido tiene como objetivo preparar los hilos yuxtapuestos de una manera paralela en la dirección del telar, por entre los cuales debe pasar la trama para formar el tejido. El número de hilos depende del tipo de telar y del producto que se desee elaborar. Usualmente se ordenan de 400 a 600 hilos.

Una máquina urdidora devana la urdimbre en un tambor del que tal máquina está provista. Este tambor es llamado enjulio o julio.

La urdidora común consta de un bastidor rectangular provisto de 400 a 600 vástagos. En estos se colocan otras tantas bobinas. La máquina tiene uno o varios peines por entre cuyos dientes pasan los hilos que se desenrollan de las bobinas y se van a arrollar en el enjulio. La velocidad, la tensión de los hilos y la densidad de la urdimbre son controlados por una caja de controles. La velocidad de devanado del urdido es, en las máquinas modernas, del orden de 500 a 600 metros por minuto.

Para el urdido de hilos de algodón, de mezclas poliéster-algodón, o de poliéster, se utiliza un sistema llamado "directo".*

*Hay también un sistema indirecto o "sistema de seda". Este tipo de urdido es generalmente usado en fábricas de tejidos especiales de novedad y que en general generan poca

Diagrama 8.— El subproceso de tejido de mezclas poliéster-algodón

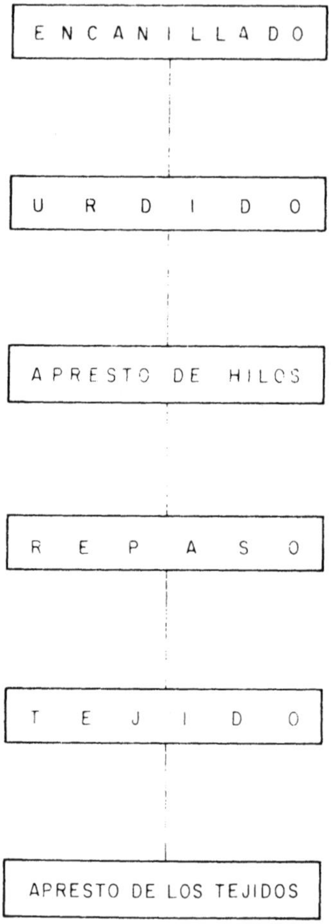

Las velocidades de urdido de este sistema varían de 200 a 400 metros por minuto dependiendo de factores tales como el equipo, el calibre del hilo, la densidad, el tipo de madejas.

En este sistema es muy importante el control estricto de las condiciones de operación, así como la conservación uniforme en el urdido de julios componentes de una misma serie, de factores tales como metraje, velocidades, tensiones y dureza.

El sistema directo de urdido, es muy productivo, debido a la gran capacidad de los julios seccionales. Es económico y eficaz, ya que en una sola operación se hace pasar el hilo desde la alimentación en la fileta hasta el julio seccional receptor. Por lo anterior, existe una menor manipulación, con menos problemas de tensión y menores probabilidades de deterioro del material.

c) *Apresto de los hilos.* Abarca tres operaciones principales: engomado, secado y enrollado.

El propósito de la operación de engomado es el de proporcionar protección a los hilos de urdido mediante la aplicación de un apresto adecuado, con el objeto que estos puedan ser tejidos eficientemente, resistiendo a los efectos de deformación y acción abrasiva en el telar. Esta operación se realiza en máquinas denominadas "encoladoras". En estas máquinas son reunidos de 4 a 12 julios de urdido cuyas series de hilos se unirán para formar una nueva serie de tantos hilos como se desee que formen la urdimbre de la tela. Esta nueva serie de hilos se va pasando por una o dos canoas que contienen algún tipo de aglutinante disuelto en agua, que se va adhiriendo al hilo, en cantidades reguladas por medio de cilindros exprimidores con que cuenta cada canoa.

Las formulaciones del apresto están constiduidas por 3 componentes básicos: i) un agente espesante de formación de película; ii) un agente ligante o adherente de esta película; iii) un agente lubricante.

Como agente espesante de formación de película se usa el almidón. Como agente ligante o adherente de esta película se utilizan resinas sintéticas cuya afinidad para el poliéster es suficientemente buena. El tercer componente de la formulación o sea el agente lubricante, llamado en ocasiones suavizante, está constituido por grasas.

En el engomado del hilo es primordial considerar las propiedades físicas de las fibras componentes. La estructura química, el contenido de hu-

producción de cada tipo de tela. Las velocidades de urdido de este sistema varían de 100 a 400 metros por minuto, dependiendo de varios factores, tales como el estado y tipo del equipo, el calibre del hilo, la densidad y el tipo de bobina que se coloque en la fileta. Además es importante que se conserve una velocidad constante en la formación de todas las fajas. En este sistema de urdido se requiere una mayor habilidad de los operadores. El tiempo requerido en la preparación y formación de cada faja es mayor que el que se emplea para el sistema directo.

En general la urdimbre de este sistema está sujeta a un mayor número de variables, comparativamente con el sistema directo, sin embargo este sistema tiene gran flexibilidad y se puede operar con lotes relativamente pequeños de material.

medad, las características de hinchamiento y la naturaleza de la superficie de la fibra, determinan la adhesión del apresto, así como el tipo y la cantidad del mismo.

Los valores derivados de la operación de engomado pueden definirse como sigue:

i) ayudar a los hilos de urdimbre a resistir la acción abrasiva del tejido mediante el ligado interno y periférico del conjunto de fibras componentes de cada hilo.

ii) reducir la fricción fibra-metal de los hilos, mediante la lubricación superficial de los mismos.

iii) igualar la tensión de todos los hilos de urdimbre, formando una lámina uniforme de hilos.

iv) incrementar la resistencia a la tracción del hilo.

Una vez impregnados los hilos con la cantidad prevista de apresto, pasan por una unidad de secado ya sea de tambores calentados por vapor o por una cámara de aire caliente. En la unidad de secado se retira el agua por evaporación para que el apresto permanezca en el cuerpo del hilo.

Después de la unidad de secado, la urdimbre ya aprestada o engomada y seca se enrolla en otros julios adecuados para colocarse en el telar, en donde se procederá a fabricar la tela.

d) *Repaso.* El cruzamiento del hilo de trama con la urdimbre en el telar obedece a un diseño pre-establecido, según el tipo de ligamento y de producto que se desee obtener.

El ligamento se programa. Cada hilo de urdimbre en el telar es dirigido individualmente por una pieza denominada "lizo" (hilos de metal o de lino provistos de anillos por los cuales pasan los hilos de urdimbre). Los lizos alzan los hilos de urdimbre que han de quedar por encima del de trama a cada pasada de la lanzadera. (Hay telares de alto lizo y de bajo lizo). Los lizos suben y bajan obedeciendo a las instrucciones impartidas a la máquina por un diseño previamente elaborado y traducido en una cadena de cartones perforados o de anillos metálicos.

La operación de "repaso" consiste tan sólo en introducir los hilos de urdimbre en los lizos, obedeciendo a una secuencia determinada por el diseño que se desea obtener. Al mismo tiempo, los hilos son pasados a través de un peine que los mantendrá ordenados y equidistantes durante el trabajo en el telar. La operación de repaso puede ser realizada manualmente pero existen máquinas que las realizan en forma enteramente automática.

e) *Tejido.* Esta operación consiste en entrecruzar la trama con la urdimbre, lo cual se logra con el empleo del telar. Hay varios tipos de telares: de alto lizo -el más simple- de bajo lizo, manual, mecánico, automático, de calada, de punto (ya sea de recogida o de urdimbre) jacquard y circular, sin mencionar la serie de diversos aditivos y nuevas innovaciones que se vienen efectuando en tal máquina (como el telar sin lanzadera).

En cuanto a los telares de calada, no manuales y con lanzadera, unas excéntricas (mecanismo que convierte un movimiento circular uniforme en otro rectilíneo y alternativo) dan movimiento de vaivén vertical a unas viaderas (bastidores de lizos) para que entre los hilos de urdimbre pueda pasar el de trama. Al mismo tiempo, dos vástagos (barra o varilla que se artícula en un émbolo) proyectan alternativamente y por percusión una lanzadera que lleva la canilla del hilo de trama de una orilla a otra del telar. Este tipo de telar dispone de un peine que también tiene movimiento de vaivén y aprieta automáticamente la trama a cada pasada de la lanzadera. Todas estas operaciones, así como la rotación de dos enjulios (uno grueso en el que se encuentra devanada la urdimbre y otro más delgado que es el julio delantero en el que se enrolla el tejido hecho), se hayan sincronizadas y se efectúan en su debido orden.

La lanzadera es un instrumento en forma de barquilla de extremos en punta y con un hueco central en el cual va la canilla.

La tensión necesaria de los hilos de la urdimbre se obtiene proveyendo de contrapesos el enjulio delantero.

En la medida en que la trama es insertada por la lanzadera, la urdimbre avanza una determinada distancia, establecida en función de la densidad del tejido que se desea producir.

Al agotarse la canilla de trama dentro de la lanzadera, la canilla vacía es sustituida por otra llena. Esta operación puede ser hecha manualmente por el operador de la máquina, si el telar es mecánico. En este caso el telar debe ser paralizado. En los telares automáticos existe un dispositivo que detecta cuándo la trama está por terminar y en breve plazo cambia la canilla vacía o la lanzadera agotada por otra carga, y sin interrupción del funcionamiento de la máquina.

Si el telar de calada tuviera sólo dos viaderas (juegos de lizos), sólo serviría para tejer con ligamento simple de tafetán. Los telares mecánicos permiten utilizar de 6 a 8 juegos de lizos, accionados por levas, y muchos pueden ser provistos de hasta 32 viaderas para obtener combinaciones complicadas de los hilos de trama y urdimbre.

Otro perfeccionamiento del telar de calada es el mecanismo de lanzaderas múltiples que permite utilizar simultáneamente varios hilos de trama iguales o diferentes.

Las principales innovaciones ocurridas en los telares en los últimos veinte años son el aumento de velocidad y el telar sin lanzadera. Como innovaciones secundarias se mencionan la mayor anchura en peine, la mayor precisión de tejido, la mayor versatilidad y la disminución del ruido del telar. El aumento de velocidad fue posible con el aumento en el ancho de los peines, la incorporación del sistema de insertación de trama sin lanzadera, los sistemas de lubricación centralizados, la modificación de accesorios y materiales más resistentes.

Un telar sin lanzadera puede tramar con una pinza, con aire o con multicalada. Veamos el sistema proyectil de pinza, con el ejemplo del telar

SULZER. El proyectil de pinza SULZER mide 9 cm de largo y pesa 40 gramos. El proyectil, ya en posición de disparo toma al cabo del hilo de trama que se le entrega y es disparado por la torsión de una barra. La barra vuelve rápidamente a su posición inicial. La velocidad de vuelo del proyectil depende únicamente del ángulo de torsión de la barra y no está influida por el número de revoluciones de la máquina. Durante el vuelo por la calada, el proyectil se desliza por una guía en forma de rejilla. Durante la inserción de la trama, los hilos de urdimbre no son tocados ni por el proyectil, ni por el hilo de trama. Un dispositivo de transporte dispuesto debajo de la calada regresa el proyectil, frenado en el mecanismo de recepción, a su posición de disparo. El telar SULZER está equipado con varios proyectiles, con lo que se mantiene una secuencia rápida de pasadas. La trama siempre se inserta del mismo lado.

En general, la concepción del telar sin lanzadera se basa en el principio siguiente: el hilo de trama se desenrolla de un carrete paralelamente al telar y unas pinzas que parten del otro lado y pasan rápidamente entre los hilos de urdimbre, lo agarran y lo llevan hasta el lado opuesto. Este procedimiento permite obtener tejidos más anchos que los tradicionales y hechos con mayor rapidez.

f) *Apresto de los tejidos.* Tiene una importancia considerable. Abarca una serie de operaciones, especialmente las siguientes: eliminación de los pelos y defectos de los tejidos de algodón (chamuscado, tundido y desmotado); modificación del aspecto de los tejidos de algodón (mercerización) o de lana (enfurtido o batanado, perchado, acepillado, etc.); tratamientos para mejorar la presentación de los tejidos (deslustrado, prensado o calandrado, frisado, etc.); *apresto químico,* mediante impregnación con líquidos a base de féculas, almidón, dextrina y otras substancias que dan cuerpo a las telas; acabados especiales para que los tejidos sean inarrrugables, indeformables, impermeables, no encojan, etc.

También se consideran incluidas en las operaciones de apresto el enrollado y plegado de los tejidos.

El teñido

Generalidades

La operación de teñido consiste en impregnar de materia tintórea los artículos textiles para colorearlos o cambiarlos de color. El teñido puede ser en rama (o sea, el de las fibras), en madeja (hilados) o en pieza (tejidos).

Ciertos tintes obran por impregnación mecánica y en ellos, los granos de la materia colorante, en suspensión en el agua, quedan adheridos a los poros del producto textil como lo serían en los de filtro. Pero lo más usual es que el teñido se efectúe por impregnación química.

El teñido por impregnación química toma tres modalidades generales:

(i) La fibra tiene mucha afinidad por el tinte y lo fija directamente.

(ii) Si no existe tal afinidad, la fibra se trata con mordiente. Esta es una substancia que tiene la misma afinidad por las fibras y por el colorante y que, fijada en aquéllas, absorbe a estos formando con ellos compuestos insolubles y de coloridos más brillantes (ej., sales de aluminio, hierro, estaño y plomo, así como caseina, glutén y tanino).

(iii) El color es engendrado en el seno de la materia textil (ejem., el índigo, colorante azul extraído de ciertas plantas).

Las operaciones de teñido suelen ir precedidas de un blanqueo de los productos textiles, seguido —de ser necesario— del tratamiento de mordientes. El tinte se aplica en tinas y por lo general, en caliente. Para obtener una penetración más perfecta del colorante, se efectúa la operación a presión en autoclaves a veces especialmente adaptados para teñir bobinas y hasta rollos de urdimbre en sus enjulios.

Una vez teñidos los productos, se lavan con agua y se dejan secar al aire libre o en secadores caldeados. En ciertos casos se avivan los colores o se obtienen determinados matices sometiendo los productos teñidos a la acción de una atmósfera oxidante, de chorros de vapor, de baños jabonosos muy calientes, etc.

Los tintes más empleados son substancias artificiales o colorantes sintéticos. Los productos naturales son empleados cada vez en menor escala.

Por último, el estampado de los tejidos constituyen un caso particular de teñido a la vez policromo y limitado a los dibujos.

El teñido de mezclas poliéster-algodón.

La tintura de la mezcla poliéster-algodón (así como poliéster-fibras celulósicas) se lleva a cabo por agotamiento y por sistemas continuos y semicontinuos.

a) *Sistemas de agotamiento.* Estos son procesos por partidas, altamente intensivos en trabajo, discontinuos y estan basados en baños de agua con substancias químicas en ambientes de alta temperatura.

Los equipos a través de los cuales se efectúa el sistema pueden ser máquinas de empaquetamiento especialmente adaptadas para teñir hilo en bobinas, quesos y enjulios, así también para teñir tela, tales como jigger, tina, jet y autoclaves a presión.

Hay varios métodos de agotamiento. Hasta los últimos años, los de tintura en dos baños para teñir hilos de poliéster-algodón han sido los más utilizados. En este caso, se inicia el teñido de la parte de poliéster, utilizando colorantes dispersos.

Con respecto a la parte de algodón, se efectúa un baño reductivo de limpieza y dependiendo de la solidez deseada, se puede teñir con colorantes directos, directos tratados, reactivos, cubas y colorantes azóicos de copulación.

Para teñir la parte de poliéster del hilo, se utilizan temperaturas de 60oC al inicio y hasta 130oC. Para el teñido de la parte de algodón se efectúa otro baño, con temperaturas menores (de 40oC a 80oC). En este sistema de "dos baños", se utiliza un tiempo de 420 minutos, se consumen 6 000 litros de agua por cada 100 kg del material teñido y en total se efectúan seis baños.

Con el procedimiento de "dos baños" se tienen las ventajas de no tener que seleccionar colorantes, el matiz se efectúa con facilidad, hay buena reproducibilidad y se obtiene la máxima solidez de acuerdo al colorante utilizado. Sin embargo este método ha tenido las desventajas de tomar largo tiempo para la tintura, se consume mucha agua, energía y productos, se generan problemas ecológicos provenientes del agua y de las substancias utilizadas, y los costos son elevados.

A raíz de tales desventajas, surgieron variaciones al sistema. Así hay, por ejemplo, un sistema de un baño "dos pasos variante A", otro de un baño "dos pasos variante B", otro de un baño "dos pasos variante 2 B" y otro de dos baños "modificado".

Los nuevos procedimientos han logrado reducir el tiempo de operación a 340 minutos y hasta 285 minutos (un baño "2 pasos A"). Asimismo, el consumo de agua resulta menor; es decir, se gastan como 4 000 litros de agua por cada 100 kilogramos de material teñido. El número total de baños es de cuatro.

También hay sistemas de agotamiento para teñir piezas (tela). En la práctica de empresas mexicanas la tintura se efectúa en cuatro tipos principales de equipos: tinas abiertas, tinas presurizadas, jets, y autoclaves para enjulios. En estos equipos puede efectuarse el teñido por agotamiento en baños, como se describió anteriormente para el caso de hilos.

b) *Sistemas continuos y semicontinuos.* Hace un cuarto de siglo se produjeron grandes desarrollos en el teñido a la continua. En este tipo de teñido se tenía una relativa facilidad de control automático y se pensó que con la reducción de mano de obra, con mayor racionalización industrial y con grandes metrajes de un solo tono habría una expansión en este tipo de sistemas y que los métodos de teñido por agotamiento disminuirían de importancia. Sin embargo, a pesar de la alta eficiencia de los métodos continuos, los sistemas de agotamiento parecen seguir siendo tan importantes como siempre.

El cambio de la moda y la variedad de fibras químicas, así como de nuevas substancias para la operación de teñir hoy en día, han estimulado el régimen de cambio de las máquinas y métodos de teñir a la continua.

La demanda interna y mundial exige matices individuales y materiales que sólo pueden ser teñidos en los sistemas de tintura por partidas. El empleo de los métodos continuos se encuentra en la actualidad restringido a la producción de grandes metrajes de materiales textiles bien establecidos y teñidos en tonos bien determinados.

Los sistemas continuos y semi-continuos para mezclas poliéster-algodón en México consisten fundamentalmente en métodos thermosol. El generalmente empleado es el método thermosol/pad-steam que da resultados aceptables desde el punto de vita del teñido, aunque el tacto de la tela resulta casi siempre más duro y plano que el obtenido en un método discontinuo. Mediante un acabado posterior puede mejorarse el tacto pero no al grado de poder compararse con una tintura realizada en un aparato jet, por ejemplo.

El clásico sistema pad-steam trabaja con secado intermedio. Hay nuevos desarrollos que lo han eliminado. En el sistema clásico, el género textil se impregna en una canoa o artesa con un baño de pigmentación, conducido por la acción de rodillos rotatorios. A continuación pasa a un sistema de secado y luego a un baño de impregnación química en otra canoa para entrar enseguida al sistema de fijación de colorante. Posteriormente el género recibe dos baños de enjuague, dos de oxidación, dos de jabonado y dos de enjuague. El procedimiento modificado (BASF) elimina el sistema de secado y la canoa de impregnación química. El equipo y el método ha sido todavía más reformado recientemente.

Además del pad-steam, evidentemente hay otros sistemas, tales como el thermosol-agotamiento de dos baños y de un baño.

El proceso de producción de ropa

El proceso de la ropa exterior en general

La manufactura de pantalones, camisas, faldas y otra ropa exterior no modifica generalmente la estructura física de los materiales que emplea; tan sólo conjuga y da forma a las materias primas para obtener prendas confortables. Las materias primas que por lo general se utilizan en este proceso son telas de diversos tipos, hilo, botones, broches, cierres, empaques y soportes. Las operaciones que componen este proceso se pueden agrupar en las siguientes categorías:

a) Diseño y establecimiento de patrones
b) Corte
c) Cosido
d) Acabado e inspección
e) Empaque y despacho

Diseño y patrones

Los patrones norman las dimensiones y estilos de las prendas. Ellos están determinados por el diseño del producto que a su vez depende en buena medida del factor moda. El diseño generalmente está orientado a la

[3] La descripción del proceso se fundamentó en la observación directa en fábricas de ropa y la consulta de Fondo de Garantía y Fomento a la Industria Mediana y Pequeña, *Características de la industria mediana y pequeña en México*, Tomo I, Nacional Financiera, México, D.F., 1974; y Fundación para la Educación Superior y el Desarrollo, *Mercados de tecnología en sectores específicos: sector textil del poliéster*, Bogotá, 1978 (mimeo).

proyección de la prenda en la sección de mercado que cubre la empresa en cuestión. El diseño y el establecimiento de patrones pueden estar apoyados en actividades de investigación y desarrollo, estudios actualizados de las complexiones más frecuentes de las personas usuarias por regiones, y técnicas de computación para optimizar el uso de la tela. La creatividad en el diseño depende de la política y los recursos de las empresas. Parece ser usual que la mayoría de los confeccionistas imitan los diseños y patrones de mayor éxito comercial. Entre las empresas de escasos o medianos recursos se usa un equipo modesto, compuesto de reglas, escuadras, mesas para dibujar y piezas de papel o cartón (pocas veces se usan hojas metálicas) para hacer los moldes.

Corte

Para cortar la tela, se acomoda la misma en mesas tendedoras que son máquinas simples encargadas de estirar la tela. Sobre la tela extendida se dibujan y marcan los cortes a efectuar de acuerdo a los patrones. La tela marcada se coloca encima de 200 y hasta 300 piezas de tela tendida y entonces se usa una cortadora de cuchilla recta para cumplir la operación. Los trozos de tela resultantes se distribuyen posteriormente a las líneas de precosido, ojalado, botonado, etc. En algunas empresas se planchan determinadas partes antes de ensamblarlas. Esto no parece ser lo usual.

Cosido

Esta fase de producción, también conocida como costura, se subdivide en varias tareas. Esta es la sección de la manufactura de ropa más amplia por el número de operarios y de máquinas que participan en la misma. Las tareas que componen esta fase no son las mismas para las diversas prendas de uso exterior, pero se pueden agrupar en (1) precosido de partes (como bolsas, presillas, cuellos, etc.), para lo cual se usan máquinas de coser "especiales", tales como las ribeteadoras, las presilladoras, las máquinas para cortar y voltear puños y cuellos, etc., (2) cosido de ojales y botones que requiere máquinas especializadas en tales operaciones; y (3) el armado o ensamble de la prenda, para lo cual se pueden usar máquinas trou-trou, zig-zag, sencillas (o planas, de costura recta) de una o más agujas, etc. Han habido varios planteamientos de ingeniería industrial para ordenar las líneas de producción, pero se puede decir que lo más común es la disposición de series de máquinas en el siguiente orden:

(1) Máquinas para ribetear, para orlear y para cortar y voltear cuellos y puños;

(2) máquinas para hacer ojales y para coser los ojales;

(3) máquinas para pespuntear e hilvanar;

(4) algunas otras máquinas especiales (como presilladoras, pegadoras de broches y cosedoras de elásticos);

(5) máquinas para el ensamble de las diversas partes que componen la prenda; y

(6) máquinas de coser botones.

Inspección y acabado

En esta parte de la producción, se efectúa una revisión de la manufactura de las prendas, generalmente una vez que las mismas están ensambladas y antes del planchado. En algunos casos, la inspección se lleva a cabo en las diversas secciones de la manufactura y se intensifica más entre las fases de cosido y acabado. Posteriormente las prendas son limpiadas, despeluzadas y planchadas. Para el planchado se utilizan comúnmente planchas de vapor. También en esta fase se etiquetan las prendas y se doblan para su posterior empaque.

Empaque y despacho

Una vez que las prendas fueron dobladas (en algunos casos con máquinas especiales) con ayuda de tiras de cartón y plástico, las mismas son depositadas en bolsas de polietileno con propaganda impresa. Posteriormente las bolsas de prendas se acomodan en cajas de cartón que finalmente son enviadas al almacén y/o a los canales de distribución comercial.

El proceso productivo de camisas

La descripción anterior es válida para este caso y sólo sabe destacar un par de observaciones. Para la camisa, el diseño y la presentación de la prenda son de la mayor importancia, y el precosido del cuello ha recibido una atención particular entre los manufactureros del ramo. A continuación se dan mayores detalles sobre la fase de costura.

La costura de las varias partes que componen la camisa se efectúa comúnmente por separado. Las partes son los delanteros, traseros, mangas, cuellos, bolsas y hombros. En particular el precosido y hasta preplanchado del cuello es un elemento importante de diferenciación de las camisas. Su confección y estilo indica en buena medida la calidad del producto y es lo que se procura destacar en el empacado de la camisa. El cuello se compone de dos trozos de tela y una entretela engomada que se aloja enmedio de tales trozos. Algunas veces incluye las varillas (ballenas). La unión de las dos tapas se hace con máquinas de costura recta. Después de que el cuello queda precosido, pasa a una máquina volteadora y luego se le da un acabado en una especie de planchado especial hecho con una máquina fusionadora. Otra parte importante es la costura de la manga. Primero se suelen coser las maneras (son mangas sin los puños) y luego el puño. Este lleva una entretela que se une a la tela por medio de una máquina de pespunte invisible. Antes de reincorporarse a la línea de producción donde se integra la camisa, el puño es pegado a la manga, se le confeccionan los ojales y se le montan los botones.

En los delanteros se forman y cosen ojales, y se cosen botones mediante máquinas de coser especiales para ello. Finalmente se procede al ensamble de las partes de la prenda.

Un ejemplo ilustra con mayor detalle este proceso. La Compañía Tokyo Juki Industrial proporcionó a FEDESARROLLO de Colombia la siguiente información, que a su vez nos la permitieron.

Datos generales

La producción consta de 2 000 camisas diarias (560 000 prendas al año) hechas de algodón y/o mezclas de algodón con fibras sintéticas. El tipo de diseño corresponde a camisas con cuello de una pieza, puño simple y un bolsillo de pecho. La jornada de trabajo es de 8 horas por día. El número de operarios es 98, de los cuales cinco trabajan en la sección de corte, 80 en la sección de costura y 13 en la sección de acabado. Cada operario en la sección de costura debe tener una productividad de 25 camisas diarias. El espacio requerido del suelo en la sección de corte es 300 metros cuadrados, en la sección de costura es 580 m2 y en la sección de acabado es 130 m2.

Inventario de máquinas y equipos

1) Sección de corte.

Una máquina extendedora de tela completamente automática con regulador de la orilla automático y sujetador (ancho máximo de la tela: 1.160 m).

Una mesa de corte de tela con carril (ancho 1.430m X largo 30 m).

Un conducto de carretilla eléctrica para la máquina extendedora (trifástica, 30 mm de largo).

Una máquina cortadora de tipo cordón con el afilador de la cuchilla.

Cuatro máquinas cortadoras de la cuchilla verticalmente recta para la tela con el afilador de la cuchilla (capacidad de corte: 7 pulgadas).

Una boca eléctrica para marcar en la tela (capacidad de marca: 7 pulgadas).

30 abrazaderas de la tela (tamaño grande).

30 abrazaderas de la tela (tipo de un toque).

2) Sección de costura.

35 máquinas de doble pespunte de 1 aguja con el cortahilos automático.

15 máquinas de doble pespunte de 1 aguja con el cortahilos automático.

6 máquinas de puntada de seguridad de 2 agujas y 5 hilos con el cortahilos automático.

2 máquinas de hacer presillas de doble pespunte de 1 aguja con el dispositivo de pedal de un toque.

3 máquinas de coser ojales rectos con el dispositivo de pedal de un toque.

3 máquinas automáticas de coser ojales consecutivos.

Diagrama 9.— La fabricación de camisas

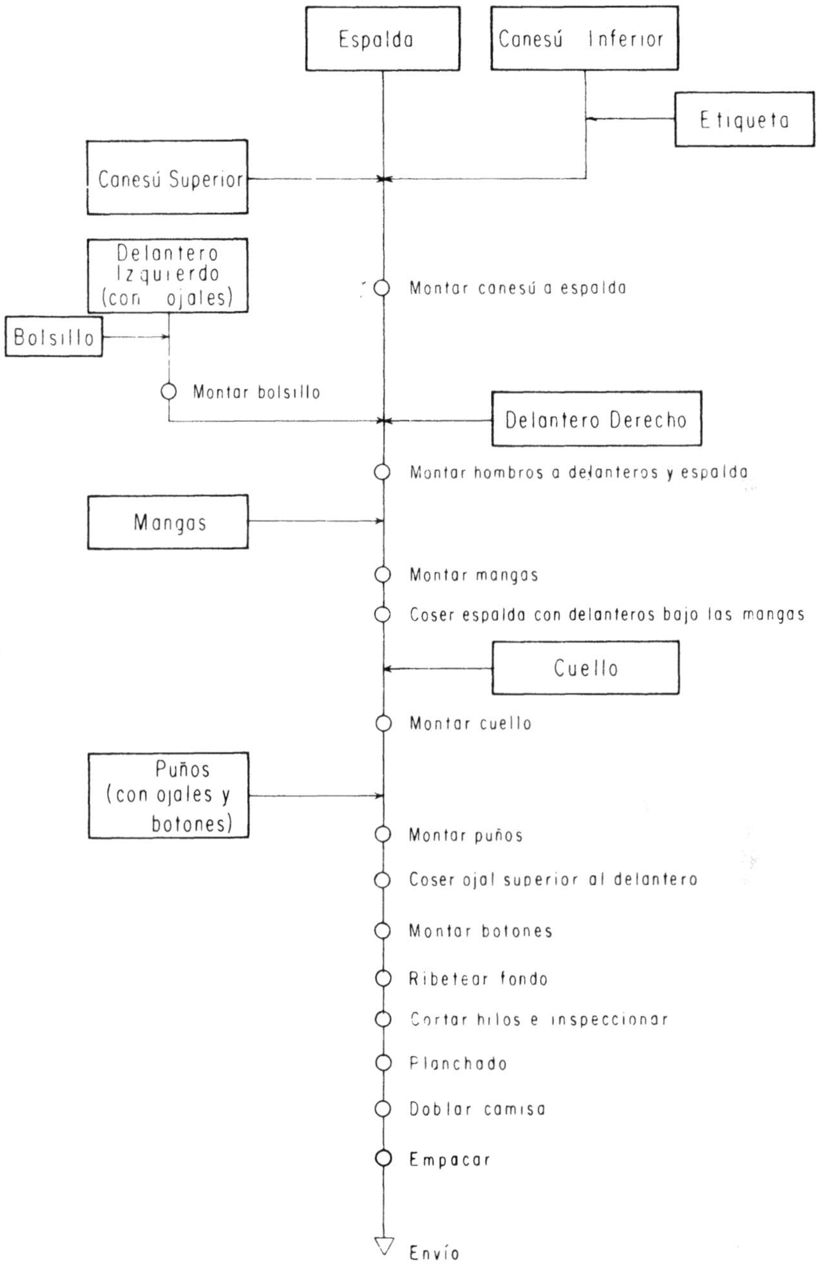

Una máquina de coser botones de la puntada de cadeneta con un hilo.

Dos máquinas de coser botones de la puntada de cadeneta con un hilo con el dispositivo automático de alimentación de los botones.

Una plancha automática de fusión.

Dos máquinas de volver puño y de planchar.

Una máquina de plegar bolsillos.

Nueve planchas pequeñas eléctricas y automáticas.

Una máquina de cortar y plegar marbetes (etiquetas) ondeados.

Una máquina de planchar el cuello.

Una máquina de volver el cuello.

3) Sección de acabado.

Tres máquinas automáticas de planchar el cuello y puño.

Dos máquinas de planchar para formar el cuello.

Tres planchas de vapor con el calorífero eléctrico con la mesa de vacío.

Cinco máquinas de doblar las camisas con plancha eléctrica.

14 máquinas de embalar las camisas.

4) Aditamentos.

15 pies prensatelas compensadores (1/32").

11 Reglas plegables en todas partes.

Cuatro reglas plegables (6")

Tres aparatos plegables para dobladillar la cima de tela (1/2").

Cuatro ribeteadores de maneras de manga.

Cuatro pies presatelas para dobladillar.

Diagrama del proceso de fabricación

(Véase el diagrama 9)

El proceso de la producción de ropa de tejido de punto

En este proceso se utilizan géneros de punto hechos de diversas fibras, hilos, adornos de diversos materiales, broches, botones, cierres automáticos y otros materiales.

A diferencia de los procesos anteriormente descritos, en este existe una importancia especial en la inspección de la tela para lo cual se usa una máquina revisadora con mando y paro eléctrico. Las fases posteriores de corte, cosido y acabado son similares a las de la ropa hecha con tejidos planos, salvo la menor importancia que tiene el precosido de partes en el caso del tejido de punto.

Anexo III

Glosario de términos

Términos utilizados en el capítulo IV

Antigüedad

— Empresas nuevas. Son las que tienen diez o menos años de operaciones.
— Empresas maduras. Tienen entre 11 y 20 años de actividades.
— Empresas viejas (o antiguas). Llevan entre 21 y 40 años de estar operando.

Contenido tecnológico

— Alto. Cuando la maquinaria textil de controles electrónicos, alto grado de velocidad, precisión y automatización, y en ocasiones la programación de sus funciones se ordena por computadora.
— Sencillo. Corresponde a máquinas fundamentalmente mecánicas, de poca automatización, poca capacidad productiva y sin (o con pocos) aditamentos modernos ni instrumentos de control electrónico avanzado.

Flexibilidad o versatilidad tecnológica

Este término se empleó en el capítulo IV con referencia a la oferta de maquinaria y con relación al equipo instalado en una fábrica textil.

Caso de la oferta de maquinaria

— Alta. Se aplica al caso en que la línea ofrecida de equipo cubre los diversos sistemas de operación existentes (por ejemplo, *open-end* y continuas; telares con lanzadera y sin lanzadera).
Mediana. Se refiere a la oferta sólo de máquinas que funcionan bajo un sistema flexible por ejemplo, contínuas).
— Baja. Es el caso de la oferta de máquinas que tienen incorporado un sólo sistema rígido (ejemplo, *open-end*).

. El caso de la demanda

— Alta. Cuando la empresa textil dispone de varios sistemas, o máquinas de un sistema flexible, ajustables a la producción de una gran diversidad de especificaciones.

Menor. Cuando el usuario sólo cuenta con equipo de un sistema rígido (como el equipo para el teñido continuo, o las hiladoras *open-end*).

Nivel tecnológico

— Alto. Incluye hiladoras open-end, telares sin lanzadera y equipos para procesos contínuos de acabado textil.

— Medio. Incluye máquinas convencionales de alta producción, dispuestas con aditamentos e instrumentos electrónicos y equipos para procesos semicontínuos de acabado textil.

— Bajo. Incluye máquinas convencionales de baja capacidad de producción y equipos para procesos discontinuos (intermitentes) de acabado textil.

Tipo de adaptaciones

— Menor. Se refiere a casos como el de la inconrporación de aditamentos y partes auxiliares, o el de las adaptaciones hechas para el manejo de materias primas que difieren de las que puede procesar la máquina según su diseño original.

— Mayor. Se comprenden casos como la modificación de máquinas para solución de problemas mecánicos frecuentes, el aumento de velocidad, el cambio de siste, o el aumento del ancho de los telares.

Tipo de capacitación

— Formal. Es el adiestramiento con base en cursos impartidos en la empresa —con la colaboración de otras entidades o sin ella— o en otro lugar para la empresa.

— Informal. Cuando el adiestramiento se fundamenta en la experiencia del trabajo dentro de la empresa.

Diversificación de la producción

— Relativamente alta. Cubre a las empresas cuya línea de producción no se especializa en un destino (o pocos) y utiliza una diversidad de fibras. Por ejemplo, la producción simultánea de telas para ropa exterior, tapicería de autos y el hogar, haciendo uso de poliéster, algodón, rayón, nylon, lana y diversas mezclas.

— Menor. Se refiere a la línea especializada de productos que fabrica la empresa, como la producción de cintas y corbatas, o la de telas para la tan amplia, con relación al caso anterior.

Grado de integración

— Total. Cuando la fábrica textil se compone de los tres departamentos de producción: hilado, tejido y acabado.

— Parcial. En el caso de fábricas que sólo disponen de dos departamentos productivos.

— No integrada. Es la fábrica que se compone de un solo departamento.

Tamaño de las fábricas textiles

— Chico. Es el tamaño correspondiente a fábricas que ocupan menos de 25 trabajadores por turno y/o tienen hiladoras de menos de 10,000 husos y/o menos de 100 telares.

— Mediano. Cuando la fábrica emplea entre 26 y 200 trabajadores por turno. Cuentan con un conjunto de hiladores que suma entre 10,000 y 20,000 husos y/o entre 100 y 500 telares.

— Grande. Es el caso de una fábrica que ocupa más de 200 trabajadores por turno y/o tiene una capacidad productiva superior a la correspondiente a 20 000 husos y/o 500 telares.

Términos empleados en el capítulo V

Tipos de máquinas de costura recta

— No veloces. Las que cosen a una velocidad menor de 5 000 puntadas por minuto.

— Veloces. Las máquinas que tienen una velocidad de 5 000 o más pun-

Amplitud de paquete tecnológico

— Relativamente amplio. Corresponde a la adquisición de dos o más de los siguientes elementos, provenientes del oferente de la máquina en usos: aistencia técnica (para el manejo de la máquina y/o la solución de problemas técnicos específicos), adaptación de máquinas, servicios de mantenimiento preventivo, servicios de reparación y organización de la fábrica (lay-out)

mantenimiento preventivo, servicios de reparación y organización de la fábrica (lay-out)

— Pequeño. Se refiere a la adquisición de uno de los elementos apuntados arriba, acompañando la compra de máquina.

Tamaño de las fábricas de ropa

Se utilizó para dos tipos de información:

El caso de los datos censales

— Pequeño. Es el tamaño del establecimiento que ocupa cinco o menos personas.

— Mediano o grande. Es el establecimiento que tiene más de cinco trabajadores.

El caso de las empresas encuestadas.

— Chico. Es el tamaño de la empresa que cuenta con menos de 26 trabajadores y/o produce menos de 30 000 prendas al año.

— Mediano. Corresponde a la fábrica que ocupa entre 26 y 350 personas y/o produce entre 30,000 y 350,000 prendas al año.

— Grande. Es aquella que emplea más de 350 trabajadores y/o produce más de 350 000 prendas al año.

Integración

— Total. Cuando una empresa se compone de tres departamentos de producción: corte, costura y acabado.

— Parcial. Es la correspondiente a la fábrica que sólo cuenta con dos de los departamentos mencionados.

— Nula o no integrada. Corresponde a la empresa que sólo tiene un departamento de producción.

Diversificación de la producción

— Alta. Es la línea de camisas que consta de tres estilos: de vestir, vaquera y deportiva.

— Mediana. Cuando la producción comprende una variedad de modelos dentro de uno o dos de los estilos mencionados.

— Baja. Se refiere a la línea de camisas especializada en una modalidad dentro de un sólo estilo; por ejemplo, la camisa de vestir "económica" (para el estrato social de bajos ingresos).

Infraestructura técnica

— Relativamente sólida. Corresponde a la empresa que cuenta con más de cinco mecánicos de planta.

— Regular. Es el caso de la fábrica que tiene cinco o menos mecánicos de planta.

— Débil. Se refiere a la empresa que no tiene un sólo mecánico de planta.

Antigüedad

— Empresas antiguas. Son las que tienen más de 20 años de actividades.

— Empresas maduras. Son las que tienen entre 11 y 20 años de estar operando.

— Empresas nuevas. Son aquellas que tienen diez o menos años de actividades.

Aprovechamiento de la capacidad instalada

— Alto. Son las que declaran un grado de utilización de sus instalaciones entre 90 y 100%

— Medio. Corresponde al uso de instalaciones en una proporción entre 70 y 90%

— Bajo. Se refiere al aprovechamiento de la capacidad en una proporción inferior a 70%.

Bibliografía

Abed, J., "Industria textil", Instituto de Estudios Políticos, Económicos y Sociales del Partido Revolucionario Institucional, *Reuniones Nacionales,* México, D.F., PRI, 1976.

Asociación Nacional de la Industria Química, *Anuario de la industria química mexicana*, México, D.F., ANIQ, números correspondientes a los años 1975 y 1977.

Asociación Nacional de la Industria Química, *Memorias del VIII Foro 1975,* México, D.F., ANIQ, 1975.

Banco de México, *Cuentas Nacionales 1960-1976*, México, D.F., Oficina de Cuentas de Producción, CP (E) 77/22, 1977.

Banco de México, *Las fibras artificiales en el consumo de productos textiles,* México, D.F., Banco de México, 1965.

Banco de México, *Indicadores económicos*, México D.F., vol. III, No 1, diciembre de 1974 y vol. VI, No. 1, diciembre de 1977.

Banco de México, *Informe anual,* México, D.F., Banco de México, 1977.

Boon, G.K., *International Technology Transfer Dynamics: The Market of Polyester, Textile and Apparel Technology,* Noordwijk aan Zee, Holanda, 1978 (mimeo).

Boon, G.K., *Some Methodological Notes*, Noordwijk, aan Zee, Holanda, 1976 (mimeo).

Boon, G.K., *Technology Markets in some Specific Fields*, México, D.F., El Colegio de México, 1974 (mimeo).

Cámara Nacional de la Industria Textil, *III Memoria estadística 1976,* México, D.F., CANAINTEX, 1976.

Celanese Mexicana, S.A., *Informe Anual 1976,* México, D.F., Celanese Mexicana, 1977.

Commodity Research Bureau Inc., *Commodity Yearbook,* Nueva York, números correspondientes a los años 1968 y 1977.

Consejo Nacional de Ciencia y Tecnología, *Plan nacional indicativo de ciencia y tecnología*, México, D.F., CONACYT, 1976.

Cooper, Ch., "Science Policy and Technological Change in Underdeveloped Economies", *World Development,* vol. 2, No. 3, marzo 1974.

Cooper, Ch., (Ed.), *Science, Technology and Development,* Londres, Frank Cass, 1973.

Cooper, Ch. y Sercovich, F., *The Channels and Mechanisms for the Transfer of Technology from Developed to Developing Countries,* Ginebra, UNCTAD; TD/B/AC.11/5, 1971:

Cooper, Ch. y Maxwell, P., *Machinery Suppliers and the Transfer of Technology to Latin America,* Brighton, Universidad de Sussex, 1975 (mimeo).

Cordero, S., *Concentración industrial y poder económico en México,* Cuadernos del CES, No. 18, México, D.F., El Colegio de México, 1977.

Cordero, S. y Santín, R., *Los grupos industriales: una nueva organización económica en México,* cuadernos del CES, No. 23, México, D.F., El Colegio de México.

Diario Oficial, números correspondientes a los días 10/VIII/49, 12/XII/49 y 10/V/53.

Dirección General de Estadística, *Anuario estadístico de comercio exterior de los Estados Unidos Mexicanos,* México, D.F., D.G.E. números anuales de 1952 a 1974.

Dirección General de Estadística, *Revista de Estadística,* México, D.F., D.G.E., números anuales de 1966 a 1970.

Dirección General de Estadística, *VIII Censo industrial 1965,* (Resumen general), *IX Censo industrial 1970,* (Resumen general) y *X Censo industrial 1975,* (avance de resultados por clase de actividad), México, D.F., D.G.E., 1967, 1973, y 1976.

Directorio Industrial de Puebla, México, 1977.

Expansión, México, números correspondientes a los meses de noviembre 1975, septiembre 1976 y agosto 1977.

Fajnsylber, F. y Martínez, T., *Las empresas transnacionales: expansión a nivel mundial y proyección en la industrial mexicana,* México, D.F., Fondo de Cultura Económica, 1976.

Ferrer, A., *Tecnología y política económica en América Latina,* Buenos Aires, Editorial Paidós, 1974.

Fondo de Garantía y Fomento a la Industria Mediana y Pequeña, *Características de la industria mediana y pequeña en México,* México, D.F., Nacional Financiera, tomo I, 1974.

Forte, A., *Situación general de la industria de fibras químicas en México,* México, 1967, (mimeo).

Freeman, Ch., *La teoría económica de la innovación industrial,* Madrid, Alianza Universidad, 1975.

Fundación para la Educación Superior y el Desarrollo, *Mercados de tecnología en sectores específicos: sector textil del poliéster,* Bogotá, 1978 (mimeo).

Galiana, T. de, *Pequeño Larouse Técnico,* México, D.F., Lito Ediciones Olimpia, S.A., 1976.

Helleiner, G.K., "The Role of Multinational Corporations in the Less Developed Countries' Trade in Technology", *World Development,* vol. 3, No. 4, abril 1975.

Hirschman, A., "The Political Economy of Import Substitution", *Quarterly Journal of Economics,* vol. 82, No. 1, febrero de 1968.

Industrial Consulting and Management Engineers, Nacional Financiera y Organización de las Naciones Unidas para el Desarrollo Industrial, *Study on the Possibilities of Manufacturing Textile Machinery in Mexico,* UNIDO project No. DP/MEX/72/014 Textile, Zurich, 1975.

Industrie et Developpement, S.A., *Deux Exemples D'implantation au Mexique de Societes Multinationales,* Ginebra, abril de 1978 (mimeo).

Instituto Latinoamericano de Planificación Económica y Social, *Apuntes para el curso de planificación industrial - industrial textil,* Santiago, ILPES, 1967 (mimeo).

Instituto Mexicano del Petróleo, *Desarrollo y perspectivas del sector secundario de la industria petroquímica,* México, D.F., IOP, 1973.

Jaguaribe, H., Ferrer, A., Wionczek, M.S. y Dos Santos, T., *La dependencia político-económica de América Latina,* México, D.F., Siglo XXI, 1976.

Jéquier, No., *Appropriate Technology: Problems and Promises,* París, OECD, 1976.

Katz, J., *Cambio tecnológico, desarrollo económico y las relaciones intra y extra regionales de la América Latina,* Programa BID/CEPAL de Investigaciones en Temas de Ciencia y Tecnología, monografía de trabajo No. 30, BID/CEPAL/BA/36, Buenos Aires, agosto de 1978.

Mercado, A., *A Review of some Important Theoretical Issues around the Import of Industrial Technology in the Less Developed Countries,* México, D.F., El Colegio de México, 1975 (mimeo).

Mercado, A., *A Study of Indian Policy towards the Import of Technology* (tesis), Brighton, University of Sussex, 1975.

Merhav, M., *Dependencia tecnológica, monopolio y crecimiento,* Buenos Aires, 1972.

Michalet, Ch. A., "International Subcontracting", OECD Development Centre, *Expert's Meeting on International Subcontracting and Reinforcing LDC's Technological Absorption Capacity,* París, OECD. 1977.

Michalet, Ch. A., "La transferencia internacional de tecnología y la empresa transnacional", *Comercio Exterior,* vol. 27, No. 6, México, D.F., junio de 1977.

Monthly Labour Review, E.U.A., números anuales editados de 1973 a 1977.

Muñoz, A., *Teñido y acabado de telas de poliéster/algodón y poliéster/fibras artificiales,* Seminario técnico textil de poliéster y su mezcla con algodón y fibras sintéticas, México, D.F., 1969 (mimeo).

Nacional Financiera, S.A., *México: una estrategia para desarrollar la industria de bienes de capital,* México, D.F., NAFINSA, 1977.

Naciones Unidas, *La industria textil en América Latina: Informe Regional,* Nueva York, CEPAL, vol. XII, 1968.

Naciones Unidas, *La industria textil en América Latina: México,* Nueva York, CEPAL; vol. XI, 1966.

Naciones Unidas, *Statistical Yearbook,* Department of Economic and Social Affairs, ST/ESA/STAT/SER.S/1, Nueva York, números correspondientes a los años 1960, 1969, 1973, 1974 y 1976.

Nadal, A., *Instrumentos de política científica y tecnológica en México,* México, D.F., El Colegio de México, 1977.

Nadal, A., y González, M., *Las firmas de ingeniería en México,* México, D.F., El Colegio de México, 1976 (mimeo).

Olizar, M., *Guía de los mercados de México,* México, D.F., Editorial Marynka, S.A., décima edición 1977-1978 (sin fecha).

Otsuka, K., *Technological Choice in the Japanese Silk Industry: Implications for Development in LDC's,* Tokio, 1977.

Pérez, L.A. y Pérez, J.J., *Decisiones tecnológicas a nivel de empresa: Altos Hornos de México, S.A.*, Programa BID/CEPAL sobre Investigación en Temas de Ciencia y Tecnología, monografía de trabajo No. 24, Buenos Aires, 1978.

Pister, J., "Examen de las posibilidades de tintura de la mezcla de fibras poliéster celulósicas", *Cromos,* México, D.F., Asociación Mexicana de Químicos y Coloristas Textiles, A.C. (AMQCT), No. 21, 1976.

Sagasti, F.R. y Araoz, A., *Science and Technology Planning in Less Developed Countries: The Experience of the Countries in the ST-PI Project, 1978.*

Sagasti, F.R. y Guerrero, M., *El desarrollo científico y tecnológico de América Latina,* Buenos Aires, BID/INTAL, 1974.

Secretaría de Industria y Comercio, *Disposiciones legales aplicables en materia industrial,* México, D.F., S.I.C., segunda edición, 1976.

Segura, N., "Avances en el teñido por agotamiento con colorantes reactivos sobre fibras celulósicas", *Cromos,* México, D.F., AMQCT, No. 21, 1976.

Sercovich, F., *Tecnología y control extranjeros en la industria de Argentina,* Buenos Aires, Siglo XXI, 1975.

Shepherd, G., *International trade in cotton-type textiles: a case study of Comparative advantage.* Estados Unidos, 1974 (tesis).

Stewart, F., *Technology and Underdevelopment*, Londres, The MacMillan Press, 1977.

The Singer Company, *Fundamentos de la costura a máquina,* E.U.A., 1971.

Spreafico, L., *La transferencia del conocimiento técnico en la industria textil y del vestuario,* Brasil, CEPAL, 1971.

Textiles Panamericanos, Vol. XXXVI, No. 7, Atlanta, Ga., julio de 1976.

Tillett, A., *Patents, Innovation and the Transfer of Technology in the Mexican Manufacturing Sector, 1950-1970,* México, D.F., 1975 (mimeo).

Vaitsos, C.V., *Comercialización de tecnología en el Pacto Andino,* Lima, Instituto de Estudios Peruanos, 1973.

Vaitsos, C.V., *Distribución del ingreso y empresas transnacionales,* México, Fondo de Cultura Económica, 1977.

Valladares, E., *El consumo de textiles en México,* México, D.F., Banco de México, 1968 y 1976.

Weigold, S., "Colorantes a la cuba", *Cromos,* México, D.F., AMQCT, No. 21, 1976.

Wionczek, M.S., *Less Developed Countries and Multinational Corporations: The Conflict about Technology Transfer and the Major Negotiable Issues,* México, D.F., El Colegio de México, 1978 (mimeo).

Wionczek, M.S., "Los problemas de la transferencia de tecnología en un marco de industrialización acelerada: El caso de México", Nolff, M., *Desarrollo industrial latinoamericano,* México, D.F., Fondo de Cultura Económica, 1974.

Wionczek, M.S., Bueno, G., y Navarrete, J.E., *La transferencia internacional de tecnología: El caso de México,* México, D.F., Fondo de Cultura Económica, 1974.

Indice de cuadros

1. Encuesta sobre el mercado de tecnología en México, 1976-1977 131
2. Pagos por compra de tecnología no incorporada en la economía mexicana. 1973 132
3. Gasto en investigación y desarrollo experimental (IDE) por sectores de aplicación. 1973 133
4. Gasto en investigación aplicada y desarrollo experimental orientada a la industria manufacturera. 1973 133
5. Pagos por compra de tecnología no incorporada en la industria manufacturera mexicana. 1973 134
6. Producción mundial de fibras blandas. 1951-1975
7. Participación de la producción de fibras sintéticas en la producción de fibras blandas y naturales a nivel mundial, 1951-1975 136
8. Participación del poliéster en la producción mundial de fibras sintéticas, 1969-1975 136
9. Tasas de crecimiento de la producción mundial de fibras sintéticas y poliéster, 1969-1975 136
10. Valor de la producción nacional y tasas de crecimiento de algunas materias primas industriales, 1960-1976 137
11. Producción nacional de fibras textiles blandas. 1951-1976 138
12. Producción nacional de fibras químicas textiles, 1951-1976 139
13. Producción nacional y tasas de crecimiento de fibras químicas, 1965-1976 140
14. Tasas de crecimiento anual de la producción mundial y nacional de fibras sintéticas, 1951-1975 141
15. Participación de los varios tipos de fibras sintéticas producidas en el total de fibras sintéticas a nivel nacional. 1969-1976 142
16. Producción nacional de poliéster para uso textil, 1969-1976 143
17. Producción mundial de poliéster por tipo de fibra. 1968 y 1975 144
18. Importancia de la producción nacional de poliéster en la producción mundial, 1969-1975 144
19. Precios promedio del poliéster y el algodón, 1954-1976 145
20. Importaciones de fibras sintéticas textiles, 1952-1966 146
21. Participación del poliéster en la importación de fibras sintéticas, 1961-1966 147
22. Evolución del mercado interno de la fibra corta de poliéster, 1969-1976 148
23. Evolución del mercado interno del filamento continuo de poliéster, 1969-1976 149
24. Evolución del mercado mexicano del poliéster, 1966-1976 149

25. Permisos petroquímicos concedidos para producir polímero de poliéster o chips de 1964 a junio de 1975 150
26. Capacidad productiva de las plantas procesadoras de poliéster, 1974 152
27. Tamaños de plantas de chips autorizadas por el Gobierno Federal mexicano hasta junio de 1975 153
28. Volumen de importaciones de poliéster por tipo de fibra, 1966-1974 154
29. Ventas totales de las empresas locales productoras de poliéster, 1969-1976 155
30. Importancia del poliéster en las ventas totales de las empresas productoras, 1974 156
31. Jerarquización de las tasas de ganancias de empresas productoras de poliéster, 1969-1974 156
32. Prosperidad de las empresas productoras de poliéster, según el crecimiento de las ventas totales, 1969-1976 157
33. Participación de las empresas en el mercado del poliéster, según su tamaño, 1976 157
34. Cobertura de países por los principales productores de poliéster en el mundo 158
35. Precios promedio del poliéster importado al llegar a la frontera mexicana, 1966-1974 159
36 Principales productos fabricados en 1976 y 1977 por empresas contenidas en la encuesta de fabricantes de equipo 160
37. Estructura de propiedad de las empresas productoras de equipo, 1977 160
38. Origen de la tecnología utilizada por once fabricantes de equipo 161
39. Factores que influyen en ocho empresas para fabricar equipo bajo licencia hasta 1977 162
40. Contenido de los contratos de tecnología declarados por tres fabricantes de equipo 163
41. Tipo de IDE efectuada por algunos fabricantes de equipo, 1977 163
42. Relaciones de los fabricantes de equipo con firmas de ingeniería hasta 1977 164
43. Mecanismos a través de los cuales se dan a conocer los equipos en el mercado, 1977 164
44. Principales elementos de promoción de ventas utilizados por los fabricantes de equipos hasta 1977 165
45. Elementos tecnológicos buscados y seleccionados por tres fabricantes locales de poliéster, hasta 1977 166
46. Aspectos de los elementos tecnológicos que determinaron su selección en tres empresas fabricantes de poliéster, hasta 1977 166
47. Tipo de procesos utilizados por tres productores de poliéster en 1976 y 1977 167
48. La producción bruta de la industria manufacturera por ramas de actividad, 1965, 1970 y 1975 168
49. Distribución de husos de las hilanderías de algodón y sus mezclas con fibras sintéticas artificiales en 1962 169
50. Distribución de husos de las hilanderías o departamentos de hilatura en 1973 170
51. Distribución de telares de las tejedurías de algodón y sus mezclas con fibras sintéticas y artificiales en 1962 171
52. Distribución de telares de las tejedurías o departamentos de tejido pie y trama en 1973 172
53. Grado de integración de fábricas textiles de algodón, fibras sintéticas y artificiales 173

54. Grado de integración de las hilaturas de fibras blandas en 1973 174
55. Grado de integración de las tejedurías de fibras blandas en 1973 174
56. Oferentes internacionales de algunos tipos de máquinas para el hilado y el tejido en el mercado latinoamericano en 1976 175
57. Oferentes internacionales de algunos tipos de máquinas y equipo para teñir textiles, orientados al mercado latinoamericano en 1976 177
58. Concentración de la oferta de algunas máquinas textiles por especialidad, 1976 180
59. Fraccionamiento de la oferta de algunas máquinas para los departamentos de hilados y tejidos, 1976 181
60. Tipos de máquinas textiles ofrecidas por las empresas comprendidas en la encuesta de oferentes intermediarios en México, de 1970 a 1976 182
61. Mecanismos de difusión y propaganda adoptados por las empresas comprendidas en la encuesta de oferentes intermediarios de maquinaria textil hasta 1976 182
62. Origen del financiamiento y determinación de los mecanismos de difusión de maquinaria textil utilizados por los intermediarios hasta 1976 183
63. Elementos tecnológicos y económicos ofrecidos con la venta de máquinas textiles por las empresas comprendidas en la encuesta de intermediarios hasta 1976 184
64. Factores externos que afectan las ventas de cada empresa incluida en la encuesta de intermediarios de máquinas textiles 185
65. Intensidad de la oferta de crédito en la venta de maquinaria textil por empresas incluidas en la encuesta de intermediarios, 1975 185
66. Incidencia del precio de los telares en la intensidad del crédito para su venta, 1975 186
67. Fuentes de financiamiento para el crédito en la venta de maquinaria textil, hasta 1976 186
68. Factores en que se apoyan más los oferentes intermediarios de maquinaria textil para competir en el mercado mexicano, 1975-1976 187
69. Jerarquización de algunos aspectos técnicos y comerciales de los telares ofrecidos por las empresas comprendidas en la encuesta de intermediarios, 1976 188
70. Jerarquización de la participación de las empresas contenidas en la encuesta de intermediarios en el mercado mexicano de telares, hasta 1976 189
71. Inconvenientes que dificultan la producción local de maquinaria textil, según la opinión de intermediarios, 1976 189
72. Algunos fabricantes locales de equipos y partes de máquinas textiles, 1977 190
73. Algunos fabricantes mexicanos de equipo y partes de máquinas textiles por tipo de especialidad, 1977 192
74. Servicios técnicos ofrecidos por tres productores locales de equipo textil, 1978 192
75. Tareas técnicas efectuadas por tres productores de equipo textil hasta 1978 193
76. Origen de la tecnología textil de tres productores de equipo, 1978 193
77. Distribución de tamaños e integración de las empresas textiles contenidas en la encuesta de demanda de tecnología, 1977 194
78. Actividad de búsqueda de proveedores alternativos de maquinaria textil hasta 1977 194
79. Fuentes utilizadas para tener opciones de técnicas 195

80. Jerarquización de factores considerados en empresas de textiles para evaluar alternativas y seleccionar maquinaria, hasta 1977 195
81. Relación entre los criterios de selección y los niveles tecnológicos de las máquinas escogidas por 20 fabricantes de textiles hasta 1977 196
82. Relación de algunas características de 20 fabricantes de textiles con la versatilidad y nivel tecnológico de la maquinaria seleccionada, 1978 197
83. Primeras compras de máquinas textiles efectuadas por 19 empresas hasta 1978 198
84. Relación del tamaño y la antigüedad de 19 empresas textiles con la versatilidad y los niveles tecnológicos de la maquinaria seleccionada, 1978 198
85. Relación del tamaño y la diversificación de 20 empresas textiles con la versatilidad y los niveles tecnológicos de la maquinaria seleccionada, 1978 199
86. Relación del grado de integración y diversificación de 20 empresas textiles con la versatilidad y los niveles tecnológicos de la maquinaria seleccionada, 1978 200
87. Sensibilidad de modificar la selección de maquinaria si se tuviera que aumentar el volumen de producción textil, 1977 201
88. Sensibilidad de modificar la selección de maquinaria si aumenta la diversificación de la producción, 1977 202
89. Sensibilidad de modificar la selección de maquinaria si aumenta el costo del trabajo, 1977 203
90. Servicios técnicos que acompañan la compra de máquinas textiles hasta 1977 204
91. Condicionamiento de paquetes tecnológicos declarados por 18 empresas de textiles hasta 1977 204
92. Factores considerados y negociados en la compra de máquinas textiles hasta 1977 205
93. Uso de crédito en la compra de máquinas textiles hasta 1977 205
94. Actividades técnicas efectuadas en algunas plantas textiles con relación al uso de maquinaria, 1977 206
95. Sistemas de adiestramiento utilizados por 20 empresas textiles para el desarrollo de habilidades técnicas de su personal, hasta 1977 206
96. Adaptaciones hechas a máquinas textiles en uso hasta 1977 206
97. Origen de las adaptaciones técnicas hechas hasta 1977 207
98. Tipo de adaptaciones técnicas por empresa, hasta 1977 207
99. Relaciones de algunas características de las empresas textiles con el tipo de adaptaciones técnicas hechas hasta 1977 208
100. Tasas del gasto en investigación y desarrollo experimental con respecto al valor agregado en manufacturas 209
101. Participación de la producción de ropa en la industria manufacturera mexicana, 1965-1975 209
102. Tasas de crecimiento de los precios de camisas para hombre en los Estados Unidos de Norteamérica y México, 1967-1976 210
103. Participación del comercio exterior en la producción de prendas de vestir, 1965-1975 210
104. Importancia relativa de varias especialidades en la producción nacional de ropa, 1965-1975 211
105. Valor de los activos fijos por establecimiento en la producción de prendas de vestir en 1970 y 1975 211
106. Empleo y proporción de los activos fijos por trabajador en la industria del vestido, 1970 y 1975 212
107. Evolución de la estructura de tamaños de la industria del vestido de 1965 a 1975 213

108 Participación de las fábricas de vestido sin personal remunerado en el total de empresas por especialidad, 1965 y 1970 214
109. Estructura de costos de la industria nacional manufacturera y del vestido en 1965, 1970 y 1975 215
110. Actividad maquiladora en la frontera de México con estados Unidos, 1976 216
111. Oferta mundial de maquinaria y equipo para la confección de ropa para países latinoamericanos en 1976 217
112. Estructura de la oferta internacional de maquinaria para la manufactura de ropa en el mercado latinoamericano, 1976 219
113. Canales de propaganda utilizados por nueve empresas intermediarias de máquinas para la confección, 1976 220
114. Origen del financiamiento y determinación de los canales de propaganda de máquinas par ala confección usados por nueve empresas intermediarias, 1976 220
115. Elementos tecnológicos y comerciales ofrecidos por nueve vendedores de máquinas para la confección hasta 1976 221
116. Factores que afectan las ventas de nueve empresas vendedoras de máquinas para la confección hasta 1976 222
117. Intensidad de la oferta de crédito en la venta de máquinas para la confección, 1975 222
118. Incidencia del precio de las máquinas para confección en la intensidad del crédito para sus ventas, 1975 223
119. Fuentes de financiamiento para ofrecer facilidades crediticias en la venta de máquinas para confección, hasta 1976 223
120. Características de las empresas contenidas en la encuesta de tecnología para la producción de camisas, 1977 224
121. Actividad de búsqueda de proveedores alternativos de maquinaria para la confección 226
122. Fuentes utilizadas para tener opciones de técnicas 226
123. Jerarquización de elementos de evaluación de opciones técnicas hata 1977 227
124. Máquinas de coser seleccionadas por 10 productores de camisas, hasta 1977 227
125. Relación entre los criterios de selección y los tipos de máquinas de costura recta seleccionadas por 10 fabricantes de camisas con el nivel tecnológico de la maquinaria seleccionada, 1978 229
127. Sensibilidad de modificar la selección de máquinas si aumenta el volumen de producción, 1977 230
128. Senbilidad de modificar la selección de maquinaria si aumenta la diversificación de la producción 231
129. Intensidad de la adquisición de elementos tecnológicos mediante la compra de máquinas, hasta 1977 233
132. Relación entre la amplitud de "paquetes" técnicos obtenidos y el tipo de empresas receptoras, 1977 234
133. Relación entre la forma en que se determimaban paquetes tecnológicos y la extensión de los mismos, 1977 235
134. Matriz de factores considerados en la negociación de máquinas y formas de determinación de paquetes tecnológicos hasta 1977 235
135. Actividades técnicas de mantenimiento de la maquinaria. 1977 236
136. Actividades de capacitación técnica en 12 fábricas de camisas hasta 1977. 236
137. Sistemas bajo los cuales los operarios y mecánicos de las empresas han desarrollado sus habilidades hasta 1977 237
138. Adaptaciones hechas a máquinas en uso hasta 1977 237
139. Origen de las adaptaciones técnicas hechas hasta 1977 238
140. tipo de adaptaciones técnicas por empresa, hasta 1977 238

Este facsimilar de
Estructura y dinamismo del mercado de tecnología industrial de México
es propiedad de El Colegio de México
y se terminó de imprimir en Librántida bajo el modelo de distribución bajo demanda.
www.librantida.com

Made in the USA
Monee, IL
04 November 2026

67384603R00176